AF525877

L.W.Göring

Apokalypse “SEELE”

Teil 1
Das A-Omega-Projekt

"Einheitliche Theorie der gesamten Materie"

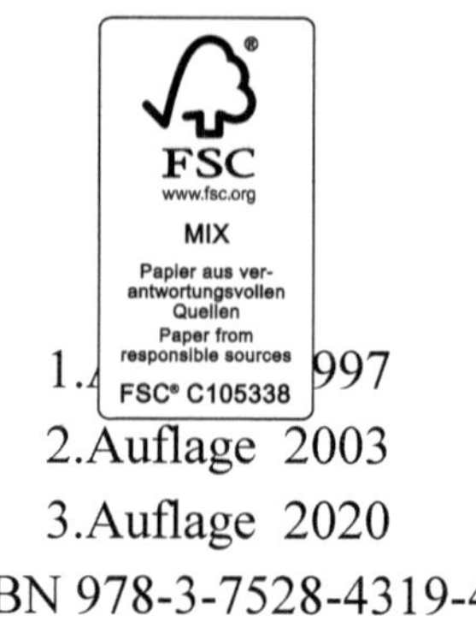

1.A[illegible]997
2.Auflage 2003
3.Auflage 2020
ISBN 978-3-7528-4319-4

Herstellung und Verlag:
BoD- Books on Demand, Norderstedt

Mit den Büchern **"Das A-Omega-Projekt"**
und **"Apokalypse Seele"**
hat der Autor alle Grenzen, die das Denken des Menschen einschränken, überschritten.
Da, wo andere aufgehört haben zu denken, weil nach den heute gültigen Theorien ein Weiterdenken nicht mehr möglich war, hat der Autor erst angefangen.
Mit seinen Denkmodellen, eingebunden in eine
"Einheitliche Theorie der gesamten Materie"
einschließlich der Theorie der
"Entstehung der Wesenheiten und Seelen
bis hin zur Entstehung aller biologischen Systeme",
stellt er ein Denkmodell zur Diskussion, das einmalig ist auf der Welt.
Alle Phänomene, die der Mensch bis heute nur mit Begriffen umschreiben konnte, werden denkbar und können mit dem Verstand erfasst werden.
- Wesenheit - Seele - das Phänomen Leben - die Entstehung des Universums bis hin zur Entstehung der Materie - werden transparent und mit dem Verstand logisch nachvollziehbar.
- Das Leben vor dem Leben - das Leben nach dem Tode
- Gott, der Schöpfer, als real existierende Wesenheit – werden zum Lebensinhalt, da das Denkmodell nicht nur ein Denken, sondern ein Darüber-Hinaus-Denken ermöglicht.
Der Verstand begreift und erkennt,
dass das Denkmodell mehr ist als eine Theorie.

Das A-Omega-Projekt

I

Die Vision

Man schreibt das Jahr 1094 n.Chr.. Der französische Ritter Bernhard von CLAIRVAUX, der als "Heiliger Bernhard" in die Kirchengeschichte eingegangen ist, und sein Gefolge besuchten wie an jedem Morgen, um Gott zu huldigen, die Kapelle des Schlosses, in dem Bernhard von CLAIRVAUX lebte.
Die Menschen ahnen nicht, dass dieser 14. April anno 1094 einen Wendepunkt in der Geschichte der Menschheit darstellt, der das Leben der Menschen bis in die heutige Zeit und in die weitere Zukunft hinein prägen sollte.

Auch Bernhard von CLAIRVAUX und seine Begleiter hatten zu diesem Zeitpunkt keine Ahnung, dass sich ihr Lebensweg in der Zukunft in eine Richtung bewegen würde, die sie vom menschlichen Denken her nie eingeschlagen hätten.
Da dieser Weg jedoch als Lebensplan ("Karma") in ihrer Seele gespeichert lag, mussten sie diesen Weg nach den kosmischen Gesetzen Gottes gehen, auch wenn sich ihr gesamtes menschliches Denken dagegen sträubte.
Erst im Nachhinein, als sie erkannten, dass ihr Wirken das Leben der gesamten Menschheit "nach Gottes Willen und Gottes Wort", so, wie es in der Bibel in der "Offenbarung des Johannes" niedergeschrieben steht, in neue Bahnen lenkte, war ihnen klar, dass sie von Gott selbst für diesen Weg auserwählt wurden.

Nach Beendigung des Gottesdienstes blieb Bernhard von CLAIRVAUX aus einem inneren Drang heraus noch in der Kapelle sitzen, nachdem die anderen den Raum verlassen hatten.
Während er tief in Gedanken versunken dasaß, erschien ihm in einer Vision ein Engel Gottes.
Dieser Engel teilte ihm mit, dass er nach Jerusalem in das Heilige Land reisen und die von König SALOMO am Gründungsort - ein Tempel nahe des Felsendoms - in einer Gruft vergrabene "Bundeslade" ausgraben und mit einem Schiff nach Frankreich transportieren soll.

In seinen Schriften schreibt Bernhard von CLAIRVAUX, dass er den Auftrag erhielt, die "Bundeslade" nach der Inbesitznahme mit dem Schiff nach Südfrankreich zu transportieren, um sie an einen bestimmten Ort in der Nähe der heutigen Stadt Nizza zu bringen. Dieser Ort, ein kahler Berg ("Mont Chauve"), würde vom Schiff aus dann zu sehen sein, wenn das Schiff die Spitze von Cap Ferrat erreichte.

An einem bestimmten Punkt des Berges, an dem sich eine Grotte befindet, solle er, nach bestimmten Maßen und nach bestimmten Himmelsrichtungen ausgerichtet, eine Pyramide errichten.

Der Sinn und Zweck dieses Auftrages sei, wie ihm der Engel mitteilte, den Inhalt der "Bundeslade" neu in das Denken der Menschen zu integrieren, da die Menschheit wieder reif ist, die kosmischen Gesetze zu verstehen und zu begreifen, und die Menschen erkennen können, dass Gott als Wesenheit real existiert und ihre Seelen durch die "Gedankenkraft" Gottes erschaffen wurden.
Der Engel berichtete ihm weiter, dass in der "Bundeslade" das Wissen über den Sinn und Zweck allen Seins niedergeschrieben steht. So, wie es vor Tausenden von Jahren zum letzten Male der Menschheit während ihrer Evolution von Gott über das "Kosmische Geistfeld" bzw. "Bewußtseins-Feld" oder "Akasha-Chronik" offenbart worden ist.

Zu dem Zeitpunkt, als Bernhard von CLAIRVAUX diesen Auftrag erhielt, war jedoch eine Reise nach Jerusalem unmöglich, da das Heilige Land und Jerusalem vom islamgläubigen Volk des Persischen Reiches besetzt waren und die Christen als Ungläubige diese Stätten nicht besuchen durften.
Um einen Weg zu finden, nach Jerusalem zu gelangen, begab sich CLAIRVAUX zu dem damaligen Papst URBAN II. und weihte ihn in den Auftrag ein, den er in der Vision erhalten hatte. Gemeinsam wurde der Entschluss gefasst, die Christen zu einem Heiligen Krieg aufzurufen, um das Heilige Land zu erobern, damit man die "Bundeslade" ausgraben konnte, um sie gemäß des Auftrages nach Frankreich zu bringen.

Am 23. November 1095, nachdem CLAIRVAUX acht weitere Ritter, unter ihnen Hugo von PAYENS, in die Vision eingeweiht hatte, bestieg an diesem kalten Novembertag Papst URBAN II. vor der französischen Stadt Clermont ein Podium und behauptete vor einer riesigen Menschenmenge, die auf dem weiten Feld vor den Toren der Stadt versammelt war, dass das ungläubige Volk der Perser die Heiligen Stätten im Heiligen Land durch Feuer, Schwert und Plünderung verwüstet habe.
Er sagte ihnen, dass sie die Altäre in den Kirchen mit Unrat besudelt, Christen beschnitten und die Taufbrunnen mit Blut entweiht hätten.
Mit dieser sorgfältig vorbereiteten Rede brachte er die Menschen so weit und versetzte sie so in Aufregung, dass, als er die Worte hinausschrie, "Geht und kämpft gegen die ungläubigen Barbaren und befreit die Heiligen Stätten!", sich die Menschen auf den Boden warfen, an die Brust schlugen, ihre Sünden bekannten und schrieen, "Tötet die Heiden!", wie auch in der Literatur nach übereinstimmenden Berichten von verschiedenen zeitgenössischen Autoren berichtet wird.

Nachdem er die Menschen so weit aufgeputscht hatte, hielt er ein Kreuz in die Luft und schrie die Worte, "Christus selbst kommt aus seinem Grab hervor und zeigt Euch das Kreuz. Tragt es auf Schultern und Brust! Es soll Euch immer daran erinnern, dass Christus für Euch gestorben ist und dass Ihr, wenn Ihr für ihn sterbt, in das Himmelreich kommt."

Wie ein Fanal ging diese Botschaft durch ganz Europa.
Die Menschen begannen, sich Stoffkreuze an die rechte Schulter ihrer Kleidung zu nähen, und strömten nach Köln, weil sie erfahren hatten, dass sich dort große Menschenmassen unter der Führung von religiösen Fanatikern zu einem Heer zusammenschlossen.
100.000 Menschen, ein riesiger Haufen zerlumpter Männer, Frauen und Kinder, arm und ohne Waffen, zogen im März 1096 von Köln aus los, um das Heilige Land zu befreien.
Der völlig außer Kontrolle geratene Haufen, der schon in der Heimat über jüdische Siedlungen herfiel und die Bewohner niedermetzelte, brandschatzte und ausraubte, kam bis nach Kleinasien. In Civetot gerieten sie in eine Falle der Türken und wurden bis auf 3.000 Überlebende niedergemetzelt.

Diesem ersten Kreuzzug, der allein durch die Worte von Papst URBAN II. spontan entstanden war, folgte ein zweiter.
Es war das erste organisierte Ritterheer der Christen, das Weihnachten 1096 von europäischen Fürsten in den Osten geführt wurde. Obwohl immer neue Kreuzritter mit ihren Mannen nach dem Osten zogen, gelangte die Armee der Kreuzfahrer erst am 7. Juni 1099 vor die Tore Jerusalems.
Am 15. Juli überredete Bernhard von CLAIRVAUX, der mit Hugo von PAYENS das Heer der Kreuzritter anführte, den ägyptischen Gouverneur zur Kapitulation, der dafür mit seinem Gefolge freien Abzug erhielt.
Das Heer metzelte nach Abzug des Gouverneurs fast alle Bewohner der Heiligen Stadt nieder, und mindestens 50.000 Menschen fielen den Kreuzrittern und ihren Mannen dadurch zum Opfer. Bis 1114 kämpften die Kreuzritter im Heiligen Land und eroberten, auch wenn immer noch gegen die Sarazener gekämpft wurde, fast das gesamte Heilige Land für die Christen zurück.

Nachdem in Jerusalem Ruhe eingekehrt war, führte Bernhard von CLAIRVAUX die 8 anderen Ritter an den Ort, der ihm in der Vision beschrieben worden war. Genau an der angegebenen Stelle fanden sie die Gruft und begannen mit der Ausgrabung. Das erste, was sie fanden, waren viele Skulpturen und anderes religiöse Beiwerk. In einem tiefer gelegenen Raum entdeckten sie dann die sogenannte "Bundeslade", die aus 19 steinernen Sarkophagen bestand. Gefüllt waren diese Sarkophage mit Lederrollen, die mit Schriftzeichen und Zeichnungen versehen waren. Außerdem befanden sich in den Sarkophagen

Modelle aus heute noch unbekannten Materialien sowie speziell geschliffene Kristalle, mechanische Geräte, deren Anwendung in der damaligen Zeit unbekannt war, und viele den damals lebenden Menschen unbekannte Gegenstände. Nachdem sie alles gesichtet hatten, verschlossen sie die Gruft wieder, um den Zeitpunkt abzuwarten, an dem es abtransportiert werden konnte.

1118 gründeten Bernhard von CLAIRVAUX und die 8 Ritter in Jerusalem den "Orden der armen Ritter Christi“, die das niedere Volk als "Templer" bezeichnete. Hugo von PAYENS wurde zum ersten Großmeister des Ordens ernannt.
In der Präambel, die Bernhard von CLAIRVAUX zur Ordensgründung niederschrieb, steht der Satz:
"Mit Gottes und unseres Retters JESU CHRISI Hilfe ist das Werk vollendet worden."
Dass damit nicht die Vollendung der Gründung des Ordens gemeint ist bzw. die Eroberung des Heiligen Landes, darüber sind sich alle Historiker klar.
Ein Jahr später, 1119, wurden die in der Gruft gefundenen 19 steinernen Sarkophage sowie viele Skulpturen und anderes religiöse Beiwerk auf Schiffe geladen und, wie in der Vision vorbestimmt, nach Südfrankreich transportiert.

In Südfrankreich angekommen, brachten sie die Sarkophage auf den "Mont Chauve" und begannen, über der Grotte aus den Steinen des Berges die Pyramide so zu bauen, wie CLAIRVAUX sie in seiner Vision gesehen und wie es ihm der Engel mitgeteilt hatte. Nach dem Bau der Pyramide öffneten sie die Sarkophage und begannen mit dem Studium und der Übersetzung der Unterlagen. Da ihr Wissen über die Gesetze der Materie sowie über die Zusammenhänge des Phänomens Leben ein niedrigeres Niveau besaß, weil ihre Leben bis zu diesem Zeitpunkt in anderen Bahnen als denen des Studiums der Wissenschaften abgelaufen waren, fiel es ihnen sehr schwer zu begreifen, was sie mit dem Inhalt der "Bundeslade", der überwiegend aus Zeichnungen und Modellen bestand, anfangen sollten.

Wieder in einer kleinen Kapelle, die sie in der Nähe der Pyramide auf dem kahlen Berg errichtet hatten und in der die Ritter Gott huldigten, hatte Bernhard von CLAIRV AUX erneut eine Vision. In dieser Vision wurde ihm mitgeteilt, dass er sich in die Mitte der Grotte unter der Pyramide begeben soll, wo er an das "Kosmische Geistfeld" angeschlossen ist. Nachdem er eine Zeit lang auf einem Stein, der sich genau in der Mitte der Grotte befindet, in voller Erwartung gesessen hatte, überfiel ihn eine meditative Müdigkeit. Durch die gesetzmäßigen Bewegungsabläufe, die innerhalb einer Pyramide existieren (ein Vorgang, der von jedem nachvollzogen werden kann), wurde er an das "Kosmische Geistfeld" - in der Mystik wird dieses Geistfeld auch als "Akasha-Chronik" bezeichnet - angeschlossen.

Im Geist führte der Engel Gottes ihn zurück bis zur Entstehung des Universums und zur Entstehung der Seelen und begleitete ihn so vom Beginn des Seins bis zum Ende der Schöpfung.

Während dieser Reise durch das "Kosmische Geistfeld", in dem und durch das alles Sein existiert und - gleichzeitig als Vergangenheit, Gegenwart und Zukunft - abläuft, erkannte er die Zusammenhänge allen Seins so, dass er den Inhalt der Unterlagen mit dem Verstand begreifen und ihn seinen Begleitern erklären konnte.

(Nach der Beschreibung in Unterlagen, die der Autor erhalten hat und auf deren Grundlage dieses Buch vom Autor geschrieben wurde, suchte der Autor in Südfrankreich in der Nähe von Nizza auf dem "Mont Chauve" nach der Pyramide und fand sie, genau wie beschrieben, an dem Platz, der in den Unterlagen auf einer Zeichnung festgelegt war. Nach dem Finden der Pyramide begaben sich der Autor sowie andere Personen, die die Angaben in den Unterlagen nach heute gültigen wissenschaftlichen Kriterien seit vielen Jahren überprüft haben, in die Grotte unter der Pyramide und begannen, selbst zu experimentieren. Sie erkannten, dass auf der Grundlage der gesetzmäßigen Bewegungsabläufe, die in der statischen Struktur einer Pyramide ablaufen, all die Phänomene, die im folgenden noch beschrieben werden, immer auftreten und absolut der Realität entsprechen. Dabei spielt letztendlich die statische Struktur, also die real existierende für den Menschen sichtbare Pyramide keine Rolle. Die Phänomene treten auch dann auf, wenn der Mensch sich gedanklich vorstellt, dass er sich in einer "gedachten" -imaginären - Pyramide aufhält.

Am Ende des Buches, wenn Sie die gesetzmäßigen kosmischen Abläufe, die absolut physikalischer Natur sind und von jedem Wissenschaftler und auch von jedem Leser verstandesmäßig nachvollzogen werden können, kennen, werden Sie die vorher gemachte Aussage verstehen und begreifen, dass das, was wir als reales Leben bezeichnen, letztendlich nur die Materialisationen unserer Gedanken sind, wobei die gedachte Gedankenform als Gerüst wirkt gleich Information, die die Materie in der Form hält, so dass wir sie mit unseren menschlichen Sinnen wahrnehmen können.

Alle Experimente, die die Gruppe in dieser Pyramide so durchführte, wie in den Unterlagen beschrieben, wurden 100-prozentig erfolgreich abgeschlossen.)

Nach einer gewissen Zeit des Studierens erkannten auch die anderen Ritter mit Hilfe von CLAIRVAUX, der alles real - wie es auch JOHANNES in der Offenbarung beschreibt - im Geiste gesehen hatte, dass in den Unterlagen der "Bundeslade" die gesamte Geschichte der Menschheit sowie der Sinn und Zweck allen Seins der Schöpfung und die kosmischen physikalisch gesetzmäßigen Bewegungsabläufe, betitelt als das "A-Omega-Projekt", niedergeschrieben standen.

II

Das "Kosmische Geistfeld"

Durch das Studium wurden die Templer eingeweiht in die kosmischen physikalischen Gesetze, nach denen unser Universum entstanden ist und heute noch existiert.
Sie begriffen, dass die Entstehung aller Wesenheiten gleich Seelen durch einen real existierenden Gott bewirkt wurde und dass diese Wesenheiten durch die "Gedankenkraft" Gottes erschaffen worden sind.
Sie erkannten den Sinn, warum sich die Seelen der von Gott erschaffenen Wesenheiten in die Materie integrieren mussten, und dass nur auf diesem Wege der Schöpfungsgedanke vollendet werden kann.
Das heißt sie verstanden, dass die vielfältigen biologischen Systeme auf Erden im Laufe der Evolution nicht durch "Zufall" entstanden sind, sondern dass ein Schöpfer, den wir Menschen als "Allmächtigen Gott" bezeichnen und den letztendlich alle verehren, die Wesenheiten mit seiner "Gedankenkraft" erschaffen hat. Und das sich diese mit der Gedankenkraft Gottes erschaffenen Wesenheiten in den Teilchen des "Kosmischen Geistfeldes" - den "Myon-Neutrinos" - manifestierten, die sich nach bestimmten physikalischen Gesetzen so miteinander verbinden, dass eine materiell existierende statische Einheit entsteht, die der heutige Mensch als "Seele" bezeichnet.

In dieser Einheit von "Seelen-Teilchen" ist nicht nur der gesamte Lebensplan des jetzigen Lebens enthalten, sondern - holografisch in jedem Seelen-Teilchen informativ als Schwingungsfrequenz manifestiert - alle Leben, die ein Mensch, seit der Erschaffung seiner Wesenheit, als Wesenheit oder, integriert in die Materie, als biologisches System erlebt hat.
Das, was die Wesenheiten der Menschen von den Wesenheiten aller anderen biologischen Systeme unterscheidet, gleich ob diese nur als Wesenheit existieren oder in biologische Systeme integriert sind, ist, dass die Wesenheiten der Menschen, die Er, Gott-Vater, "nach seinem Bilde" erschaffen hat, die "Gedankenkraft" besitzen und dadurch selbst zum Schöpfer werden.

Sie erfuhren, dass der gesamte Kosmos ohne jegliche Leerräume ausgefüllt ist mit strukturierten "Teilchen". Diese Teilchen werden von der heutigen Quantenphysik als "Elektron-Neutrinos", "Myon-Neutrinos" und "Tau-Neutrinos" klassifiziert.

Die "Elektron-Neutrinos" sind die Teilchen, die als "Photonen" mit einer hohen Eigenschwingung die Bewegung in der Materie bewirken. Schließen sich mehrere dieser Teilchen als Einheit zu einem "Energiequant" zusammen, bewirken sie das Phänomen, das der Mensch mit dem Begriff "Energie" umschreibt.

Die "Myon-Neutrinos", aus denen sich das "Kosmische Geistfeld" bzw. das "Bewußtseins-Feld" - im Mystischen als "Äther- Feld" bzw. "Akasha-Chronik", von der Wissenschaft auch indirekt als "morphogenetisches Feld" bezeichnet - aufbaut, sind die Teilchen, die durch die "Gedankenkraft" schwingungsmäßig so verändert werden können, dass sich in ihnen holografisch das Gedankenbild durch Schwingungsveränderung manifestiert.

Dieses "Myon-Neutrino", das wie alle Neutrinos aus "Ur-Plasma" besteht, besitzt eine niedrige, langsame Eigenbewegung und kann daher durch die "Kraft der Gedanken" - eine auch von uns nicht erklärbare Energieform - schwingungsmäßig verändert werden.
Der gesetzmäßige Bewegungsablauf, in dem sich das Ur-Plasma befindet, ist ein Bewegungsablauf, durch den sich das Teilchen aufbaut und seine real existierende Existenz als Teilchen behält. (Der gesetzmäßige Bewegungsablauf wird im Folgenden noch genau beschrieben und durch Grafiken dargestellt.)

Das "Tau-Neutrino" ist eine Neutrinoform, die dann entsteht, wenn mehrere "Myon-Neutrinos" miteinander bestimmte gesetzmäßige Bindungen eingehen. Diese Bindungsmöglichkeiten werden ebenfalls im Folgenden noch mittels Grafiken und Beschreibungen so weitgehend erklärt, dass auch der nicht vorgebildete Laie diese Form mit seinem Verstand erfassen kann.

Unser Universum ist, wie die Wissenschaft heute theoretisch beweisen konnte, ein pulsierendes Universum, das sich ausdehnt und wieder zusammenstürzt. Dieses Universum kann man als "Neutrino-Universum" bezeichnen, da nur 3 Prozent der gesamten Masse, die das ganze Universum ohne jegliche Leerräume ausfüllt - denn auch jedes sogenannte "Vakuum" ist voll von Neutrinos -, aus Materie besteht.

Diese Materie, die sich durch Elemente, also Atom-Strukturen, klassifiziert, besteht wiederum aus nichts anderem als aus "Myon-Neutrinos", nur dass sich die Neutrinos in den Atomen in einer veränderten Schwingungsfrequenz befinden, wodurch sie sich von den "Neutralen Myon-Neutrinos" und "Elektron-Neutrinos" unterscheiden.
Von der heutigen Quantenphysik werden diese subatomaren Teilchen, die die Quantenphysik als "Ur-Teilchen der Materie" ansieht, als "Quarks" bezeichnet.

Das "Kosmische Geistfeld" befindet sich in seiner Gesamtheit in einer ständigen gesetzmäßigen Bewegung, deren Kriterien im Folgenden noch näher erklärt werden, und durchdringt jede Form von Materie.

Nach mathematischen Berechnungen durchdringen jede Sekunde ca. 10 Milliarden "Myon-Neutrinos" einen Bereich in der Größe eines Fingernagels.
Wenn Sie sich mit diesem Gedanken einmal vertraut gemacht haben, muss Ihnen klar sein, dass das Durchdringen in der form stattfindet, dass diese "Myon-Neutrinos" durch die Teilchen gehen, die wir als "Atome" bezeichnen.
Da sich jedes Atom als Teilchen durch eine bestimmte Menge an Quarks aufbaut, kann dieser Vorgang nur wie folgt ablaufen. Jedes eindringende "Myon-Neutrino" drückt ein "Quark" aus dem Atom und schwingt sich in die Schwingungsfrequenz des Atoms ein.

Das ausgestrahlte "Quark", das die Schwingungsfrequenz des jeweiligen Atoms besitzt, wird Bestandteil des "Kosmischen Geistfeldes".
Es wird in den Mittelpunkt der Erde eingestrahlt, wo die Frequenz des Quarks - im Erdmagma - wieder so neutralisiert wird, dass es die Schwingungsfrequenz eines neutralen "Myon-Neutrinos" annimmt, so dass seine Ruhemasse wieder fast gleich Null ist.

Diese Kurzerklärung des "Kosmischen Geistfeldes", die ich eingeschoben habe, ist nicht meine Erkenntnis, sondern ich habe nur versucht, mit meinen Worten die Erklärungen aus den Unterlagen so zu umschreiben, wie ich sie verstanden habe. Glauben Sie jedoch nicht, dass dies Science fiction ist.
In den 30 Jahren, seitdem ich im Besitz dieser Unterlagen sowie im Besitz von Zeichnungen und Modellen bin, habe ich nicht nur sämtliche Theorien der Kosmologie, der Physik und Quantenphysik studiert, sondern mich auch in vielen Teilbereichen mit führenden Wissenschaftlern über die vorgeschriebene Aussage unterhalten.

Allein von der Logik her hat keiner dieser Wissenschaftler gelächelt, sondern jeder war fasziniert von diesem, wie ich sage, Denkmodell.
Da der heutige Stand der Wissenschaft konträr zu dieser Aussage steht, weil beim Aufbau ihrer Theorien von einem anderen Denkmodell ausgegangen wurde, ist es nur logisch, dass diese Aussage nicht der heutigen wissenschaftlichen Normalität entspricht.

Es ist auch nicht der Sinn und Zweck dieses Buches, eine neue revolutionierende wissenschaftliche Theorie in die Wissenschaft einzubringen.

Dieses Buch soll lediglich den Menschen helfen zu verstehen und zu begreifen, dass die "Gedankenkraft", mit der wir unsere Gedankenformen erschaffen, das Wichtigste ist, das wir Menschen besitzen.

Denn jeder, der begreift, dass JEDER Gedanke, den er denkt, zum Bestandteil des "Kosmischen Geistfeldes" wird und sich dieser Gedanke durch die Frequenzübertragung kugelförmig im gesamten Kosmos ausdehnt, also von jedem Neutrino übernommen wird, muss sich klar sein, dass seine Gedanken mitverantwortlich sind für jegliches Geschehen im Kosmos.

Der Mensch, der es begreift, wird erkennen, dass er als Wesenheit, integriert in die Materie und als biologisches System Mensch existierend - denn der Mensch besteht aus nichts anderem als aus Atomen und Molekülen -, mit seinen Gedanken - und letztendlich NUR mit seinen Gedanken, denn alles muss, bevor es in die Realität oder in das Tun umgesetzt wird (dazu gehört auch das Aussprechen), gedacht werden - durch sein "negatives Denken" mit die Verantwortung trägt für den Zustand dieser Welt.

III

Atlantis - Quelle des überlieferten Wissens

Nach einer gewissen Zeit des Studierens der Unterlagen begriffen die 9 Templer, dass das Wissen, das ihnen in den Unterlagen offengelegt wurde, Überlieferungen waren von einer technologisch hochentwickelten Zivilisation, die vor ca. 12.000 Jahren zerstört wurde.

Ein Volk, das weltweit Eroberungskriege mit einhergehender Kolonisierung anderer Länder geführt hatte. Nach der Zerstörung - die Erdplatte, auf der der Staat "Atlantis" existierte, versank im Meer - blieben nur vereinzelte Kolonien zurück, aus denen jene Kulturen hervorgingen, mit denen für den heute lebenden Menschen die Geschichte der Menschheit neu begann.
Obwohl die Wissenschaft viele Artefakten und Beweise, die für die Existenz von "Atlantis" sprechen, nicht akzeptiert, hat sich die mystische Vorstellung der Existenz von "Atlantis" über Tausende von Jahren bis heute erhalten. Auch wenn sie von den meisten Menschen in den Bereich der Fabeln, Legenden, Mythen oder Sagen eingestuft wird, die Unterlagen, die ich in Besitz habe, bestätigen allein aufgrund der Logik ihrer Aussage, dass die Existenz von "Atlantis" der Realität entspricht.

In diesen Unterlagen werden nicht nur Technologien beschrieben, die die Grenzen der Technologie der heutigen Zeit weit überschreiten. Sondern der Wissensstand, den die Menschen in der Endzeit von "Atlantis" dort in den wirtschaftlichen, religiösen, politischen, gesellschaftlichen und wissenschaftlichen Bereichen besaßen und der in den Unterlagen ausführlich beschrieben wird, war so hoch, dass wir Menschen der heutigen Zeit ihn noch als nicht realisierbare Utopie einstufen würden.
In der heutigen Zeit werden die Menschen dieser Zeitepoche als "Atlanter" bezeichnet. Auch in den Unterlagen werden sie ähnlich genannt, und zwar "Atalaner".

Diese sogenannten, bleiben wir bei dem bekannten Namen, Atlanter waren, wie gesagt, ein hochtechnologisiertes - weltbeherrschendes - Volk, das uns Menschen der heutigen Zeit technologisch und wissensmäßig um Hunderte von Jahren voraus war. Da die Masse der Menschen jedoch - gleich wie in der heutigen Zeit - gedanklich absolut materialistisch ausgerichtet war, beuteten sie alle Menschen der Erde, die keine Atlanter waren, nicht nur aus, sondern unterdrückten durch ihre technologische Macht jegliches selbständige Denken und die daraus folgende kulturelle Entwicklung so weitgehend, dass diese Menschen, die nicht zu den Atlantern zählten, in ihrer Entwicklung Hunderte von Jahren zurückblieben.

Bis ca. 5 Jahrhunderte vor dem Untergang von Atlantis war das religiöse Denken der Atlanter, das zu diesem Zeitpunkt existierte, ausgerichtet auf die lebensbewirkende Sonne.
Die Sonne wurde als "der alles Leben erschaffende Gott Remuran“ verehrt und angebetet.
Bis zu diesem Zeitpunkt, also ca. 500 Jahre vor dem Untergang Von Atlantis, entwickelte sich die Menschheit kulturell und technologisch fast gleichlaufend.

Zu diesem Zeitpunkt hatte die Tochter eines Priesters namens “Alana“ , die meditativ veranlagt war, eine Vision, in der ihr ein Engel Gottes, unseres Schöpfers, erschien und ihr mitteilte, dass nicht “Remuran" der Schöpfer der Menschen ist, die seit ca. 64 Millionen Jahren als verkörperte - in die Materie integrierte - Wesenheiten existieren, sondern dass alle Wesenheiten gleich Seelen von einem Gott erschaffen wurden, der als reines Lichtwesen im Sternbild des Hundes auf “SIRIS" (“Sirius") lebt und existiert.

Sie erhielt den Auftrag, das gesamte Wissen, das sie erhalten hatte, weiterzugeben, damit die Menschen wieder zum richtigen Glauben zurückfinden, da die Zeit der "Offenbarung Gottes" gekommen sei.

Als sie ihren Eltern von dieser Vision erzählte, ging von ihr eine so starke Überzeugungskraft aus, dass die Eltern hergingen und sie, die Tochter, zum damals herrschenden religiösen Oberhaupt brachten. Dieser Mann, der geistig auch schon durch Visionen vorbereitet war, gründete innerhalb der Religionsgemeinschaft einen Geheimbund, der sich “Hegoliter" nannte, um gemeinsam mit den Menschen, die diesem Geheimbund angehörten, die Aussagen der Mittlerin “Alana" zu überprüfen.

Eine der Botschaften, die" Alana" erhielt, beinhaltete den Bau einer Pyramide mit dem Hinweis, dass mittels dieser Pyramide jeder in der Lage ist, meditativ mit allen Wesenheiten Kontakt aufzunehmen bis hin zu den Wesenheiten, die als "reine Wesenheiten" und “Lichtwesenheiten" mit Gott leben.

Nachdem in einem abgelegenen Waldgebiet mit dem erhaltenen Wissen eine Pyramide nach der Anleitung, wie in der Botschaft mitgeteilt, entstanden war, erkannten die Priester, die sich selbst später als “Hegoliter" ("Gottes Kinder") bezeichneten, dass die Aussagen von “Alana" der Realität entsprachen.

Während ihrer Sitzungen in der Pyramide wurden sie meditativ eingeweiht in die gesetzmäßigen Bewegungsabläufe, auf deren Grundlage das heute existierende Universum entstanden ist. Sie erfuhren, auf welchem Wege die Wesenheiten, eingebunden in "materielle Seelen", sowie der physische Mensch erschaffen wurden.

Durch das Wissen über die gesetzmäßigen physikalischen Abläufe in der Natur waren die “Hegoliter" in der Lage, Technologien zu entwickeln, die von den heute lebenden Menschen noch als Science fiction bezeichnet werden würden.
Während ihrer Zeit im Untergrund - die “Hegoliter" waren zu diesem Zeitpunkt zu einer tief gottgläubigen Religionsgemeinschaft geworden, die in ihren Reihen führende Wissenschaftler hatte - entwickelten sie eine Technologie zur Energieerzeugung, die für die damalige Zeit unvorstellbar war.
Sie bauten eine ca. 5 m hohe hohle Pyramide, deren Innenwände sie mit Metall verschalten. An der Spitze dieser Pyramide hatten sie als Eckstein einen Kristall aufgesetzt, der einen besonderen Schliff aufwies. Innerhalb der Pyramide - in einer genau bestimmten Höhe - wurde ein Licht aufgestellt.
Die von diesem Licht abgestrahlten "Photonen" und "Energiequanten" werden nach bestimmten gesetzmäßigen Bewegungsabläufen, die in einer Pyramide existieren, in die Spitze transportiert und in die Kristallspitze eingestrahlt.

Durch den speziellen Schliff des Kristalls wurde der Strahl, millionenfach verstärkt, auf eine Kupferplatte, die wie ein Spiegel wirkte und ca. 10 m über der Pyramide angebracht war, geleitet. Der so auf die spiegelblanke Kupferplatte prallende Strahl konnte nunmehr durch Drehung der Platte in jede Richtung weitergeleitet werden.
Der Einsatz dieser grundlegenden Technologie war der Beginn einer Energieerzeugung, mit der der technologische Aufschwung dieser Zeitepoche begann.

Da zu diesem Zeitpunkt die Religionsgemeinschaft der "Hegoliter" schon Jahrzehnte im Untergrund bestand, glaubten die "Hegoliter", dass nunmehr der Zeitpunkt gekommen sei, der Regierung der Atlanter, die als mächtiges Volk mit den umliegenden Ländern ununterbrochen im Krieg standen und aus Habsucht und Machtgier die Völker der eroberten Länder unterdrückten, zu eröffnen, dass ein "Lebender Gott" existiert und dass der Glaube an diesen Gott allen Menschen einen Weg in eine glückliche Zukunft weist.
Nachdem sich die Regierungsmitglieder von der Realität der Aussagen überzeugt und vor allem den Wert der Technologien für ihre Machtgelüste begriffen hatten, wurden die "Hegoliter" als Religionsgemeinschaft so lange anerkannt, bis das gesamte Wissen, das die "Hegoliter" im Bereich der Technologien, besaßen, zum Wissen der regierungstreuen, machthungrigen Wissenschaftler geworden war.

Zu diesem Zeitpunkt wurde die Religionsgemeinschaft verboten, und die Gläubigen wurden in entlegene Gebiete bzw. in andere kolonisierte Länder verbannt.

Im Laufe der Zeit entwickelte sich auf der Grundlage der neuen wissenschaftlichen Erkenntnisse eine Technologie, mit der Flugschiffe gebaut werden konnten, die es den Atlantern ermöglichte, die Völker der ganzen Welt zu bekriegen und zu unterjochen. Dadurch, dass sie den Luftraum beherrschten, entwickelte sich auf der Basis der Energiegewinnung mittels der Pyramide eine Technologie, mit der die Atlanter in der Lage waren, Wachstum zu fördern bzw. Wachstum zu verhindern und Leben zu vernichten.

Sie bauten, über den Erdball verstreut, große Pyramiden, an deren Spitzen sich die gleichen geschliffenen Kristalle befanden wie an der ersten energieerzeugenden Pyramide der "Hegoliter". In bestimmten Abständen wurden am Himmel riesengroße metallene Spiegelflächen in bestimmte Umlaufbahnen gebracht.

Die Lichtstrahlen, die von diesen Pyramiden an die Spiegelflächen gesandt wurden, strahlten Tag und Nacht auf die Kontinente, die zur damaligen Zeit existierten.
Mit dieser Strahlungsenergie konnten die Atlanter zum Beispiel in jedem Land mehrere Ernten erzeugen oder Gebiete so vernichten und zerstören, dass nichts mehr darauf existierte oder existieren konnte.
Für die Völker dieser Länder waren diese "großen Sonnen" der Gott "Remuran", der von ihnen als "lebenserzeugender und lebensvertilgender" Gott angesehen wurde.
Die Atlanter, die in jedem dieser Länder die Regierung stellten, wurden von den unterentwickelten Völkern der Welt als "Söhne des Gottes Remuran" angesehen, da sie mit Flugzeugen aus der Luft direkt von "Gott Remuran" jeweils in ihre Niederlassungen einflogen.

IV

Die Zerstörung von Atlantis

Nach mehreren Jahrhunderten Herrschaft der Atlanter - nach unserer Zeitrechnung genau vor 12.600 Jahren - wurde von dem Geheimbund der "Hegoliter", die im Untergrund bzw. verbannt zu niederen Diensten in fremden Ländern lebten, ein Plan entwickelt, die Regierung von Atlantis zu stürzen, um den wahren Glauben in die Welt zu tragen.
In "Eire", dem heutigen Irland, wohin damals eine Gruppe von "Hegolitern" verbannt worden war, die Beziehungen zu der Bevölkerung aufgenommen hatte, entwickelte sich eine Untergrundbewegung, die folgenden Plan entwarf.

Um die neue Religion Gottes für die Gemeinschaft der Weltbürger aufzubauen und um die Technologien nutzbringend für alle Menschen einzusetzen, sollte Atlantis zerstört bzw. die Regierung machtlos gemacht werden.
Dies war nur dann möglich, wenn die Hauptschaltstelle, die sich in der Regierungshauptstadt "Orason" befand, zerstört wurde, denn von dieser Hauptschaltstelle aus wurde der Einsatz der Strahlungs-Pyramiden gesteuert.

Der Plan war der, den Energiestrahl, den die Atlanter im Bereich Eire und in einem Teil des Kontinents einsetzten, mittels eines großen Spiegels an den Ausgangsort der Pyramide zurückzusenden.
Auf diesem Wege konnte man mit der Kraft des Energiestrahls nicht nur die Pyramide zerstören, die sich in der Nähe der Hauptschaltstelle in "Orason" befand, sondern man hoffte, dass diese gewaltige Explosion, die bei der Zerstörung entsteht, die ganze Stadt durch Erderschütterung in Schutt und Asche legen würde.
"Presato", ein Einheimischer von Eire, der sich mit den Gesetzen der Physik befasste, entwickelte nunmehr gemeinsam mit den "Hegolitern" folgenden Plan.
Eine große Talsenke, die nur einen Taleinschnitt hatte, sollte so vorbereitet werden, dass sie kurzfristig wie ein Stauweiher mit Wasser gefüllt werden konnte.
Heimlich wurden mehrere Flüsse umgeleitet, um die Talsenke über Nacht für kurze Zeit mit Wasser zu füllen.

Nachdem alle Vorbereitungen getroffen waren, wurde einer der in den Plan Eingeweihten zu dem "Postrator", dem Regierungschef von Eire, gesandt, um ihm mitzuteilen, dass in dem Gebiet, in dem die Talsenke war, eine Gruppe von "Hegolitern" gemeinsam mit der Bevölkerung einen Aufstand plane.

Als diese Nachricht die Regierung in "Orason" erreichte, wurde von dort der Befehl erteilt, den Strahl so stark einzustimmen, dass alles, was in dem Bereich existierte, in den diese Energie einstrahlte, verbrennen musste.

Da die Aufständischen jedoch, wie geplant, die gesamte Talsenke mit Wasser gefüllt hatten, traf der Strahl auf diese große Wasserfläche, die wie ein Spiegel wirkte.
Die gesamte Energie wurde zurück an den Himmelsspiegel und von da aus in die abstrahlende Pyramide eingestrahlt.
Dieser Strahl zerstörte jedoch nicht, wie angenommen, nur die Pyramide und erzeugte im näheren Umkreis ein Erdbeben, sondern die freigesetzte Energie war so groß, dass ein riesiges Erdbeben mit riesengroßen Flutwellen entstand.
Das Stück der Erdplatte des Kontinents, auf dem sich das Land Atlantis befand, brach ab und versank im Meer.

Durch diesen Vorgang veränderte sich der damals existierende Gesamt-Kontinent (siehe nachfolgende Grafik), und es entstanden die Kontinente, die man heute als Europa und Amerika bezeichnet.
Durch das Abbrechen der Erdplatte entstanden überall auf der Erde große Erdbeben, einhergehend mit riesigen Flutwellen, durch die fast alle Länder zerstört wurden.

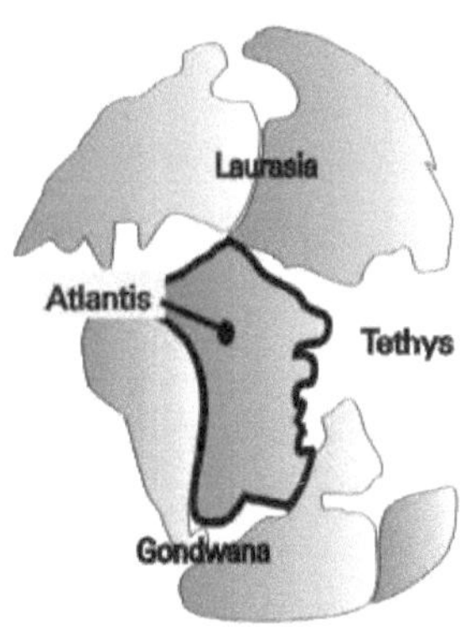

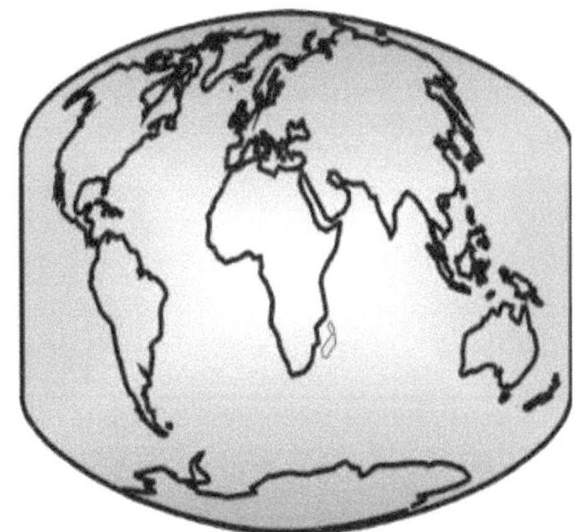

Eine dadurch bewirkte Polverschiebung veränderte das Klima so weitgehend, dass große Eismassen schmolzen und der Meeresspiegel um fast 100 m stieg.
Die freiwerdenden Wassermassen überschwemmten viele Gebiete.
In der Bibel wird dieser Vorgang als "Sintflut" beschrieben.

Da nach dieser Katastrophe nur noch wenige Menschen weit verstreut auf der Erde lebten, die wieder am Anfang standen und in die Barbarei zurückfielen, weil alle Kulturen, speziell die hochentwickelte Kultur der Atlanter, vernichtet waren, kann man diesen Zeitpunkt als Neubeginn der Menschheit bezeichnen.

Als die jeweils von Atlantis eingesetzten Kolonial-Regierungen, die meistens nur aus ein paar Hundert Personen bestanden, in den unterjochten Ländern keinen Rückhalt mehr hatten, keinen Nachschub ihrer Technologien erhielten und auf sich allein gestellt waren, konnten sie sich zwar noch für ein paar Jahre halten, jedoch am Ende waren sie gezwungen, sich entweder den Kulturen des jeweiligen Landes anzupassen, oder sie wurden von der Bevölkerung vernichtet. Bedingt dadurch, dass das Mutterland vernichtet war und die meisten Pyramiden zerstört waren, erloschen überall am Himmel die künstlichen Sonnen.

Aufgrund dieser Geschehnisse und dadurch, dass die Menschen in allen Ländern der restlichen Welt in ihrer geistigen und technologischen Entwicklung, verglichen mit den damaligen atlantischen Technologien, um viele Jahrhunderte zurück waren, und die Katastrophen in den Ländern zum überwiegenden Teil die Kulturen zerstört hatten, musste die Menschheit auf der ganzen Welt fast wieder komplett von vorne beginnen.
Das bedeutet, die Evolution der Menschheit im geistigen, kulturellen und technologischen Bereich begann von Neuern.

V

Die Erkenntnis

Nachdem die "Templer" die Geschichte der Atlanter, die auf der Grundlage mündlicher Überlieferungen in den Unterlagen niedergeschrieben worden war, versehen mit vielen Modellen und Gegenständen aus der damaligen Zeit, die zur Beweisführung dienen, gelesen hatten, begriffen sie, dass sie den sagenumwobenen "Heiligen Gral" wiedergefunden hatten.
Durch die Unterlagen erfuhren sie, welche geheimnisvollen Kräfte in der geometrischen Form der Pyramide durch bestimmte gesetzmäßige Bewegungsabläufe existieren.
Und sie begriffen, dass alles Sein im Kosmos allein IN und DURCH die Form der Teilchen des "Kosmischen Geistfeldes" bewirkt wird.
Nachdem sie die Pyramide, wie schon erwähnt, nach vorgegebenen Koordinaten gebaut hatten, in der CLAIRVAUX seine 2. Vision erhielt, begannen sie, die Kräfte der Pyramide einzusetzen, um die Mittel zu erhalten, damit sie den Auftrag, den CLAIRVAUX in seiner Vision erhalten hatte, erfüllen konnten.
(Die geometrische Form der Pyramide ist, wenn bestimmte Kriterien berücksichtigt werden, durch die gesetzmäßigen Bewegungsabläufe ein Kommunikationszentrum, in dem derjenige, der sich innerhalb der Pyramide befindet, auf geistiger Ebene mittels der Gedankenkraft senden und empfangen kann.)

Mit dem gesamten Wissen, das in den Unterlagen stand, ausgestattet, begannen sie, auf geistigem Wege in der Pyramide die Menschen zu beeinflussen, die für sie wichtig waren, damit diese ihren Wünschen entsprachen.
Auf diesem Wege beschafften sie sich das riesige Kapital, das sie zur Erfüllung ihres Auftrages benötigten.
Auf dem gleichen Wege beeinflussten sie die Menschen, die großes Wissen besaßen, damit diese ihnen dieses Wissen offen legten.

Wie in den mir übergebenen Unterlagen beschrieben steht, beinhaltete der Auftrag, den Bernhard von CLAIRVAUX erhalten hat, folgendes:
Führung der Menschenrasse nach dem Gesetz der Resonanz, was bedeutet, die Erfüllung des Wortes Gottes, das JOHANNES "in Patmos", also auf geistigem Wege, als Gedankenbilder erhalten hat und das als "Offenbarung" gleich "Apokalypse der Endzeit" in der Bibel niedergeschrieben steht.

Dadurch, dass sie die Gesetze Gottes sowie die kosmischen physikalischen Gesetze, durch die alles Sein bestimmt und bewirkt wird, als Wissen besaßen und befolgten sowie absolut nach ihnen lebten, erwarben sie innerhalb kurzer Zeit ein unermessliches Vermögen an materiellen Gütern, wodurch sie zu den mächtigsten Männern der Welt wurden und Einfluss nahmen auf die Geschehnisse in allen Bereichen, die unser Sein umfassen.
Das Gleiche gilt für ihr absolutes Wissen über all die physikalischen Abläufe, die dem heutigen Menschen noch verborgen sind. Sie studierten und eigneten sich das existierende Wissen aller Völker an, wie zum Beispiel die Weisheiten des Ostens, die Mathematik der Araber, die Erkenntnisse der ägyptischen Philosophen, Ärzte und Astronomen.
Die Macht, die sie dadurch besaßen, sowie die Macht ihres unermesslichen Reichtums setzten sie und setzen sie heute noch ein, damit, wie schon gesagt, die Voraussagen unseres Ur-Schöpfers, Gott-Vaters, die Adepten und Propheten wie zum Beispiel JOHANNES auf geistigem Wege erhielten, erfüllt werden.
Anfang des 13. Jahrhunderts beherrschten sie durch ihren unermesslichen Reichtum und ihr Wissen in allen Bereichen die gesamte Welt und leiteten von da an die Geschicke der Menschheit.

Alles, was wir Menschen bis heute als Geschichte bezeichnen, gleich ob Krieg oder Frieden, ob wissenschaftlicher Fortschritt oder technische Katastrophen, ist der Weg der Erdenmenschen, der bis zum heutigen Tage von diesen Menschen resonanz-bedingt geleitet wird, da die Rasse der Erdenmenschen einen von unserem Schöpfer vorbestimmten Evolutionsweg geht, den wir Erdenmenschen seit unserer Existenz selbst bewirkt haben.

Im Jahre 1313 wurde durch den Neid, die Angst und die Missgunst von PHILIP, König von Frankreich, und Papst CLEMENS V. über den Orden der Templer der Bann ausgesprochen.
Der Grund dafür war, dass die Templer es ablehnten, das Wissen und die materielle Macht mit König PHILIP und Papst CLEMENS V. zu teilen.

Im Volke glaubte man, dass die Templer den "Heiligen Gral" gefunden hätten. Nach dem Glauben der Menschen der damaligen Zeit war der "Heilige Gral" das erste Symbol des Abendlandes, das heilen und verderben kann.
Wer im Besitz des "Heiligen Grals" ist, hat die Macht und die Herrschaft über die Welt.

Das einfache Volk hatte im Grunde genommen mit seiner Ahnung recht, denn die Macht durch das Wissen um die physikalischen Gesetze und das Wissen, dass die stärkste Kraft der Geist, die Gedankenkraft, ist, die alles heilen oder verderben kann, machte die Templer zu den mächtigsten Männern der Welt.

Bis zum Jahre 1313 war die Gruppe der Templer über die 9 eingeweihten Templer hinaus so angewachsen und das Wissen um alles Sein, durch das die Templer ihre Macht erhalten hatten, so groß geworden, dass die Gefahr des Verrats bestand, so dass der Auftrag nicht mehr hätte erfüllt werden können.
Lebensplan-, also karmisch-bedingt wurde über die Templer von König PHILIP und Papst CLEMENS V. der Bann ausgesprochen, und bis auf 5 Eingeweihte wurden alle Templer hingerichtet oder als Ketzer auf dem Scheiterhaufen verbrannt.
Die 5 Eingeweihten Templer, die das Massaker überlebten, waren zu diesem Zeitpunkt immer noch die Wesenheiten, die als Verkörperung von Bernhard von CLAIRVAUX, Hugo von PAYENS sowie 3 weiteren Templern, die vom Jahre 1094 an, lebensplan-bedingt, diesen Weg gegangen sind.
Jedes Mal, wenn der physische Körper eines Templers nicht mehr die Körperkraft besitzt, seine Aufgabe zu erfüllen, wird jeweils mit einer Person, die für diesen Weg körperlich ausgebildet ist, ein Seelen-, also Wesenheits-Wechsel vorgenommen, so dass die Wesenheiten der 5 Templer bis zur Endzeit auf der Erde verweilen.
Dadurch besitzen diese 5 Templer nicht nur das gesamte Wissen, das sie in der Einweihung Anfang des 12. Jahrhunderts erhalten haben, sondern sie sind auch immer auf dem laufenden Stand des Wissens in der Epoche, in der sie körperlich inkarniert sind.

Nach der Vernichtung aller anderen Templer gingen die 5 Eingeweihten Templer in den Untergrund und führen seit dieser Zeit die Geschicke der Erdenmenschen nach den Gesetzen, die sie durch die Unterlagen aus der "Bundeslade" erhalten hatten, ihrem Auftrag gemäß, von da aus weiter.
Bis zum Jahre 1717 wirkten sie als geheime Bruderschaft und lenkten mit einem kleinen Kreis von Eingeweihten die Geschicke und den Lauf der Menschheit.
1717 gründeten sie als Hilfsorganisation in England die Großloge der Freimaurer, die sich seit dieser Zeit über den ganzen Erdball ausgebreitet hat.

Über diese Loge sowie über andere netzwerkartig angeschlossene Hilfsorganisationen leiten die heute existierenden 5 Eingeweihten, zurückgezogen und unbekannt, die Geschicke der Welt so, dass die Rasse der Erdenmenschen nach den Weisungen unseres Ur-Schöpfers, lebensplan-bedingt nach den physikalischen Gesetzen, den Weg geht, den unser Schöpfer uns evolutionsbedingt vorbestimmt hat.

Die führende Hilfsorganisation, die indirekt in der Öffentlichkeit wirkt sowie indirekt Befehle der heute existierenden 5 Templer ausführt, ist die sogenannte

"P2-Loge", deren Großmeister und engere Mitarbeiter zum Teil in Gottes Plan eingeweiht sind.

Dies ist, kurz zusammengefasst, die Vorgeschichte, so, wie sie in den mir übermittelten Unterlagen niedergeschrieben steht. Historisch entspricht sie, bis auf einzelne Passagen, der Literatur der Geschichte der Kreuzritter und Templer.

Aber die Geschichte der Quelle der Unterlagen ist noch nicht zu Ende.

VI

Die Wiederentdeckung

Wieder durch eine Intuition, die bewirkt wurde durch einen Reiz aus dem "Kosmischen Geistfeld" bei einem heute lebenden Menschen, wurden die Unterlagen der Templer, die 1313 in einem unterirdischen Raum einer Burg eingelagert worden waren, wiedergefunden. Diese Intuition hatte der Forscher und Wissenschaftler Roger LHOMOY.
Intuitiv erhielt er den Auftrag, in der verfallenen Templerburg Gisor, die zwischen Paris und Rouen liegt, nach dem "Heiligen Gral" zu graben, den die Templer in einer Grotte unter der Burg eingegraben hatten.

Im Jahre 1946, nach Beendigung des 2. Weltkrieges, begann er mit der Grabung. Nachdem er monatelang gegraben hatte, entdeckte er in über 30 m Tiefe behauene Steine. Als ein Teil der Steine weggeräumt war, lag eine große unterirdische Halle frei.
An den Wänden der Halle standen große Jesus-Statuen sowie Statuen der 12 Apostel.
Den Mittelraum dieser Halle füllten 19 steinerne Sarkophage, die, wie wir heute wissen und wie aus den Unterlagen hervorgeht, die gleichen waren wie diejenigen, die in Jerusalem ausgegraben wurden. In einem Nebenraum standen, in drei 10er Reihen aufgestellt, 30 Truhen, die alle 2,5 m lang, 1,8 m hoch und 1,6 m breit waren. In diesen 30 Truhen befanden sich, wie uns heute bekannt, die Übersetzungen und Niederschriften der Templer.
LHOMOY kam jedoch nicht mehr dazu, die Sarkophage oder die Truhen zu öffnen. Militär und Geheimdienst schirmten, nachdem LHOMOY in die Grotte gestiegen war, die Fundstelle sofort ab, und der Fund wurde zum Staatsgeheimnis erklärt.
Diese Aussage wurde dem Autor mündlich von der Person mitgeteilt, von der der Autor die Unterlagen erhalten hat, auf deren Grundlage dieses Buch und andere Bücher entstanden sind und entstehen werden.
Weitergehende Überprüfungen bestätigten den Sachverhalt, wobei Auskünfte von kompetenten Regierungsstellen nicht gegeben bzw. schriftliche Anfragen mit "Sachverhalt nicht bekannt" beantwortet wurden.
Dass die Ausgrabung 1946 stattgefunden hat, ist jedoch von vielen damals lebenden Personen bestätigt worden. Denn dieses Gebiet war zu diesem Zeitpunkt für alle Privatpersonen absolut gesperrt. Zwischenzeitlich existiert über diesen Sachverhalt vereinzelte Literatur.

Warum und auf welchem Wege der Autor die Unterlagen erhalten hat, soll bei dieser Niederschrift vernachlässigt werden, da in mehreren Büchern, jeweils sachbezogen, auf diesen Vorgang noch näher eingegangen wird.

Nach einer persönlichen Aussage der Person, die dem Autor die Unterlagen übergab, sowie aufgrund von eigenen Recherchen wissen wir heute, dass ein Teil der damals ausgegrabenen Sarkophage und Truhen sowie Beiwerk im Besitz des Vatikans ist. Da dieses Geschehen, das auch in den dem Autor übergebenen Unterlagen beschrieben wird, für die Offenlegung des "A-Omega-Projektes" - mit dieser Überschrift sind die gesamten Unterlagen betitelt - unrelevant ist und der Autor zur Zeit nur den Auftrag erhalten hat, das Grundlagenwissen des "A-Omega-Projektes" offen zu legen, soll hier nicht näher auf dieses Detail eingegangen werden.

VII

Stand der Wissenschaft

Für die Templer war das Erkennen der Zusammenhänge, angefangen von der Entstehung des Universums bis hin zu der Schöpfung der Wesenheiten und Seelen sowie der Erschaffung der physischen Körper der biologischen Systeme, aufgrund ihres langjährigen Studiums der Unterlagen in Verbindung mit Modellen, ein fortlaufender Prozess.
Für mich, den Autor, ist es nicht einfach, diese gesamten Erkenntnisse, die ich mir zwischenzeitlich zu eigen gemacht habe, konzentriert so in ein Buch einzubinden und mit meinen Worten noch so zu erklären, dass auch der Laie die Zusammenhänge begreift und mit seinem Verstand erfassen kann.
Da dieses Buch nicht irgendeine Romandichtung ist, sondern in jedem Bereich, nach meiner Erkenntnis, der Realität entspricht, beginne ich zum besseren Verständnis mit der Erklärung der Entstehung des Universums.
Denn allein auf diesem Wege, glaube ich, kann der Leser den Aussagen nur so folgen, dass er die Abläufe, die bestimmend sind für die Erfüllung seines Lebensplanes ("Karma"), mit dem Verstand erfassen und begreifen kann.

Da die Aussagen, die in diesem Buch getroffen werden, konträr zu den Theorien der Lehrschulwissenschaft stehen, ist es angebracht, kurz auf den Stand der Wissenschaft einzugehen.
Mit den hier vorgestellten Erkenntnissen werden viele Phänomene, die von der Wissenschaft bis heute noch nicht erklärt und eingeordnet werden können, sowie viele zum täglichen Alltag zählende Phänomene einschließlich der sogenannten "Parapsychologischen" Phänomene so weitgehend erklärt, dass sie sowohl von jedem Wissenschaftler als auch von jedem nicht vorgebildeten Laien nachvollzogen werden können.
Letztendlich muss jedem klar sein, dass entscheidende Impulse in der Forschung nur dann erhalten werden, wenn man neue Wege geht, auf denen grundlegende neue Erkenntnisse gefunden werden können, durch die wir den Sinn und Zweck allen Seins verstehen lernen.
Diese erhalten wir nur durch tiefgehende Einsichten in die Struktur der Materie bzw. durch die Erforschung der feinstofflichen Strukturen und der Kräfte, durch die das gesamte Sein bewirkt wird.
Dies ist eine Erkenntnis, die den Menschen der heutigen Zeit nicht fremd ist. Denn seit vielen Generationen versucht der Mensch, hinter das Geheimnis zu gelangen, was oder wer die Materie hat entstehen lassen bzw. welche Kräfte

bewirkt haben, dass ein Ur-Stoff, der existiert haben muss, zu den Strukturen und Formen gebunden wurde, die der Mensch mit seinen 5 Sinnen, als Materie und als Wirkungsphänomen sichtbar und unsichtbar, wahrnimmt. Dasselbe zählt für das "Phänomen Leben" in seinen vielschichtigen Formen.

Viele Theorien, von denen alle Dezennien eine die andere ablöste, wurden entwickelt, mit denen man versuchte zu erklären, wie diese Vorgänge abgelaufen sein könnten.
Letztendlich sind es jedoch immer nur Denkmodelle gewesen, durch die man in der Lage war, Teilbereiche zu beschreiben, die aber nie ausreichten, um alle Phänomene in eine "Einheitliche Theorie der gesamten Materie" einzubinden.
Dies gilt nicht nur für die klassische Physik, sondern auch für den Bereich der Hochenergiephysik, der sogenannten Teilchenphysik.
In den letzten 40 Jahren suchten Tausende von Physikern mit gigantischen Partikelschleudern in den Vereinigten Staaten und in Europa nach dem kleinsten Teil der Materie, aus dem die vielfältigen Arten und Formen, aus denen die Materie besteht, aufgebaut sind. Das Ergebnis dieser unvorstellbar teuren Forschung ist ein Zoo exotischer Teilchen, die eingebunden wurden in eine Theorie, die man als "Standard-Modell" bezeichnet und in der der subatomare Mikro-Kosmos notdürftig beschrieben werden kann.
In diesem Bereich der Physik, der experimentell am tiefsten vorgedrungen ist in den Bereich der subatomaren – feinstofflichen - Welt, aus der sich die Materie aufbaut, hat man erkannt, dass ein Blick in die Frühphasen des Universums nicht ausreicht, die Geburt des Weltalls und der Materie zu beschreiben.
Der letzte Stand der Erkenntnisse, eingebunden in das sogenannte "Standard-Modell", das die Physiker aufgrund ihrer Experimente konstruiert haben, ist, dass alle Materie letztendlich aus 6 Quarks, den Bausteinen, aus denen sich die Protonen und Neutronen aufbauen, sowie aus 6 Leptonen, zu denen zum Beispiel die Elektronen und Neutrinos als Elementarteilchen zählen, besteht.
Weiterhin nimmt man an, dass 4 fundamentale Kräfte für den Zusammenhalt der subatomaren Teilchen verantwortlich sind. Einmal die starke und schwache Wechselwirkung im Reich der Atome sowie der Elektro-Magnetismus im Mikro- und Makro-Kosmos und die Gravitation, die, wie man vermutet, als Bindungskraft die Planetensysteme und Galaxien zusammenhält. Nach Aussage des Nobelpreisträgers und Harvard-Physikers Shelton GLASHOW ruht dieses scheinbar schlüssige Konzept vom Wesen und Wirken der Ur-Kräfte auf einem brüchigen Fundament.
Auch wenn das "Standard-Modell" zur Zeit nicht zu widerlegen ist, so behauptet der bekannte Fermilab-Forscher ELLIS, dass augenfällig sei, dass der Theoriebau des "Standard-Modells" einen Konstruktionsfehler enthalten müsse.
Für diese Unsicherheit sorgen drei nicht erklärbare Phänomene bzw. Fakten, die in das "Standard-Modell" nicht eingebunden werden können.

Denn alle gefundenen subatomaren Teilchen, die experimentell ermittelt wurden, besitzen eine bestimmte, jedem Teilchen eigene Masse. Ein Phänomen, das in diesem "Standard-Modell" keinen Platz findet.
Edward FARHI, Massachusetts Institute of Technology, sagt zu diesem Punkt, "Wir finden einfach keine Erklärung dafür, warum einige Teilchen schwerer und andere leichter sind."

Robert PECCEI von der University of California grübelt als Theoretiker darüber nach und stellt sich die Frage, "Warum 6 Quarks, da 2 Quarks sowie Elektron und Neutrino ausreichen, die Welt der Materie zu erzeugen?"
Bis heute wurden nur 5 der 6 im Standard-Modell postulierten Quarks im Experiment gefunden. Trotz hohen finanziellen Einsatzes und jahrelangen Bemühens, das 6. als "Top-Quark" bezeichnete Quark zu entdecken, scheiterte man mit der heute eingesetzten Technologie.
Jetzt hofft man, dass man durch den Einsatz von größeren Teilchenbeschleunigern das 6. Quark findet und in den Protonentrümmern Entdeckungen macht, die es den Forschern ermöglichen, ein Bild vom Ur-Kosmos zu erstellen, wo, wie man annimmt, die schwache Kraft und der Elektro-Magnetismus noch nicht voneinander geschieden waren. Man mutmaßt, dass im Augenblick der Trennung der Schlüssel zu finden ist, durch den der Sinn und Zweck der verschiedenen Massen der einzelnen Teilchen beschrieben werden kann. Vermutet wird dies aus dem Grunde, da man annimmt, dass alle subatomaren Teilchen am Anfang der Zeit gewichtslos entstanden waren und dass die Teilchen ihre Masse erst dann erhielten, als sie einen innigen Kontakt miteinander eingingen, den die Physiker mit dem Begriff "Higgs-Mechanismus" bezeichnen.

In der folgenden Erklärung der Teilchen auf der Grundlage der Erkenntnisse des "A-Omega-Projektes", die mir vorliegen, werden Sie erkennen, dass der Gedanke, dass am Anfang der Zeit die subatomaren Teilchen gewichtslos waren, richtig ist. Alle Teilchen, die vor der Entstehung des Universums in einer absoluten Ruhe als Ur-Plasma existierten, waren gewichtslos, da, wie Sie im folgenden noch erkennen werden, Gewicht erst dann entsteht, wenn sich ein Teilchen, das aus Ur-Plasma besteht, durch die Einstrahlung von Bewegungs-Energie in einer Eigen-Bewegung befindet.

Desgleichen versuchen seit vielen Generationen Wissenschaftler und Forscher, eine Antwort auf die Frage zu finden, welche Kraft die Atome und Moleküle der sogenannten "toten“ Materie in den biologischen Systemen zur "lebendigen“ Materie werden lässt. Bis heute konnte dieses Rätsel noch nicht gelöst werden. Das Gleiche gilt für die vielfältigen Energiearten, die als Kraft die Phänomene bewirken, die wir zwar als Wirkung wahrnehmen und erkennen, aber deren Ursache, also die Kraft, die sie bewirkt, nicht bekannt ist.

Das heißt, die Suche nach der Struktur und Form der Kraft, die wir mit dem Oberbegriff Energie bezeichnen, war auch bis heute erfolglos.
Dass "unstrukturiert“ nichts existieren kann, angefangen vom Ur-Stoff der Materie bis hin zu den kompliziertesten Wechselwirkungen der kosmischen Abläufe, eingebunden in Chaos und Ordnung, die alles Sein bestimmen, ist unbestreitbar.

Die physikalischen Theorien, auf denen die gesamte Grundlagenforschung zur Zeit in allen Bereichen der Wissenschaft aufbaut, sind Denkmodelle, durch die begrifflich ein Teil der Phänomene erklärbar gemacht werden kann, aber sie sind als einzelne Theorien, wie schon gesagt, nicht zusammenfassbar in eine gesamte “Einheitliche Theorie der Materie“.
Verdeutlichen wir uns das einmal zum besseren Verständnis an einem einfachen Beispiel, und zwar an dem heute gültigen Atommodell von RUTHERFORD und BOHR.
Dieses Atommodell reicht den Chemikern und klassischen Physikern aus, begrifflich zu erklären, wie eventuell die in diesem Denkmodell postulierten Elementarteilchen - Elektron, Proton, Neutron und Photon - wechselwirksam das Atom gestalten und aufbauen können, bzw. wie sich Atome zu Molekülen binden oder Atome ionisiert werden.
Dies heißt jedoch nicht, dass es so ist, wie man es theoretisch erklärt, sondern dies nimmt man, um es überhaupt erklären zu können, als Denkmodell nur an.
Um jedoch die Phänomene zu beschreiben, die von den Hochenergiephysikern im Experiment gefunden worden sind, reicht dieses Atommodell nicht aus. Im Gegenteil. Es widerspricht sogar absolut den gefundenen Erkenntnissen.

Nach der Überprüfung der mir übergebenen Unterlagen gemeinsam mit vielen anderen Wissenschaftlern und nach Überprüfung des Standes der wissenschaftlichen Erkenntnisse der Physik erkannten wir, dass eine "Einheitliche Theorie der gesamten Materie" nur gefunden werden kann, wenn man die Struktur des Ur-Stoffes sowie die Struktur der Energie entdeckt, durch die sich wechselwirkend die sogenannte "tote" Materie, also die Atome der Elemente, aufbaut.

Erst wenn diese Struktur gefunden wird, besteht die Möglichkeit, ein Denkmodell zu entwickeln, mit dem man auch die Entstehung aller biologischen Systeme erklärend beschreiben kann.
In eine "Einheitliche Theorie der Materie", also letztendlich in ein GANZHEITLICHES Denkmodell, müssen alle Phänomene und die Erkenntnisse aller wissenschaftlichen Disziplinen eingebunden werden können, ohne dass sie sich widersprechen.
Meine Überlegungen, bei denen mir als Grundlage die mir übergebenen Unterlagen und Modelle zur Verfügung standen, begannen mit der Frage,

"In welche geometrische Form kann sich eine bewegungslose unstrukturierte Masse (Ur-Plasma) einschwingen, wenn in diese Masse eine Kraft (Energie) einstrahlt?"

Diese Kraft muss das Ur-Plasma innerhalb der geometrischen Form (Kraftfeld) so in einen gesetzmäßigen Bewegungsablauf einschwingen, dass einmal eine nicht veränderbare dynamisch strukturierte Form entsteht und zum anderen dieses so entstandene dynamische Ur-Teilchen in der Lage ist, sich selbst zu bewirken, um sich in Bewegung zu halten, bzw. sich mit gleichen oder anderen Formen in der Weise zu verbinden, dass sich alle nur denkbaren Formen aufbauen können.

VIII

Kosmologische Denkmodelle

Die heutige Wissenschaft benutzt als Grundlage, um ihre Theorien zu beschreiben, die Struktur der Kugel.

In der Natur existieren nur 3 Grundformen:

der Würfel, die Pyramide und die Kugel.

Diese 3 Grundformen sind jedoch letztendlich eine Einheit und, wie Sie im Folgenden noch an Grafiken erkennen werden, gemeinsam verantwortlich für die Entstehung der Materie.

Nachdem ich die Unterlagen überprüft und sie mit dem Stand der Wissenschaft verglichen hatte, war mir klar, dass die folgende Beschreibung der Entstehung allen Seins, eingebunden in eine "Einheitliche Theorie der Materie" in der Stunde 0 der Entstehung unseres Universums begonnen werden musste.

Unter Einbeziehung der Erkenntnisse der Kosmologie und Astrophysik begann ich, alle bis heute existierenden Theorien, die als Denkmodell den möglichen Aufbau, die Struktur und die Entwicklung unseres Universums als Ganzes beschreiben, zu überprüfen. Es war ein harter Weg.

Denn die folgenden Erklärungen über die Entstehung des Universums sowie die Entstehung der Materie sollen so abgefasst sein, dass nicht nur der nicht vorgebildete Laie, sondern auch die Wissenschaft die Erkenntnisse als überprüfungsfähig ansieht.

Nach einer langen Studienstrecke stellte ich fest, dass im Laufe der Jahrhunderte über die Entstehung des Universums verschiedene Theorien entwickelt wurden, die einander ablösten.

Zum Beispiel hatten bis 1924 alle existierenden Theorien eines gemeinsam. Es waren Modelle von der Struktur des Universums, bei denen eine Entstehung, eine Entwicklung, eine Evolution sowie ein Werden ausgeschlossen waren.

Es war die Idee von dem ewigen unveränderlichen Universum, das schon immer und ewig existierte.

Erst in den letzten 70 Jahren unseres Jahrhunderts begann die Kosmologie, ein Teilbereich der physikalischen Wissenschaft, ein Kind des 20. Jahrhunderts, Beweis zu führen, dass sich die gesamte das Universum ausfüllende Materie in Bewegung befindet.

Die Grundlage, die zu diesen Erkenntnissen führte, ist die von Albert EINSTEIN entwickelte "Relativistische Theorie der Gravitation" ("Die allgemeine Relativitäts-Theorie").

Sie ist das theoretische Kernstück der heutigen Wissenschaft von der Struktur des Universums in Verbindung mit der Entdeckung des "Rotverschiebungs-Gesetzes" von HUBBLE.

Aber auch EINSTEIN selbst war, nachdem er die "Allgemeine Relativitäts-Theorie" aufgestellt hatte, noch der Meinung, dass das Universum stationär ist und sich nicht verändert.

Er versuchte, eine Theorie zu entwickeln, und untersuchte, ob die Gleichungen seiner Theorie, auf das gesamte Universum angewandt, statische Lösung besitzen, doch dies war nicht der Fall. Die Idee von der statischen Welt schien aber so zwingend zu sein, dass EINSTEIN seinen Gleichungen selbst nicht mehr traute und begann, sie zu verändern.

1924 war es so weit. Dieses Jahr kann man als den Beginn einer Epoche bezeichnen, in der die neuzeitliche Entwicklung der Kosmologie begonnen hat.

In den Jahren 1922 bis 1924 veröffentlichte der sowjetische Gelehrte A.A. FRIEDEMANN seine mathematischen Modelle, die die Bewegung der das gesamte Universum ausfüllenden Materie unter Berücksichtigung der Schwerkraftwirkung beschreiben. FRIEDEMANN bewies in seinen Arbeiten, dass sich die Materie des Universums nicht in Ruhe befinden kann.

Seit dieser Zeit hat das Zitat, das dem Evolutionsgedanken widerspricht, "In der ganzen vergangenen Zeit hat sich, soweit die Erinnerung reicht, der oberste Himmel weder im Ganzen noch in irgendeinem seiner ihm eigentümlichen Teile verändert", von ARISTOTELES in seiner Schrift "Vom Himmel" niedergeschrieben, seine Gültigkeit verloren.

Auf der Basis der FRIEDEMANNschen Arbeiten in Verbindung mit der beobachtenden Astrophysik sind seit dieser Zeit verschiedene Modelle entwickelt worden, die ich gründlich studiert habe.

Ich erkannte, dass die Rekonstruktion der Geschichte des Universums für die Wissenschaft keine leichte Aufgabe ist.

Aber ich erkannte auch, dass alle Theorien letztendlich auf der Grundlage des Atommodells von RUTHERFORD und BOHR unter Einbeziehung der Erkenntnisse der Quantenphysik und der Hochenergiephysik aufgebaut waren.

Alle Wissenschaftler haben bei der Beantwortung der theoretischen Frage nach der Entstehung der Materie in ihren Denkabläufen die Modellvorstellung des Aufbaus der Atome aus Elementarteilchen und subatomaren Teilchen so, wie sie heute zum Stand der Wissenschaft zählt, benutzt.

Nach dieser Modellvorstellung des Aufbaus der Atome nimmt man an, dass alle Atome aus einem kugelförmigen Kern, dem NUKLEON, bestehen, in dem die

sogenannten Kernkräfte die positiv (+) geladenen PROTONEN und die neutralen (0) NEUTRONEN zu einer Einheit binden, und dass in verschiedenen Schalen kugelförmige ELEKTRONEN mit negativer (-) Ladung diesen Kern umkreisen.
Die Eigenrotation der Elektronen wird durch PHOTONEN (Energiequanten) wechselwirkend bewirkt.
Wie Sie im Folgenden erkennen werden, entspricht diese Theorievorstellung in etwa sogar der Realität. Der einzige Unterschied ist, dass die Atome keine kugelförmige, sondern eine
würfelförmige bzw. pyramidenförmige Struktur besitzen.

Die heute existierende Denkvorstellung führte auch zu den Überlegungen, die in Theorien eingebunden sind, ob am Anfang der Entstehung des Universums das Ur-Plasma in heißem oder kaltem Zustand existierte.
Außerdem ist bekannt, und die wissenschaftlichen mathematischen Ergebnisse sind zwingend, dass auch außerhalb und nicht nur innerhalb der Galaxienhaufen eine Masse existiert, die als "VERBORGENE MASSE" bezeichnet wird.

Ferner weiß man, dass die Schwerkraft der NEUTRINOS für die heutige Expansion des sich in Bewegung befindenden Universums verantwortlich ist, da die gewöhnliche Masse, bestehend aus den Elementen, nur 3 Prozent der gesamten Masse unseres Universum ausmacht.
Der Rest, also 97 Prozent, besteht aus Neutrinos.
Es ist also nur normal, wenn wir sagen, dass unser Universum ein Neutrino-Universum ist und dass der gesamte Kosmos ohne jegliche Leerräume hauptsächlich aus Neutrinos besteht.

Nachdem ich die für diese Passage wichtigen Aussagen, die in den Unterlagen stehen, theoretisch und experimentell überprüft hatte, erkannte ich, dass die Ergebnisse, die ich fand, nicht nur logisch waren, sondern auch wissenschaftlich auf der Grundlage des heutigen Standes der Wissenschaft nicht widerlegt werden konnten.
Ich fing von vorne an und überprüfte mehrere Jahre lang unter strengster Geheimhaltung die gesamten Hinweise in diesem Bereich aus den Unterlagen.
Nach der Überprüfung wurde mir klar, dass die Entstehung des Universums so, wie sie in den Unterlagen erklärt wird und wie ich sie auf der Grundlage der erhaltenen physikalischen Gesetze theoretisch und experimentell überprüft hatte, das vorhandene wissenschaftliche Denken absolut auf den Kopf stellt.
Das Gleiche gilt für die daraus resultierende "Einheitliche Theorie der gesamten Materie einschließlich der Entstehung aller biologischen Systeme".

Mir war klar, dass eine Offenlegung der Erkenntnisse nicht ohne Widerspruch bleiben wird.
Denn jeder, der sich intensiv mit dem Inhalt dieser Niederschrift befasst, wird erkennen, dass das Wissen um die Zusammenhänge im Bereich der materiellen Ebene unser gesamtes Sein verändern kann und dass die Menschen, wenn sie den Sinn und Zweck ihres Erdenlebens begreifen und verstehen, erkennen werden, dass dieses Wissen Einfluss auf die weitere Geschichte der Menschheit haben wird.

Da in den Unterlagen auch zukunftsweisende Aussagen niedergeschrieben stehen, durch die ich erkennen konnte, wann die Zeit reif ist, in die Öffentlichkeit zu gehen, fasste ich in den 70er Jahren zusammen mit allen anderen an der Überprüfung Beteiligten folgenden Entschluss.
Jeder von uns, der an der Überprüfung der Unterlagen mitgearbeitet hat, sollte seinen eigenen Weg gehen und versuchen, soviel wie möglich von den Erkenntnissen, angepasst an den Stand der Wissenschaft, vorsichtig in die Öffentlichkeit zu bringen. Wir begannen zum Beispiel im Bereich der Medizin, Wissenschaftlern, Ärzten und Professoren, die forschungsmäßig theoretisch und experimentell tätig waren, Erkenntnisse zuzuspielen, so, dass sie, in ihr Entwicklungsprojekt integriert, das Forschungsprojekt erfolgreich zum Abschluss bringen konnten. Dies führte dazu, dass bestimmte Erkenntnisse aus den Unterlagen heute schon Bestandteil der zurzeit gültigen Wissenschaft geworden sind.

Heute, im Jahre 1997, in dem weltweit Katastrophen überhand nehmen, und dies nicht nur in der Natur, sondern auch im menschlichen Zusammenleben, ist es angebracht, einmal darüber nachzudenken, welche Phänomene dafür verantwortlich sind bzw. diese Katastrophen verursachen.
Da ich die Aussagen in den Unterlagen kenne, weiß ich, dass die Haupt-Ursache der Entstehung der Naturkatastrophen sowie die zur Gewalt neigende Wesensveränderung der Menschen im "Kosmischen Geistfeld" zu finden ist.

Da im "Kosmischen Geistfeld" JEDER Gedanke als Gedankenform entsteht und die Masse der Menschen in der heutigen Zeit nur Technologien entwickelt, die Profit abwerfen, unabhängig davon, ob sie schädlich für die Natur sind, ist es nur logisch, dass dies im Endeffekt zu Naturkatastrophen und Wesensveränderungen der Menschen führt.
Begreifen die Menschen, dass ihr gesamtes Gedankenpotential, das sie in das "Kosmische Geistfeld" einstrahlen, für immer in diesem "Geistfeld" als Bewusstseins-Struktur unzerstörbar erhalten bleibt und Einwirkung hat auf die Menschen, dann besteht die Hoffnung, dass die Menschheit ihrem Untergang entgehen kann.

Zum letzten Male vor 12.600 Jahren hat schon einmal einer Gruppe von Menschen - den "Hegolitern" von Atlantis - zum Erkennen allen Seins dieses Wissen, das im Folgenden offengelegt wird, zur Verfügung gestanden.
Das heißt, in dieser Niederschrift stelle ich eine "Einheitliche Theorie der Materie" zur Diskussion, die ich auf der Grundlage der Erklärungen aus den Unterlagen entwickelt habe, mit der alle Phänomene der klassischen Physik, der Teilchenphysik, der kosmischen Physik einschließlich des "Higgs-Mechanismus", der nach meinen Erkenntnissen richtig ist, erklärbar werden. Des Weiteren stelle ich, übernommen aus den Unterlagen, ein theoretisches Denkmodell zur Diskussion, auf dessen Basis unser Universum entstanden ist, was gleichbedeutend ist mit der Entstehung der Materie.

Außerdem ist in diesem Denkmodell eine Vorstellungsmöglichkeit enthalten, mit der verstandesmäßig nachvollzogen werden kann, auf welchem Wege die Wesenheiten, eingebunden in die materiellen Seelen, sowie alle biologischen Systeme, zu denen auch der Körper des physischen Menschen zählt, entstanden sind.

Das gesamte Denkmodell, das ich auf der Grundlage der mir übergebenen Unterlagen und Modelle entwickelt habe, beinhaltet außerdem eine nachvollziehbare Erklärung über die Phänomene, die mit den Begriffen "Seele" und "Psyche" umschrieben werden. Mit diesem Denkmodell werden zum Beispiel auch die Phänomene, die man im medizinischen Bereich als "psycho-somatische" bzw. "somatisch-psychische" Erkrankungen bezeichnet, erklärbar.
Der philosophische Inhalt dieser "Einheitlichen Theorien" besitzt eine denkbare Grundlage, auf der jeder Mensch erkennen kann, dass alles Sein nach einem vorgegebenen Plan, in dem unser Ur-Schöpfer (Gott) real einen festen Platz besitzt, abläuft.
Dies beinhaltet wiederum, dass wir den Sinn und Zweck nicht nur allen Seins mit dem Verstand erfassen können, sondern auch, dass wir den Sinn und Zweck des menschlichen Erdenlebens begreifen, die eingebunden sind in vorgegebene Gesetze (Lebensplan - Karma), denen der Mensch unterworfen ist.

Meiner Erkenntnis nach ist das, was in den Unterlagen als "A-Omega-Projekt" bezeichnet wird, die Realität.
Aber da die Menschen der heutigen Zeitepoche wissenschaftsgläubig nur das akzeptieren, was sie mit ihren 5 Sinnen wahrnehmen können, bezeichnen wir, Wissenschaftler, Forscher und Ärzte, die an der Überprüfung mitgewirkt haben, es einfach als Theorie und stellen diese Theorie zur Diskussion.
Für uns ist das "A-Omega-Projekt" absolute Realität, da wir 30 Jahre lang theoretisch, experimentell und philosophisch die Erkenntnisse soweit, wie es möglich war, überprüft haben.

Inwieweit die in dieser Niederschrift offengelegten Erkenntnisse einen Paradigma-Wechsel in unserem gesamten Sein bewirken werden, entzieht sich meiner Kenntnis. Meine Aufgabe war es nur, die mir übergebenen Unterlagen so weit wie möglich nach dem Stand der Wissenschaft theoretisch, experimentell und philosophisch zu überprüfen und sie nach der Überprüfung offen zulegen.

Entscheidend für die Akzeptanz des "A-Omega-Projektes" ist die geistige Reife des Menschen, der diese Niederschrift liest. Als Postulat wurden die Erkenntnisse von mir unter dem Titel "Eine Einheitliche Theorie der gesamten Materie einschließlich aller biologischen Systeme" 1991 auf dem Kongress für Ganzheitsmedizin "Wiener Dialog" zur Diskussion offengelegt.

IX

Theorien der Kosmologie

Um das fundamentale Rätsel der Entstehung des Universums zu lösen, hat man in der letzten Zeit folgende Modellvorstellungen entwickelt.
Alle auf den Erkenntnissen der Kosmologie und der theoretischen Physik entstandenen Theorien gehen davon aus, dass die prästellare (= ursprüngliche) Materie am Nullpunkt der Zeit, in großem Maßstab gesehen, heiß, homogen und isotrop gewesen ist. (Als isotrop bezeichnet man die Unabhängigkeit der Eigenschaften von der Richtung im Raum.)
I.D. NOWIKOW vom Institut für Kosmische Forschung in Moskau beschreibt das in seinem Buch "Evolution des Universums" wie folgt:

"Die Theorien des heißen und kalten Universums standen ursprünglich nur mit Versuchen in Zusammenhang, eine vollständige Erklärung der Häufigkeit der chemischen Elemente in der prästellaren Materie zu geben. Die Versuche festzustellen, welche Theorie gültig ist, waren zuerst hauptsächlich darauf gerichtet, die Beobachtung der Elementhäufigkeit zu analysieren. Solche Beobachtungen, insbesondere ihre Analyse, sind jedoch sehr kompliziert und hängen von vielen Annahmen ab. Die Theorie des "heißen Universums" liefert aber eine überaus wichtige beobachtbare Vorhersage, die eine direkte Folge der "Erhitzung", d.h. der hohen Entropie, der Materie ist.
Das ist die Vorhersage einer im Universum in unserer Epoche existierenden elektromagnetischen Strahlung, die aus jener vergangenen Epoche übriggeblieben ist, als die Materie dicht und heiß war.
Im Laufe der kosmologischen Expansion sinkt die Temperatur der Materie, wobei sich auch die Strahlungstemperatur verringert. Dennoch muss bis zum gegenwärtigen Augenblick Strahlung übriggeblieben sein, deren Temperatur in den verschiedenen Varianten der Theorie von Bruchteilen eines Kelvin bis zu 30 K reicht. Diese Strahlung, die aus längst vergangenen Epochen der Entwicklung des Universums übriggeblieben sein muss, vorausgesetzt, das Universum war tatsächlich heiß, erhielt die Bezeichnung "Reliktstrahlung".
Der Nachweis dieser Strahlung ist für diese Theorien der entscheidende Punkt bezüglich der Frage, ob das Universum heiß oder kalt war. Wenn die Strahlung existiert, glaubt man, war das Universum heiß; wenn sie nicht existiert, war es kalt."
(Anm .d. Verf.: Der Begriff "heiß" beschreibt immer ein Phänomen, das nur durch Energie bzw. durch Bewegung bewirkt werden kann. Wobei Energie letztendlich Bewegung ist.)

1965 wurde von den Mitarbeitern der amerikanischen Bell-Company PENZIAS und WILSON bei der Erprobung der Radioantenne, die zur Beobachtung des Satelliten "Echo" geschaffen worden war, die Reliktstrahlung ganz zufällig entdeckt.
Im Deutschen wird die Reliktstrahlung auch mit dem Begriff "schwarze Hintergrundstrahlung" umschrieben.
Dass die Reliktstrahlung als Beweis für eine heiße verdichtete prästellare Masse angeführt wird, liegt daran, dass man die Entstehung der subatomaren Teilchen sowie der Atome selbst, also die heute gültige Modellvorstellung, in diesen Denkablauf mit einbezog.
Eine Beweisführung auf der vorgegebenen Grundlage ist es also nicht, da nicht nachgewiesen werden kann, zu welchem Zeitpunkt der Evolution des Universums diese Reliktstrahlen entstanden sind, bzw. dass sie nach bestimmten gesetzmäßigen Abläufen laufend neu entstehen.

Zusammenfassend heißt das: Man setzt also in den Standardtheorien voraus, dass der Stoff, aus dem die 3 Prozent Materie sowie die 97 Prozent verborgene Masse entstanden sind, stark verdichtet im Raum unseres Universums am Anfang der Zeit existierte. Durch die starke Verdichtung kam es zu einer Explosion, die mit dem Begriff "Ur-Knall" oder "Big Bang" umschrieben wird, und diese verdichtete prästellare Masse wurde in die Unendlichkeit des Raumes hinausgeschleudert.
Auf irgendeine Weise haben sich dann die Elemente, die Sonnen, Sterne und Planeten sowie die Galaxien entwickelt.
Ein Modell, das man annehmen oder verwerfen kann - wie jede theoretische Vorstellung. Wenn sich jemand näher dafür interessiert, so gibt es ausgezeichnete Bücher, in denen diese Theorien über die Entstehung unseres Universums ausführlich beschrieben werden.

In den Unterlagen, die ich erhalten hatte, wird die Entstehung des Universums von Anfang an geschildert, wodurch ich erfuhr, dass der Raum unseres Universums endlich ist, da, nach den Aussagen in den Unterlagen, unzählige Universen im Kosmos existieren.
Auch nachdem ich die Theorie der sogenannten "Raum-Zeit-Krümmung" miteinbezogen hatte, sprachen zu viele logische Aspekte gegen die Unendlichkeit unseres Universums.
Der Realität am nächsten kommt Robert SHELDRAKE mit seiner Theorie der "morphogenetischen Felder", die seit fast einem Jahrzehnt von der Wissenschaft diskutiert wird.
Vorausgesetzt, man betrachtet die sogenannten "morphogenetischen Felder" als statische Einheiten, in denen sich die Neutrinos dynamisch bewegen, als "Kosmisches Geistfeld" bzw. "Bewußtseins-Feld".

Eine logische, schlüssige Theorie existiert zur Zeit nicht, die, effektiv vom Nullpunkt der Zeit angefangen bis zur heutigen Form des Universums, die Entstehung aller Phänomene, die bis heute entdeckt worden sind, beschreibt.

Das Denkmodell über die Entstehung unseres Universums habe ich so, wie es in den Unterlagen steht, diesen entnommen und komplett ohne eigene Interpretation niedergeschrieben.

X

Das vergangene Universum

Um den Sinn und Zweck des kosmischen Geschehens sowie den Sinn und Zweck der Existenz der Seelen gleich Wesenheiten zu begreifen und zu verstehen, muss man, wie schon gesagt, in eine Zeit zurückgehen, die im Grunde genommen mit dem menschlichen Verstand kaum denkbar ist.
Und zwar in die Zeit, in der die letzte Schöpfung in unserem Universum abgeschlossen war und das Universum in sich zusammenstürzte.
Die gesamte existierende Materie sowie alle Neutrinos - bis auf die Elektron-Neutrinos - lösten sich auf und wurden wieder zur prästellaren Masse, den Ur-Plasma-Teilchen.

Die Bewegungs-Energie, die in der Materie, in den "Myon-" und "Tau-Neutrinos" sowie in den "Quarks", existierte und die für die Erhaltung der Neutrinos verantwortlich war, strahlte ab. Diese Bewegungs-Energie wurde entweder zusätzlich in die existierenden Elektron-Neutrinos eingestrahlt, wodurch diese in eine höhere Schwingung versetzt wurden.

Beziehungsweise in noch existierende "Myon-Neutrinos", wodurch zusätzlich neue Elektron-Neutrinos entstanden.
Die prästellare Masse trennte sich von den Elektron-Neutrinos und existierte punktförmig in Haufen in einer absoluten Ruhe im Raum des Universums.

Die Elektron-Neutrinos selbst, in denen nunmehr die gesamte Bewegungs-Energie, die im Universum existierte, enthalten war, bildeten im Raum des Universums die gleichen Haufen, nur dass diese von der prästellaren Masse, dem Ur-Plasma, getrennt waren.

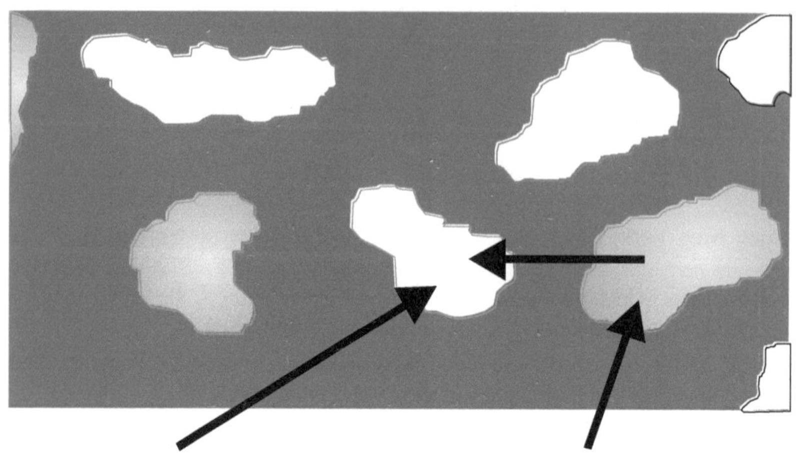

Haufenbildung
Prästellare Masse

Haufenbildung
Elektron-Neutrinos

Der gesamte Kosmos besteht, wie in den Unterlagen beschrieben und wie in nachfolgenden Grafiken erläutert, ausgehend vom Mikro- bis in den Makro-Bereich, aus würfelförmigen statischen Feldern.

Jedes dieser statischen Felder bildet vom Mikro- bis in den Makro-Bereich für sich eine statische Einheit, die existieren muss, damit sich die Struktur eines Teilchens aufbauen kann.

Die prästellare Masse befand sich - in einer absoluten Ruhe, da keine Bewegungs-Energie in ihr enthalten war - in diesen statischen Würfel-Einheiten und füllte diese, immer punktförmig im Universum verstreut, komplett aus.

Zu einem nicht bekannten Zeitpunkt stieß ein Haufen von Elektron-Neutrinos, die sich im Raum als Haufen in Bewegung befanden, mit einem Haufen der prästellaren Masse, den Ur-Plasma-Teilchen, zusammen.

Nach den Erkenntnissen aus den Unterlagen war dies der Moment, den die heutige Wissenschaft mit "Ur-Knall" oder "Big Bang" umschreibt.

Bedingt durch den Aufprall wurden die Elektron-Neutrinos auseinandergerissen.

Die Ur-Plasma-Teilchen der auseinandergerissenen Elektron-Neutrinos vereinigten sich mit der prästellaren Masse, und die Bewegungs-Energie, die bei der Zerstörung der Elektron-Neutrinos freiwurde, strahlte nunmehr in die gesamte prästellare Masse ein.

Die freigewordene Bewegungs-Energie, die in den Elektron-Neutrinos enthalten war, bewirkte daraufhin folgenden Ablauf.

Da in jeder würfelförmigen Einheit bzw. Form bestimmte gesetzmäßige Bewegungsabläufe existieren, wurden die Ur-Plasma-Teilchen der prästellaren Masse im Mikro-Bereich der würfelförmigen Kraftfelder durch die freie Bewegungs-Energie so in Bewegung versetzt, dass, bedingt durch den gesetzmäßigen Bewegungsablauf, innerhalb der würfelförmigen Einheit jeweils 6 pyramidenförmige neustrukturierte Einheiten entstanden, die in der Mitte eine kugelförmige Verdichtung besaßen.

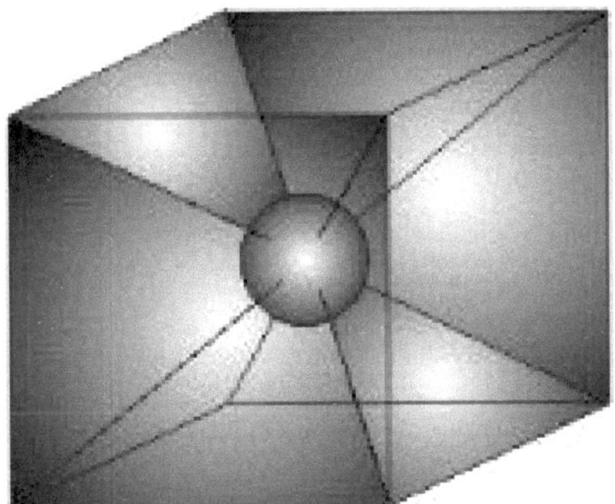

Entstandene Struktur in einer würfelförmigen Einheit, die gefüllt ist mit Ur-Plasma, wenn in diese Einheit Bewegungs-Energie eingestrahlt wurde.

Damit auch der nicht vorgebildete Laie diesen Ablauf bildhaft gedanklich nachvollziehen kann, werde ich in den nächsten zwei Kapiteln kurz die gesetzmäßigen Bewegungsabläufe, die in jeder würfelförmigen Einheit sowie in jeder Pyramide existieren, mittels Grafiken und Erklärungen erläutern.

XI

Gesetzmäßige Bewegungsabläufe im Kubus eines Würfels

Verdeutlichen wir uns den gesetzmäßigen Bewegungsablauf im Kubus eines Würfels an folgendem Beispiel.

Befestigt man eine Apfelsine mittels Fäden genau in der Mitte eines würfelförmigen geschlossenen Gehäuses, dessen Wände aus einem stabilen Material bestehen, dann läuft folgender Vorgang ab.

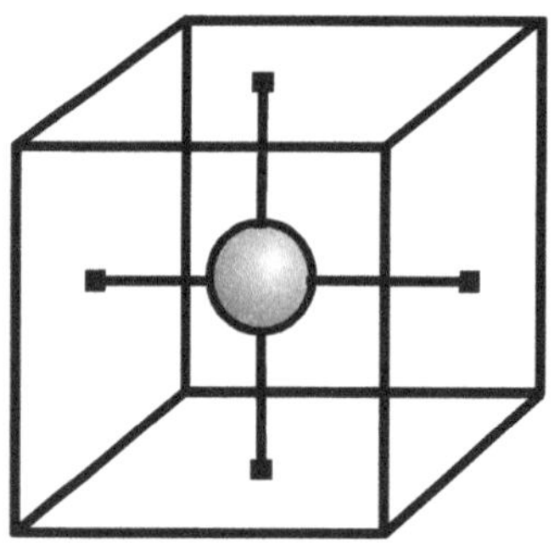

Befestigung der Apfelsine
in einem würfelförmigen Gehäuse

Die Apfelsine, als biologisches System nicht mehr angeschlossen an die Regelkreise des Baumes, strahlt, da ihre Funktionen nicht mehr vom Baum gesteuert werden, ununterbrochen die Ionisations-Energie in Form von Energiequanten gleich Elektron-Neutrinos ab, die in den Molekularstrukturen enthalten ist.

Genauso drücken die einstrahlenden neutralen Myon-Neutrinos Quarks aus der Apfelsine.

Diese abgestrahlten Energiequanten und Quarks treffen auf die 6 Wände des Würfels und werden durch die nachfolgenden Energiequanten und Quarks in die 12 Kanten des Würfels gedrückt.

Da die Energiequanten und Quarks in den Kanten von jeweils 2 Seiten gleichmäßig einstrahlen, stoßen sie in diesen Kanten aufeinander, was dazu führt, dass sich 2 rotierende Wellen bilden, die entgegengesetzten Spin besitzen, sich also gegenseitig bewegend - rotierend - bewirken.

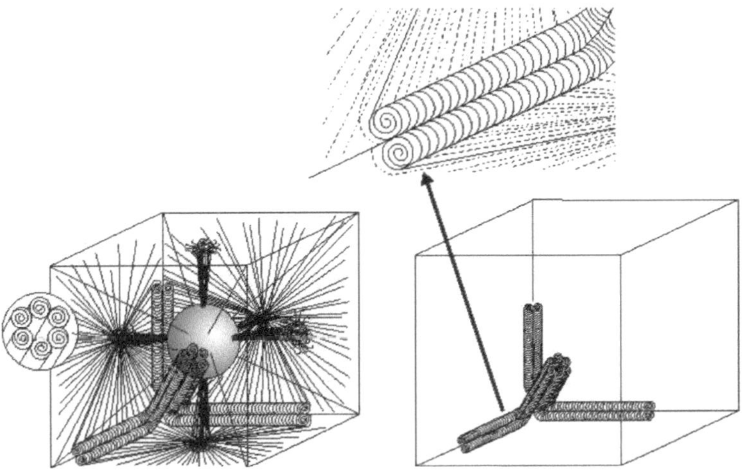

Rotierende Wellen mit entgegengesetztem Spin in den Kanten

Die in den Kanten entstehenden rotierenden Wellen mit entgegengesetztem Spin werden bei diesem Vorgang, da laufend neue Energiequanten und Quarks auf die Wände strahlen, rotierend in die Ecken gedrückt.

In dem Moment, wo sie in den Ecken aufeinandertreffen und dort keine weitere Ausdehnungsmöglichkeit besitzen, knicken die 6 ankommenden rotierenden Wellen, die jeweils zu zweit mit entgegengesetztem Spin aus den Kanten ankommen, in den Ecken um und werden aufgrund der gesetzmäßigen Rotationsbewegung, durch die sie sich alle gegenseitig bewirken, diagonal in die Mitte des Würfels, also auf die Apfelsine, zurückgestrahlt.

Die Energiequanten, die die Apfelsine selbst abgestrahlt hat, werden also, nunmehr energiemäßig = kraftmäßig wesentlich verstärkt, in die Molekularstruktur der Apfelsine zurückgestrahlt und bewirken durch Ionisationsvorgänge (Aktivierung bzw. Singulett-Zustand) eine Auflösung der Moleküle, aus denen die Apfelsine besteht.

Da die Energiequanten aus allen 8 Ecken diagonal in die Mitte einstrahlen, entstehen innerhalb des Würfels 6 neue geometrisch geformte Kraftfelder in der Form von "kubischen Pyramiden".

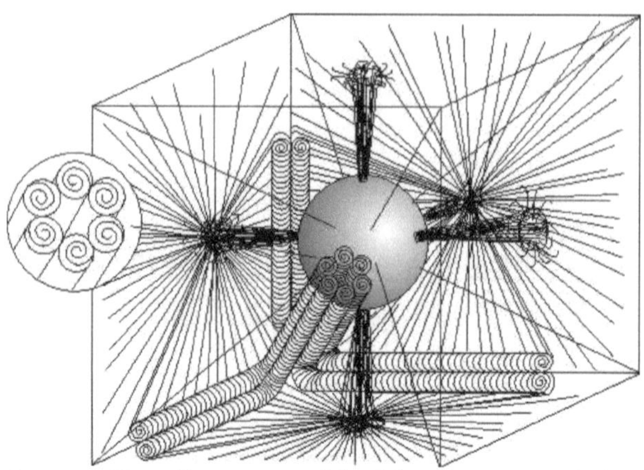

Gesetzmäßiger Bewegungsablauf in der geometrischen Form eines Würfels bzw. Kraftfeldes

Sind die "pyramidenförmigen Einheiten" entstanden, werden nunmehr aus der Apfelsine sämtliche Abstrahlungen jeweils in die pyramidenförmige Einheit eingestrahlt und strahlen auf die Wandfläche, die durch die Pyramide von den anderen Wandflächen abgegrenzt ist.

Nach unseren experimentellen Erfahrungen erfolgt die Auflösung der Molekularstruktur einer Apfelsine im Mittelpunkt eines würfelförmigen Gehäuses bis zu 4mal schneller, als wenn sich die Apfelsine außerhalb des würfelförmigen Gehäuses befindet. Der Aufspaltungsvorgang, der abläuft, ist der, den der Volksmund als "Verfaulen" bezeichnet.

In der klassischen Physik würde dieser Vorgang auf der Grundlage des zurzeit gültigen Atommodells wie folgt beschrieben.

Bei diesem Vorgang werden die Elektronen der Atome und Moleküle ionisiert, bzw. es werden Singulettzustände bewirkt, durch die sich die Moleküle bindungsmäßig verändern und auflösen. Durch immer wieder erneutes Einstrahlen der eigenen Ionisations-Energie, die durch die Zusammenballung punktförmig energiestärker wirkt, zerfällt letztendlich die Molekularstruktur in gasförmige Atome, wodurch die Apfelsine formenmäßig zerfällt und sich auflost.

Dass dies ein real ablaufender Vorgang ist, davon können Sie sich persönlich gleich selbst überzeugen.
Sehen Sie sich einmal in einem Raum Ihrer Wohnung oder an Ihrem Arbeitsplatz die waagerechten und senkrechten Kanten des Raumes an.

Am besten erkennt man es, wenn der Raum weiß gestrichen oder hell tapeziert ist und er etwa 2-3 Jahre nicht tapeziert bzw. gestrichen wurde.
Die Kanten sind durch den gesetzmäßigen Bewegungsablauf der Energiequanten und Quarks, die aus dem Umfeld an die Wände gestrahlt wurden und in den Kanten 2 rotierende Wellen bilden, noch genauso hell wie an dem Tag, an dem der Anstrich vorgenommen wurde.
Durch die Amplitude, also die Höhe bzw. den Durchmesser der sich gegenseitig bewirkenden rotierenden Wellen werden die Kanten vor Schmutzablagerungen geschützt, was dazuführt, dass die Kanten so verbleiben wie am Tag des Anstrichs.

Auf dem gleichen Wege entstand am Anfang der Zeit in unserem Universum diese "1. Ordnung".

Die ersten Teilchen, die entstanden und als geschlossene Einheit einen Teil des Raumes des Universums füllten, besaßen somit die Struktur, wie ich sie in der folgenden Grafik darstelle.

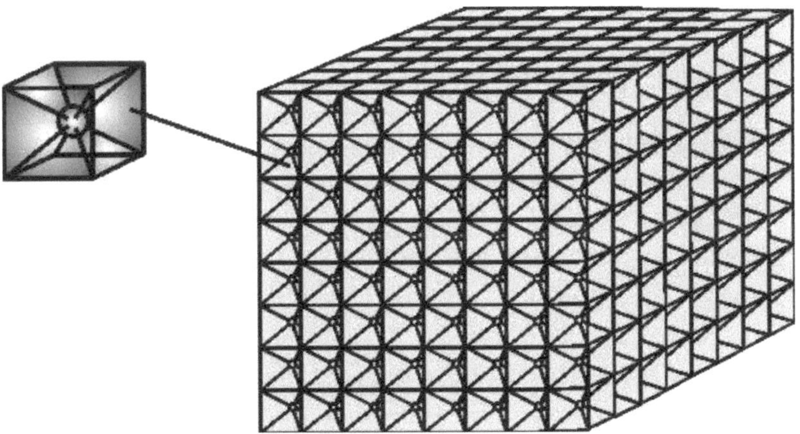

“1. geometrisch strukturierte Ordnung"

In diese "1. geometrisch strukturierte Ordnung" strahlten wiederum zu einem nicht bekannten Zeitpunkt zum zweiten Male "Elektron-Neutrinos" ein, die als Haufen im Raum existierten. Diese Elektron-Neutrinos zerstörten die "I. Ordnung".
Die würfelförmigen Einheiten wurden so auseinandergerissen, dass jeweils aus 1 Würfel 6 pyramidenförmige Einheiten im Raum existierten.

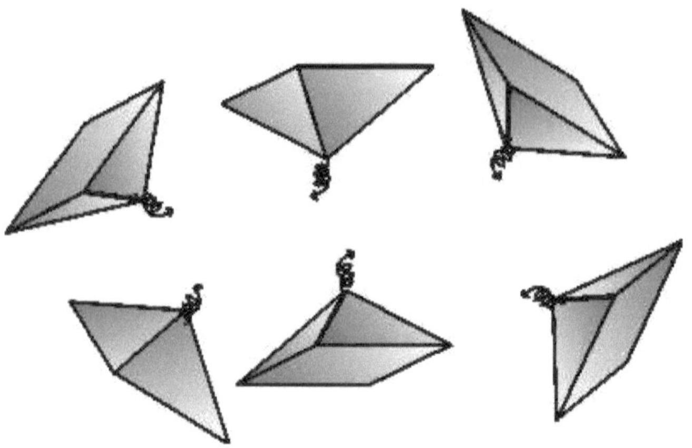

Pyramidenförmige Einheiten

Bedingt durch die rotationsmäßig spiralförmige Abstrahlung des Ur-Plasmas aus der Spitze der pyramidenförmigen Einheiten, gingen diese jeweils mit einem Reaktionspartner einer anderen pyramidenförmigen Einheit eine Verbindung ein, und es entstand das Teilchen, das von der Quantenphysik als "Myon-Neutrino" klassifiziert und bezeichnet wird.

Diese Verbindung wurde dadurch bewirkt, da die spiralförmigen Abstrahlungen aller pyramidenförmigen Einheiten den gleichen Spin, also die gleiche Rotationsrichtung aufweisen.

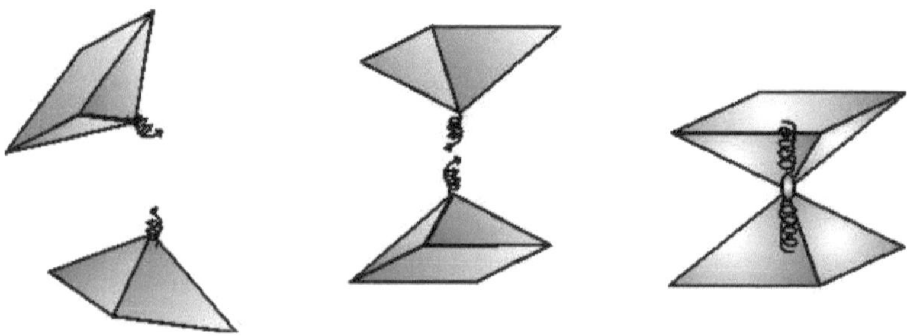

Spiralförmige Abstrahlung der pyramidenförmigen Einheiten

"Myon-Neutrino"

Um Ihnen auch diesen Vorgang bildhaft zu verdeutlichen, kurz die gesetzmäßigen Bewegungsabläufe, die innerhalb einer Pyramide existieren.

XII

Gesetzmäßiger Bewegungsablauf im Raum einer Pyramide

In der statischen kubischen Einheit einer Pyramide existiert, bedingt durch ihre geometrische Form, ein wesentlich anderer gesetzmäßiger Bewegungsablauf als in einem Würfel.

Benutzen wir das gleiche Beispiel, um uns den Ablauf einmal zu verdeutlichen.

Befestigt man eine Apfelsine mittels Fäden genau in der Mitte einer kubischen Pyramide, dann strahlen die Energiequanten und Quarks auf die 4 Seitenwände sowie auf den Boden und werden von da jeweils in die 4 Bodenkanten und in die 4 diagonalen Seitenkanten eingestrahlt - gleich wie in die Kanten des Würfels in unserem ersten Beispiel.

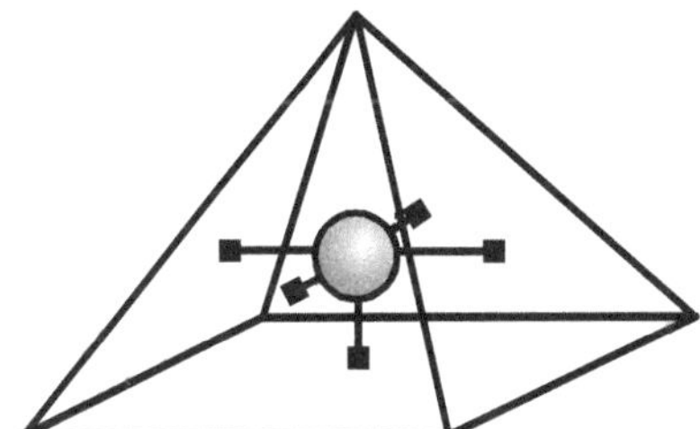

Befestigung der Apfelsine in einer Pyramide

Der Unterschied zwischen dem würfelförmigen Raum und dem Raum der Pyramide ist der, dass sich die waagerechten und senkrechten Kanten in der Pyramide nur 4mal in einer Ecke treffen, an denen jeweils 3 Kanten zusammenstoßen.

Kubische Pyramide

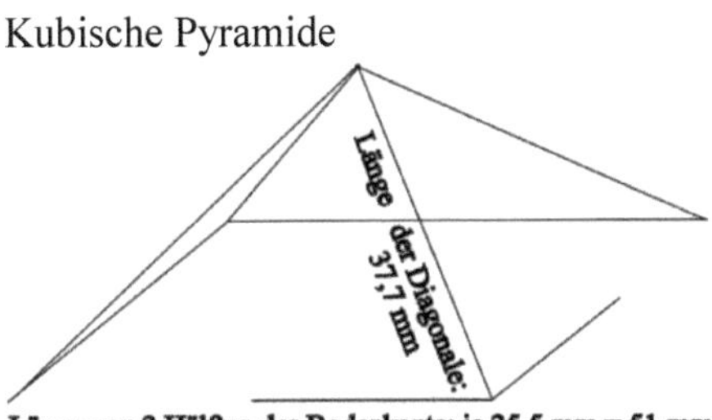

Da in einer kubischen Pyramide jeweils 2 Hälften der Bodenkanten, aus denen die rotierenden Wellen in die Ecke einstrahlen, länger sind als die Kanten der Diagonalen, ist die Kraft der Wellen aus den Bodenkanten größer. Das führt dazu, dass die Energiequanten und Quarks in den Diagonalen nach oben in die Spitze der Pyramide gedrückt werden.

In der folgenden Grafik wird dieser Vorgang grafisch so weit wie möglich dargestellt.

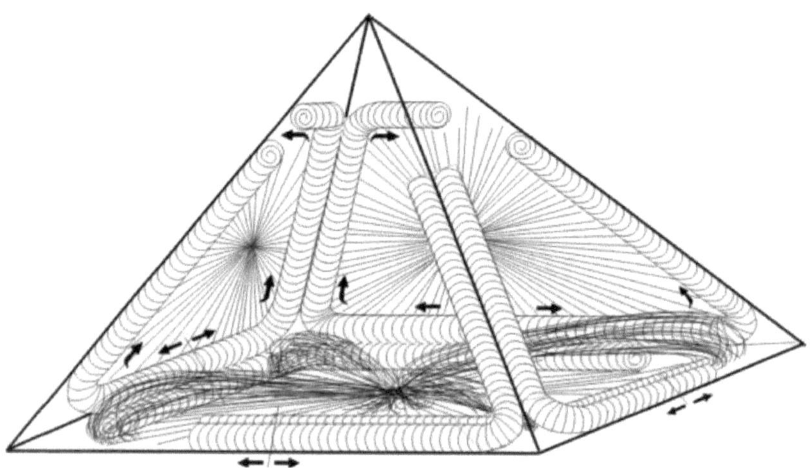

Bewegungsablauf der rotierenden Wellen in der Pyramide

Wie an der Grafik erkennbar, wird jeweils eine Hälfte der rotierenden Bodenwellen aufgrund des nachfolgenden Druckes nach rechts und links in die Ecken gedrückt.

Wie Sie sehen, entsteht jedoch ein wesentlich anderer gesetzmäßiger Bewegungsablauf als in den Ecken eines Würfels.

Treffen die 2 rotierenden Wellen aus den jeweiligen 2 Hälften der Bodenkanten in der Ecke zusammen, so wird die rotierende Welle der Bodenfläche abgespaltet, da sich in den Ecken die beiden Wellen der Seitenwände, die in der Diagonale entgegengesetzten Spin aufweisen, sich in der Diagonale dadurch rotationsmäßig gegenseitig bewirkend, zusammenschließen.

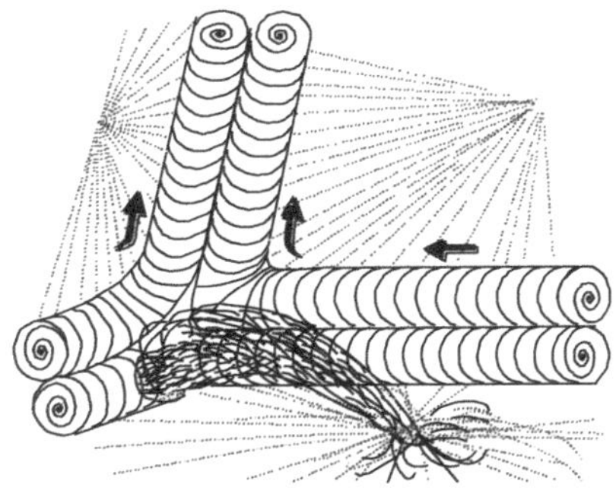

Abriss der Bodenwelle
Entstehung des Soges = Bindungskräfte

Durch die stärkere Kraft der Bodenwellen werden die aus Energiequanten und Quarks bestehenden Wellen der Diagonalen in die Spitze gedrückt.
Bei diesem Vorgang wird also die Bodenwelle frei und strahlt die Teilchen in den Raum der Pyramide zurück.

Das Abreißen der Bodenwelle ist einer der wichtigsten Vorgänge für die Existenz von Materie und Seele.
Denn durch das Abreißen der Bodenwelle entsteht, wie Sie im nachfolgenden noch erkennen werden, zum Beispiel an den Ecken der pyramidenförmig dynamisch strukturierten Teilchen, gleich ob Neutrino oder Atom, ein "Sog", der als Bindungskraft so stark wirkt, dass er an den Ecken andere Teilchen anbinden kann.

Der Abriss der Bodenwelle bei diesem Vorgang besitzt somit eine Bedeutung, die das gesamte physikalische Denken von der klassischen Physik bis zur Hochenergiephysik, wenn es in das wissenschaftliche Denken miteingebunden wird, revolutionierend verändern kann.
Zum anderen liefert diese Erkenntnis - das Abreißen der Bodenwelle und der dabei entstehende Sog - den Beweis dafür, dass das "Positronium" Bestandteil eines jeden Atoms ist.
(Anm. d. Verf.: Nach der Aussage der Hochenergiephysiker sind, "Positronen", Elementarteilchen gleich den "Elektronen" nur dass sie entgegengesetzten Spin aufweisen.)

Die Energiequanten und Quarks, die über die Diagonalen als 2 in sich rotierende Wellen mit entgegengesetztem Spin in die Spitze der Pyramide einstrahlen, knicken in der Spitze nach den Seiten um und befinden sich durch dieses Umknicken in einer einheitlichen Rotationsrichtung, die gleich ist der Rotationsrichtung der Bodenwelle, die vom Boden aus in die Kanten einstrahlt.

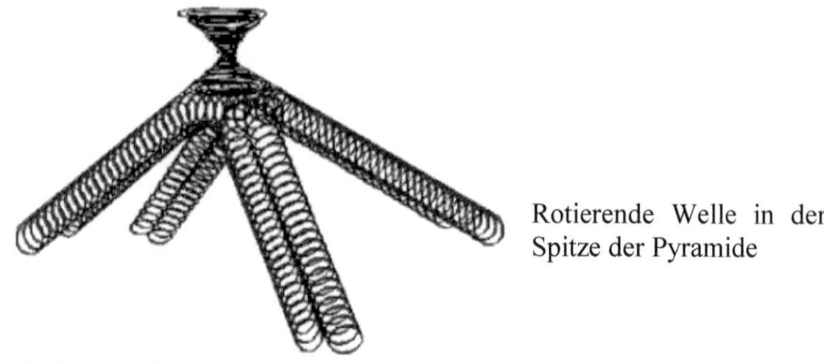

Rotierende Welle in der Spitze der Pyramide

Das heißt, in der Spitze entsteht durch das Abknicken der jeweils 2 entgegengesetzt rotierenden Wellen von Energiequanten und Quarks aus den Diagonalen 1 rotierende Welle.
Diese rotierende Welle baut sich nunmehr spiralförmig so auf, dass die Energiequanten und Quarks, bedingt durch den nachfolgenden Druck aus den Diagonalen, als rotierende Welle aus der Spitze der Pyramide herausgedrückt werden.

Im Atom ist die Verdichtung in den Spitzen der Pyramiden, aus denen die Elementareinheiten bestehen, die Einheit, die von der klassischen Physik als "Proton" bezeichnet und dem eine positive (+) Ladung zugewiesen wird.
"Positive(+)Ladung" ist unserer Erkenntnis nach der Zustand, wenn 2 Wellen mit gleichem Spin aufeinandertreffen, da sich solche Wellen gegenseitig abstoßen.
Da die Quarks der abreißenden Bodenwelle ("Positron") die gleiche Rotationsrichtung besitzen wie die Quarks der Welle in der Spitze der dynamisch pyramidenförmig strukturierten Form der Elementareinheiten der Atome, wird somit richtigerweise dem "Positron" eine positive (+) Ladung zugewiesen.

Diese gesetzmäßigen Bewegungsabläufe sind verantwortlich für die Strukturierung der prästellaren Masse zu neutralen "Myon-Neutrinos", die am Anfang der Zeit in den würfelförmigen Kraftfeldern unseres Universums ohne Bewegung existierte.

Ein pyramidenförmiges Bauwerk, gleich ob im Besitz eines pyramidenförmigen Hohlraums oder massiv gebaut - wie zum Beispiel die Cheops-Pyramide, bei der sich in der kubischen Mitte (Oberkante des unteren Drittels) ein rechtwinkliger Hohlraum befindet -, ist immer, wenn es mit einer Seite nach Norden ausgerichtet wird, Teil eines würfelförmigen Kraftfeldes unseres Universums.
Das bedeutet aber auch, wenn zum Beispiel die spiralförmig rotierende Welle, bestehend aus Energiequanten und im weiteren Verlauf aus Quarks, in der Spitze

einer Pyramide einen gewissen Schwellwert (Amplitude) erreicht hat und aus der Spitze der Pyramide ausstrahlt, dass sie in eine imaginäre gleichgroße Pyramide, die sich innerhalb des würfelförmigen Kraftfeldes befindet, eingestrahlt wird.

Durch diese Erklärung findet das Rätsel, warum in einer Pyramide Mumifizierungen von sogenannter "lebendiger" Materie eintreten, seine Lösung.

(Ein Experiment, das schon millionenfach von vielen Forschern auf der ganzen Welt durchgeführt wurde, aber dessen Erklärung immer noch ausstand.)

Welche Geheimnisse die Pyramidenbauwerke, die überall auf der Welt zu finden sind, noch in sich bergen, bzw. welche Bedeutung sie für uns Menschen besessen haben, noch besitzen und wahrscheinlich wieder besitzen werden, wird im folgenden noch beschrieben.

Fassen wir einmal zusammen, welche Unterschiede auftreten, wenn zum Beispiel, wie in unserem theoretischen Experiment, das unzählige Male von uns auf viele Arten praktisch durchgeführt wurde, eine Apfelsine in die Mitte eines Würfels sowie in die Mitte einer pyramidenförmigen Form eingebracht wird.

Würfel

Durch den gesetzmäßigen Bewegungsablauf in einem würfelförmigen Hohlraum werden die von der Apfelsine abgestrahlten Energiequanten und Quarks wieder in die Apfelsine zurückgestrahlt, so, dass die Molekularstruktur der Apfelsine durch ihre eigene Energie (Ionisations-Energie) aufgespaltet und zerstört wird.

Zerstört heißt dabei, dass sich, wenn dieser Vorgang eine gewisse Zeit abgelaufen ist, die Ionisations-Energie punktförmig so verstärkt hat, dass sie den überwiegenden Teil der Atome ionisiert und die Molekularstrukturen verändert bzw. auflöst.

Pyramide

Bedingt durch den gesetzmäßigen Bewegungsablauf, der in der geometrischen Form einer Pyramide entsteht, werden Energiequanten, die aus einer Apfelsine abstrahlen, nicht wieder in die Apfelsine zurückgestrahlt, sondern aus der Spitze der Pyramide ausgestrahlt.

Beim Ausstrahlen der Energiequanten (Ionisations-Energie) aufgrund des Ausfalls der Regulations- und Funktionssysteme, sagen wir, aus der sterbenden Apfelsine, verdichtet sich die Molekularstruktur bis fast zur Kristallisation (Mumifizierung).

XIII

Unser Universum - Würfelförmige Energiefelder

Um die Entstehung der Materie zu beschreiben, aus der die Planeten bestehen, ist es angebracht, zuerst einmal den Zustand des Raumes zu schildern, in dem diese Planeten existieren.

Das, was die alten Weisen in westlichen und östlichen Kulturkreisen als "Kosmisches Gitternetz" bezeichnen, ist ein, wie ich den Unterlagen entnommen habe, würfelförmiges, bis in den kleinsten Mikro-Bereich reichendes, elektrostatisches Gitternetz, aus dem die Unendlichkeit des Raumes aufgebaut ist.

Das heißt, in der Unendlichkeit des Raumes, dessen Ende mit dem menschlichen Verstand nicht zu begreifen ist, existiert vom Mikro- bis in den Makro-Bereich ein würfelförmiges elektro-statisches Kraftfeld, in dem, wie durch die Grafik dargestellt, 8 würfelförmige Felder das nächstgrößere Kraftfeld bilden usw.

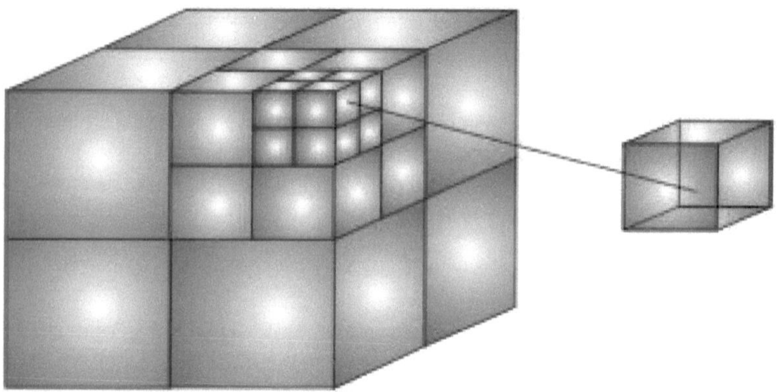

Würfelförmige Felder im Kosmos

Diese elektro-statischen würfelförmigen Felder waren die Voraussetzung, dass sich die Neutrinos bildeten, die ohne Leerräume den gesamten Raum unseres Universums ausfüllen.

Nachdem in diesen Feldern, in denen die würfelförmigen Einheiten entstanden waren, diese würfelförmigen Einheiten bei der 2. Einstrahlung von Elektron-Neutrinos auseinandergerissen wurden und die "Myon-Neutrinos" entstanden, expandierte unser Universum und dehnte sich auf die 3-fache Größe aus.

Dies wurde dadurch bewirkt, da jedes würfelförmige Feld in sich 6 kubische Pyramiden trug, die auseinandergerissen wurden und nach dem Zusammengehen mit einem Reaktionspartner jeweils als Doppelpyramide aufgrund ihrer Form den Platz eines würfelförmigen Feldes einnahmen.

Da aus einer würfelförmigen Einheit 3 "Myon-Neutrinos" entstanden, dehnte sich die so verdichtete und in Form gebrachte prästellare Masse, das Ur-Plasma, um das 3-fache aus und bewirkte dadurch die "2. geometrisch strukturicrtc Ordnung".

"2. geometrisch strukturierte Ordnung"

Wiederum nach einer nicht bekannten Zeit wurden erneut in diese "2. geometrisch strukturierte Ordnung" zum 3. Mal Elektron-Neutrinos aus dem Raum eingestrahlt.

Diese bewirkten wiederum ein Chaos in der Form, dass die "2. Ordnung" auseinandergerissen wurde.

Die "Myon-Neutrinos", die sich nunmehr im Raum unstrukturiert durch die eingestrahlte Bewegungs-Energie in einer chaotischen Bewegung befanden, bewirkten den ersten Vorgang der Entstehung der Planeten.

Jeweils in verschieden großen würfelförmigen Feldern, in denen die Bewegungs-Energie stärker als normal vorhanden war, wurden die darin enthaltenen "Myon-Neutrinos" in die gesetzmäßigen Bewegungsabläufe gebracht, die in einem würfelförmigen Feld entstehen, wenn darin ein Medium und eine bestimmte Menge an Bewegungs-Energie vorhanden sind.

Das heißt, dass sich in diesen würfelförmigen Feldern jeweils im Mittelpunkt nach dem gesetzmäßigen Bewegungsablauf kugelförmige, runde Verdichtungen von Neutrinos bildeten, die sich in hoher Geschwindigkeit bewegten.

Aus diesen Verdichtungen entwickelten sich im Laufe der Zeit, wie noch beschrieben wird, die Sonnen, Planeten und Sterne, kurz: die Form unseres Universums in seiner Struktur, so, wie wir es heute in seiner Gesamtheit wahrnehmen und erkennen.

Da an den 8 Ecken dieser großen würfelförmigen Felder, in denen im Laufe der Zeit wiederum aufgrund von bestimmten gesetzmäßigen Bewegungsabläufen die Materie in der Mitte der Verdichtung entsteht, entstehen durch die Bewegungsabläufe starke Bindungskräfte.

Jeweils von der größten Anhäufung, das heißt von der größten würfelförmigen Einheit, werden an den 8 Ecken die nächstliegenden kleineren würfelförmigen Einheiten angezogen, wodurch die Struktur entstanden ist, die wir heute als Sonnensystem bezeichnen.

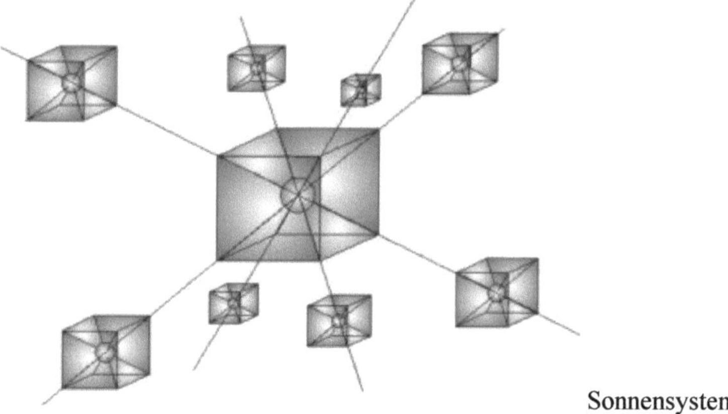

Sonnensystem

Auf die gleiche Weise bilden sich in größerem Ausmaß, angezogen von größeren Verdichtungen, die Galaxien, in denen die Sonnensysteme auf die gleiche Weise miteinander verbunden sind.

Da das gesamte Universum ausgefüllt ist mit "Myon-" und "Elektron-Neutrinos", und diese sich mit Überlichtgeschwindigkeit durch den Raum bewegen, durchdringen sie auch die würfelförmigen Gebilde, in deren Mittelpunkt sich die Sterne, Planeten und Sonnen befinden.

Diese sind, auch wenn sie aufgrund ihrer Formbildung eine statisch dynamische Einheit darstellen, ebenfalls in Bewegung, aber aufgrund ihrer statischen Verdichtung nur in einer so geringfügigen Geschwindigkeit, dass sie für den Menschen, zeitlich begrenzt als Tag und Nacht bzw. als Umlaufgeschwindigkeit, wahrnehmbar sind.

Die Richtung der Bewegungsabläufe, in denen sich die neutralen Neutrinos nach den gesetzmäßigen Bewegungsabläufen zum Beispiel im Raum unseres Planeten Erde bewegen, bewirkt die Phänomene, die die Wissenschaft als Plasmasphäre, Plasmaschicht, Polarwind, Plasmamantel, Polarcusp, Stoßfront oder als Erdmagnetfeld, Neutralgasatmosphäre, Hochatmosphäre, Ionosphäre, Thermosphäre, Mesosphäre, Magnetosphäre usw. bezeichnet.
In der Verdichtung selbst entstand in der Zeit, als unsere Erde noch eine verdichtete Neutrino-Kugel war, in der ununterbrochen neutrale "Myon-Neutrinos" ein- und ausstrahlten, durch die 8-fache Wellen-Einstrahlung aus den Ecken des Würfels, wie vorab schon erklärt, nicht nur ein hoher Druck, sondern diese 8-fache Wellen-Einstrahlung bewirkte gleichzeitig, dass die Verdichtung unpolaren Charakter besaß.
Die Polarität zum Beispiel unseres Planeten, der Erde, ist erst dann entstanden, nachdem sich die sogenannten Erdplatten aufgebaut haben. Wie dieser Vorgang abgelaufen ist, wird im Folgenden noch geschildert.
Zusammenfassend heißt das zum Beispiel, unsere Sonne hat an den 8 Ecken ihrer würfelförmigen Einheit, die durch den gesetzmäßigen Bewegungsablauf entstanden ist und in deren Mittelpunkt die Sonne als Verdichtung existiert, 8 andere würfelförmige Gebilde (Planeten, Sterne) angebunden.
Diese wiederum haben aufgrund ihrer restlichen 7 Ecken, die Sogwirkung besitzen, selbst die Möglichkeit, vorausgesetzt die Bindungskraft reicht aus, sich mit anderen würfelförmigen Einheiten zu verbinden.
Dass in dem Moment, wo sich eine würfelförmige Einheit an eine größere Einheit anbindet, sich die Bindungskraft und die gesetzmäßigen Bewegungsabläufe so weitgehend verändern können, dass eine Bindung nicht mehr möglich ist, da die größere Einheit auf die kleinere eine Sogwirkung ausübt, muss für Sie logisch sein, wenn Sie den geschilderten Ablauf genau verstanden haben.

Das bedeutet, dass innerhalb vergleichsweise kleiner Maßstäbe die Sterne im Raum unseres Universums völlig ungleichmäßig und doch strukturiert nach einem gesetzmäßig vorgegebenen Systemaufbau verteilt sind.
Damit man genau versteht, wie die Sonnen, Sterne und Planeten so, wie wir sie in dem heutigen Zustand kennen, entstanden sind, ist es angebracht, vorab zu erklären, auf welchem Wege die Elemente entstanden, aus denen sich unsere Erde sowie die Sterne aufbauen.

XIV

Entstehung der Elemente

Nehmen wir als Beispiel die Entstehung der Elemente in der würfelförmigen Einheit, deren Mittelpunkt wir heute als Erde bezeichnen.
In dieser würfelförmigen Einheit existieren bis in den Mikro- Bereich würfelförmige statische Energiefelder gleich einem Gitternetz - wie im gesamten Raum des Kosmos.

Im Mittelpunkt der unpolaren Verdichtung bewirkt Bewegungs-Energie, die freigesetzt wird, wenn bei hohem Druck eingestrahlte Elektron-Neutrinos auseinandergerissen werden, dass in einer bestimmten Größenordnung von würfelförmigen Einheiten, in die diese Bewegungs-Energie einstrahlt, neutrale "Myon-Neutrinos" so in Bewegung versetzt werden, dass innerhalb der Verdichtungen Formen entstehen, wie sie am Anfang bei der Entstehung des Universums entstanden sind, nur dass diese eine andere Größenordnung aufweisen.

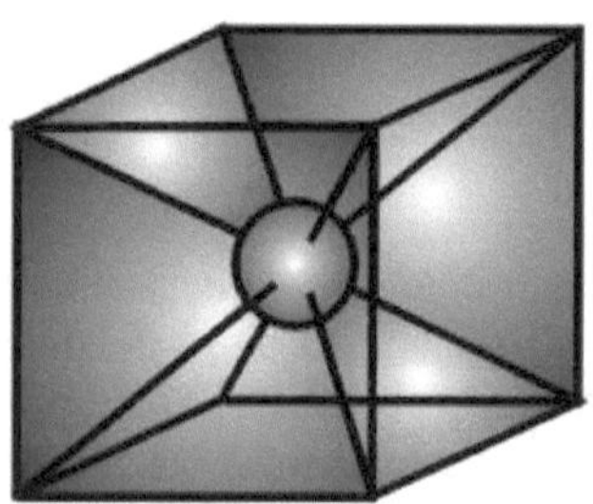

Würfelförmige Einheit

Diese so entstandene Einheit ist, wie Sie im Folgenden noch erkennen werden, das Atom, dem man als Element den Namen (Li) Lithium gegeben hat.
Ist diese Struktur entstanden, wird sie aus dem verdichteten Mittelpunkt durch die Rotation nach außen getragen und durch den Druck der Rotationsbewegung in ihre 6 pyramidenförmigen Einheiten auseinandergerissen.

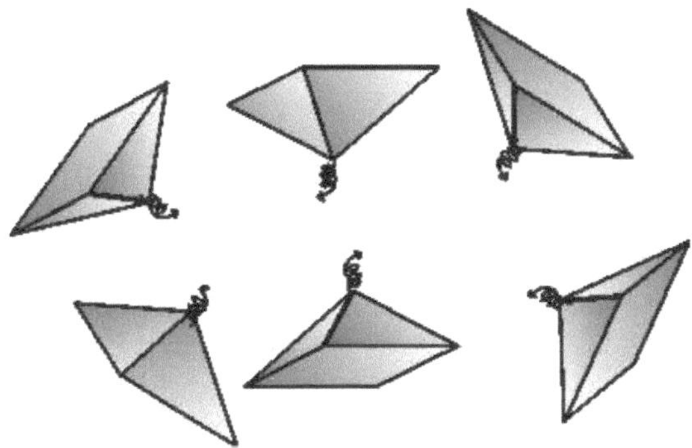

Pyramidenförmige Einheiten

Entstehung des I. Elements (H) Wasserstoff

Genau wie in der I. Ordnung sucht sich jede Einheit aufgrund ihrer spiralförmigen Abstrahlung (Spin) aus der Spitze der Pyramide einen Reaktionspartner. Die Form, die nun durch die Rotation an die Oberfläche der Verdichtung getragen wird, verbleibt aufgrund ihrer Schwere an der Oberfläche. Auf diesem Wege entstand das Element, das heute von der Wissenschaft als (H) Wasserstoff (Hydrogenium) bezeichnet wird.

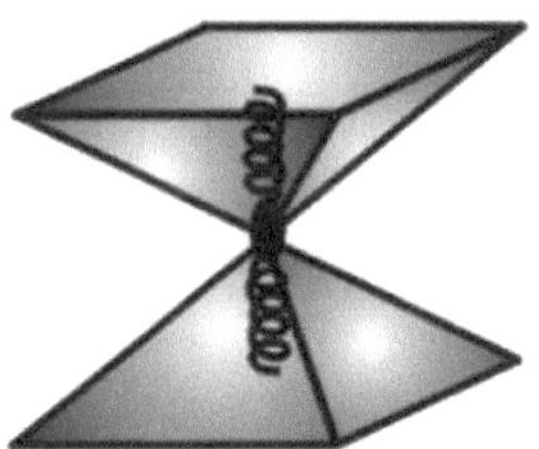

Element (H) Wasserstoff

Wie Sie an der Grafik erkennen, besitzt das 1. Element (H) Wasserstoff die gleiche Form bzw. Struktur wie die "Elektron-Neutrinos" und neutralen "Myon-Neutrinos". Nur dass diese um ein Vielfaches größer ist, da diese Elementeinheit aus "Myon-Neutrinos" besteht bzw. sich aufgebaut hat. Bedingt durch den gesetzmäßigen Bewegungsablauf der "Myon-Neutrinos" innerhalb der Form des Atoms, wurde ihre Ruhemasse, die fast bei Null ist, erhöht, so dass diese Neutrinos frequenz- und amplitudenmäßig in einer höheren Schwingung gleich Geschwindigkeit schwingen. Dies bedeutet, in dem Moment, wo sich die neutralen

"Myon-Neutrinos", aus denen sich das Element aufbaut, in den gesetzmäßigen Bewegungsablauf eingeschwungen haben, verändert sich ihre Frequenz und Amplitude gegenüber den neutralen Neutrinos, und sie werden zu den "Ur-Teilchen der Materie", die die Wissenschaftler als "Quarks" bezeichnen.

Entstehung des 2. Elements (He) Helium

Nachdem eine bestimmte Menge an (H) Wasserstoff-Atomen entstanden war, wurden diese tiefer in die Verdichtung eingezogen und waren dadurch einem größeren Druck ausgesetzt.
Dieser Druck bewirkte, dass das (H) Wasserstoff-Atom in der Mitte auseinandergerissen wurde. Die einzelnen Elementareinheiten verbanden sich entweder in dem Moment, wo sie einen Reaktionspartner gefunden hatten, zurück zu (H) Wasserstoff oder die Einheit löste sich auf und wurde als neutrales Neutrino in die Umlaufbewegung zurückgestrahlt. Bei diesem Vorgang bildeten sich jedoch auch sogenannte Doppelverbindungen, deren Struktur im Folgenden als Grafik abgebildet ist.

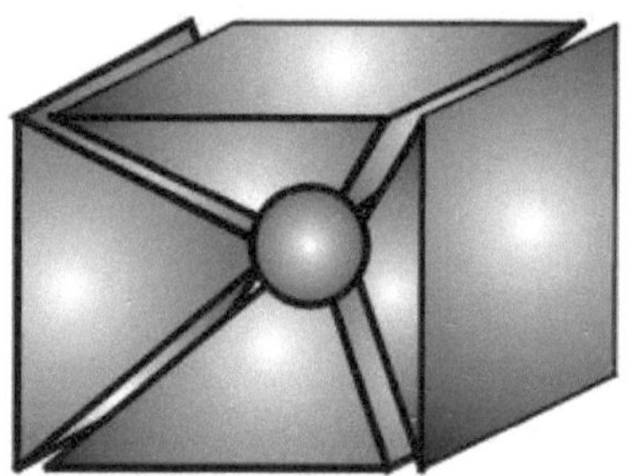

Element (He) Helium

Die so verbundenen 2 (H) Wasserstoff-Atome bewirken, bedingt durch den gesetzmäßigen Bewegungsablauf, in der Mitte, wie an der Grafik erkennbar, nunmehr selbst eine unpolare kugelförmige Verdichtung, da 2 Rotationswellen in der Mitte aufeinandertreffen. Aufgrund der anders gearteten Struktur gegenüber dem (H) Wasserstoff werden die Quarks jeweils aus der Verdichtung der Mitte willkürlich in die pyramidenförmigen Einheiten des Atoms wechselwirkend eingestrahlt. Dadurch befinden sich die Quarks in einer anderen Schwingung, d.h. sie weisen als Information eine andere Schwingungsfrequenz auf.
Da beim (H) Wasserstoff-Atom keine neutrale unpolare kugelförmige Verdichtung entsteht, weil beide Pyramiden, die sich gegenseitig bewirken, spiralförmig

ihre Bestandteile (Quarks) von einer Pyramide in die andere Pyramide transportieren und einstrahlen, besitzt das (H) Wasserstoff kein "Neutron".

Das heißt, wenn man die heute gültige Terminologie des zurzeit gültigen Atommodells mit einbezieht:

Erst das (He) Helium-Atom, das als erstes Atom eine unpolare neutrale kugelförmige Verdichtung besitzt, weist ein "Neutron" auf, da diese unpolare kugelförmige Verdichtung, bestehend aus Quarks, neutral ist.

Sprechen wir davon, dass zum Beispiel nach dem heute gültigen Atommodell von RUTHERFORD und BOHR das (He) Helium 2 Elektronen, 2 Protonen und 2 Neutronen aufweist, so sind diese nicht als Teilchen aufzufassen, sondern es muss von der Menge der Quarks aus gesehen werden, die diese Atomeinheit besitzt.

Entstehung des 3. Elements (Li) Lithium

Nachdem in der Neutrino-Verdichtung große Mengen der Elemente (H) Wasserstoff und (He) Helium entstanden waren, veränderte sich die Rotationsgeschwindigkeit und würfelförmige Einheiten aus denen am Anfang der (H) Wasserstoff entstanden war, konnten an die Oberfläche transportiert werden, ohne dass sie zerstört wurden.

Auf diesem Wege entstand das Element (Li) Lithium, das die Wissenschaft als erstes "Erdalkalimetall" (Leichtmetall) bezeichnet und das im Periodensystem der Elemente an der 3. Stelle steht.

Element (Li) Lithium

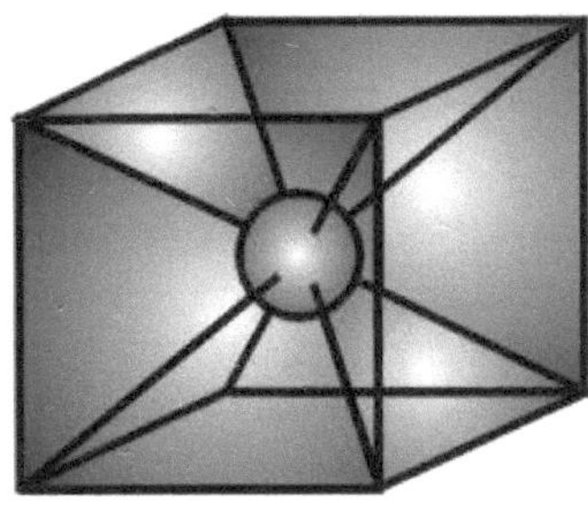

Diese so entstandenen Elemente wurden durch die unpolaren Rotationsbewegungen im Mittelpunkt der kugelförmigen Verdichtung des Kubus nach außen gedrückt und verbanden sich zur ersten Schicht von Elementen um diese kugelförmige Verdichtung.

Da mengenmäßig immer mehr der ersten 3 Elemente entstanden, bewirkte der Druck im Laufe der Zeit, dass sich aufgrund der Bindungskraft an den 8 Ecken der Elemente folgende Elemente beispielsweise so verbanden, dass all die Elemente entstanden, die uns bis heute bekannt sind.

Zum Beispiel ging das Element (H) Wasserstoff mit einem anderen (H) Wasserstoff-Element eine Bindung ein und wurde zum (H_2) Wasserstoff-Molekül, das in unserer Erdatmosphäre mit zu den lebenswichtigsten Elementen der biologischen Systeme zählt. Da beide (H) Wasserstoff-Atome ihre Bindungskraft für die Bindung miteinander aufbrauchen, haben diese 2 (H) Wasserstoff-Atome nicht mehr die Möglichkeit, weitere Bindungen einzugehen.

Erst wenn sie durch Ionisations-Energie in der Größe von 13,53 eV (Elektronen-Volt) aufgespaltet werden, sind sie in der Lage, einzeln als Bindeglied für Molekularverbindungen zu wirken.

Das Element (He) Helium besitzt aufgrund seiner Struktur keine Bindungskräfte, da die Kraft im verdichteten Mittelpunkt benötigt wird, um das Element zusammenzuhalten. (He_2), also ein Helium-Molekül, kann daher nur dann entstehen, wenn das Atom aktiviert wird (Einstrahlung einer Energie in Form von Elektron-Neutrinos = Photonen) und dadurch ein anderes (He) Helium-Atom die Möglichkeit erhält, eine Bindung einzugehen.

Entstehung weiterer Elemente

Erst das Element (Li) Lithium war als erste geschlossene Würfeleinheit in der Lage, aufgrund seiner gesamten Bindungskräfte an den 8 Ecken, entweder 1 (H) Wasserstoff-Element an sich zu binden, wodurch das Element (Be) Beryllium entstand, oder durch zusätzliche Einstrahlung von Elektron-Neutrinos 2 (H) Wasserstoff-Atome, wodurch das Element entstanden ist, das als (B) Bor bezeichnet wird.

Durch den Zusammenschluss zweier Würfeleinheiten des Elements (Li) Lithium entstand, wenn diese aufeinander stießen bzw. aktiviert wurden, durch die Bindungskraft beider Atome eines der wichtigsten Elemente der Materie, das Element (C) Kohlenstoff.

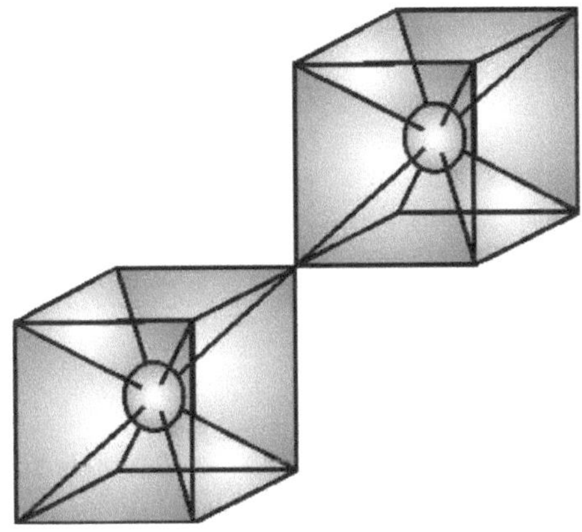

Element (C) Kohlenstoff

Auf diesem Wege entstanden im Laufe der Zeit alle Elemente, die zum Beispiel Bestandteil unserer Erde sind.
Maßgebend für die Entstehung der verschiedenartigsten Elemente beispielsweise bei anderen Planeten bzw. Sternen ist immer die Größe des Würfels bzw. der Inhalt der würfelförmigen Einheiten, bedingt dadurch, dass in größeren würfelförmigen Einheiten durch die Einstrahlung der Wellen aus den Ecken ein höherer Druck entsteht.

Wie in den Unterlagen erklärt, entstanden so alle Elemente in unserem Universum, aus denen die Gebilde bestehen, die wir als Planeten und Sterne bezeichnen.
Elemente, die nicht auf der Erde existieren, aber auf anderen Planeten und Sternen, sind Elemente, die dadurch, wie schon gesagt, entstanden sind, dass die würfelförmige Einheit, in der sich die kugelförmige Verdichtung in der Mitte nach den gesetzmäßigen Bewegungsabläufen immer bildet, größer war, was gleichzusetzen ist mit mehr Energie bzw. mehr Druck innerhalb der kugelförmigen Verdichtung.
Zum besseren Verständnis soll bemerkt werden, dass für die Bildung neuer Elemente während ihrer Entstehung immer die Menge der zusätzlichen Energie, die bei einer Kollision zweier Elemente eingestrahlt wird, sowie die existierenden Bindungskräfte der einzelnen Atome verantwortlich sind.

Die Sonnen sind Mittelpunkte von würfelförmigen Einheiten, die aufgrund ihrer Größe und bedingt durch ihre hohe Rotation immer noch aus "Myon-Neutrinos" und "Elektron-Neutrinos" bestehen.
Ihr Druck gleich freie Bewegungs-Energie ist so groß, dass sie das Ur-Plasma von neutralen "Myon-Neutrinos" durch Einstrahlung von Bewegungs-Energien

in eine so hohe Geschwindigkeit versetzen, dass diese zu "Elektron-Neutrinos" werden, die von der Sonne aus ununterbrochen aus dem Kubus ausgestrahlt werden.

Erst wenn die Bewegungs-Energie aufgebraucht bzw. nicht mehr in der Lage ist, "Elektron-Neutrinos" zu erzeugen, erlischt die Sonne und wird auf dem gleichen Weg, wie vorab beschrieben, durch die Bildung von Elementen zu einem Planeten.

Die Elektron-Neutrinos, die aus der Sonne ausstrahlen, verbinden sich auf dem Weg zur Erde zu Energiequanten verschiedener Größenordnungen und werden zu den Energiestrahlungen, die man als "UV-Strahlen" der Sonne bezeichnet.

Je größer die Einheiten sind, die auf dem Weg zur Erde entstehen, desto stärker wirken sie als die sogenannten UV-Strahlen. Treffen diese UV-Strahlen, bestehend aus Energiequanten gleich Elektron-Neutrinos, auf die Ozonschicht, dann wird ihre Geschwindigkeit so weitgehend gebremst, dass sie, wenn sie die Ozonschicht durchdrungen haben, keine neuen Verbindungen eingehen können, wodurch sich die Einheit der Elektron-Neutrinos gleich Strahlungsgröße der UV-Strahlen nicht mehr vergrößern kann.

XV

Die reale Struktur der Elementareinheiten der Atome

In der folgenden Grafik erkennen Sie die grafische Darstellung eines Atoms so, wie es heute gelehrt wird

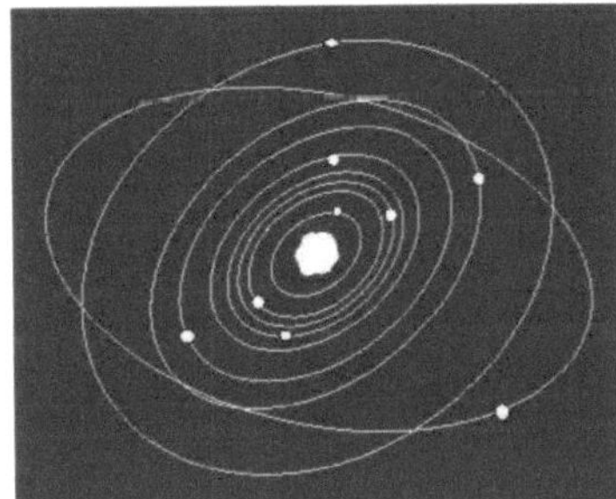

Heute gültiges Atommodell

Auf der Grundlage dieses heute gültigen Atommodells forschen die klassische Physik, die Bio-Chemie sowie auch die medizinische Wissenschaft. Was die Masse der in der Physik nicht vorgebildeten Laien sowie auch viele Wissenschaftler anderer Fachgebiete nicht wissen, nicht beachten oder nicht in ihre Denkabläufe miteinbeziehen, ist, dass das Wissen über die Beschaffenheit unserer Atome der Elemente nur ein theoretisches Arbeitsmodell ist, das entwickelt wurde, um bekannte Phänomene gedankenbildlich beschreibbar zu machen. Dass die Struktur der Atome der Elemente so aufgebaut ist, wie es zum Beispiel durch das RUTHERFORD/BOHR'sche Atommodell dargestellt wird, ist nicht bewiesen, sondern nur ein Denkmodell, das ausreicht, um annähernd ein paar Phänomene der Atome der Elemente zu beschreiben. Im Bereich der Hochenergiephysik, also in der Elementarteilchenphysik, widerspricht dieses Modell sogar allen in diesem Bereich gefundenen Erkenntnissen. Aus der Sicht dieser Fachrichtung kann man mit dieser Modellvorstellung der Atome nichts anfangen, aber sie beeinflusst trotzdem, da von der Grundlage dieses Atommodells ausgegangen wurde, die gefundenen Erkenntnisse.

Nach dem heute gültigen RUTHERFORD / BOHR'schen Atommodell wird die innere Struktur des Atoms wie folgt beschrieben. 99 Prozent der Gesamt-Masse des Atoms besteht aus dem positiv (+) geladenen Kern, der von einer aus negativ (-) geladenen Elektronen bestehenden Hülle umgeben ist.

Der Atomkern besteht aus 2 Arten von Elementarteilchen, und zwar aus den positiv (+) geladenen Protonen und den neutralen Neutronen. Zusammengefasst werden diese beiden Teilchen auch als Nukleonen bezeichnet.

Bis auf das Atom des Elementes (H) Wasserstoff bestehen die Atome aus einem Kern von neutralen Neutronen und positiv (+) geladenen Protonen sowie aus negativ (-) geladenen Elektronen, die in Schalen bzw. Orbitalen, um sich selbst rotierend, diesen Kern umkreisen.

Nach dieser Theorie besitzen die neutralen Atome immer die gleiche Menge an Neutronen, Protonen und Elektronen.

Zum Beispiel besteht das (O) Sauerstoff-Atom aus 8 Neutronen, 8 Protonen und 8 Elektronen.

Zusammengefasst im Periodensystem der Elemente, klassifizieren sich die Atome der Elemente durch die jeweilige gleiche Anzahl der Neutronen, Protonen und Elektronen.

Das (O) Sauerstoff-Atom besitzt, da es von jedem 8 aufweist, die Ordnungszahl 8. Das Element Lithium hat z.B. die Ordnungszahl 3, da es nach der Modellvorstellung je 3 Neutronen, Protonen und Elektronen besitzt.

Da 99 Prozent der Masse des Atoms aus Neutronen und Protonen besteht, sind die Elektronen nach dieser Modellvorstellung sehr leichte Elementarteilchen (das heißt Teilchen von sehr geringer Masse).

Gemäß der Äquivalenz von Masse und Energie (die, wie wir glauben, nicht stimmt) werden im Bereich der Hochenergiephysik die Massen in Energieeinheiten umgewandelt und beschrieben. Des Weiteren sagt man, dass die Atome elektrisch neutral sind. Das bedeutet, von der elektrischen Ladung hergesehen, dass die negativ (-) geladenen Elektronen, zum Beispiel beim (O) Sauerstoff 8, die gleiche Ladung haben wie die 8 positiv (+) geladenen Protonen des Sauerstoffs. Das heißt, die elektrische Ladung des Protons ist, abgesehen vom Vorzeichen (+), gleich der elektrischen Ladung des Elektrons (-).

Bis heute hat man noch nicht verstanden - obwohl die Elementarteilchenphysiker viel über die Beschaffenheit der Protonen und Elektronen herausgefunden haben -, warum Proton und Elektron eine gleich große Ladung besitzen, wobei beachtet werden muss, dass das Proton ca. 1.000mal schwerer ist als das Elektron. Auf der Grundlage des heute gültigen Atommodells kann dieses Rätsel auch nie gelöst werden, da das RUTHERFORD / BOHR'sche Atommodell unserer Erkenntnis nach von der Grundlage her nicht stimmt.

Auf der Grundlage unserer Erkenntnisse, die eingebunden sind in ein neues Atommodell, findet nicht nur dieses Phänomen seine Lösung, sondern auch all die widersprüchlichen Erkenntnisse der Hochenergiephysik werden verstandesmäßig nachvollziehbar und begreifbar.

Damit Sie von vorneherein nicht auf den Gedanken kommen anzunehmen, dass das im folgenden Geschriebene Utopie ist, sondern akzeptieren, dass es einen Sinn hat, darüber nachzudenken, und dass es eine absolut realitätsbezogene

Grundlage besitzt, möchte ich Ihnen im nachfolgenden die Ablichtung von Elementareinheiten von Atomen vorlegen, die mittels eines Raster-Tunnel-Mikroskops aufgenommen wurden.

Ablichtung
Raster-Tunnel-Mikroskop-Aufnahme von Elementareinheiten von Atomen

Wie Sie selbst erkennen können, hat die reale Form der Elementareinheiten von Atomen mit der heute gültigen Modellvorstellung nicht das Geringste zu tun.

Im Bereich der Physik war dieser Nachweis von Atomeinheiten mittels eines Raster-Tunnel-Mikroskops, der erst vor ein paar Jahren gelang, zwar eine Sensation, aber er konnte bis heute, da keine Grundlage bzw. kein Denkmodell existiert, noch nicht interpretiert werden.

Dass man von Seiten der Physik und Hochenergiephysik bis jetzt zu dieser Erkenntnis noch nicht Stellung bezogen hat, liegt vielleicht auch daran, dass man, wenn man diese Struktur akzeptiert, das ganze Denkmodell der klassischen Physik, verbunden mit der Bio-Chemie, sowie die Erkenntnisse der Hochenergiephysik in vielen Bereichen letztendlich grundsätzlich revidieren muss.

Wer von den etablierten Wissenschaftlern würde schon dieses Risiko eingehen?

Für uns ist diese Raster-Tunnel-Mikroskop-Ablichtung jedoch nur eine Bestätigung, da wir seit 30 Jahren wissen, dass die Elementareinheiten der Atome "kubisch pyramidenförmige" Strukturen besitzen, bei denen immer 2 kubische Pyramiden an der Spitze miteinander verbunden sind.

Bewirkt wird diese dynamisch strukturierte Form, wie vorab beschrieben, durch einen gesetzmäßigen Bewegungsablauf, durch den sich die Quarks, also die Ur-Teilchen der Materie, aus denen die Elementareinheiten bestehen, rotierend bewegen und, sich gegenseitig von Pyramide zu Pyramide bewirkend, in Bewegung halten.

Im Folgenden zeige ich Ihnen, damit dieser Bereich abgeschlossen werden kann, die ersten 20 Atomstrukturen im Periodensystem der Elemente so, wie sie in den Zeichnungen, die sich in den Unterlagen befanden, dargestellt sind.

Periodensystem der ersten 20 Elemente

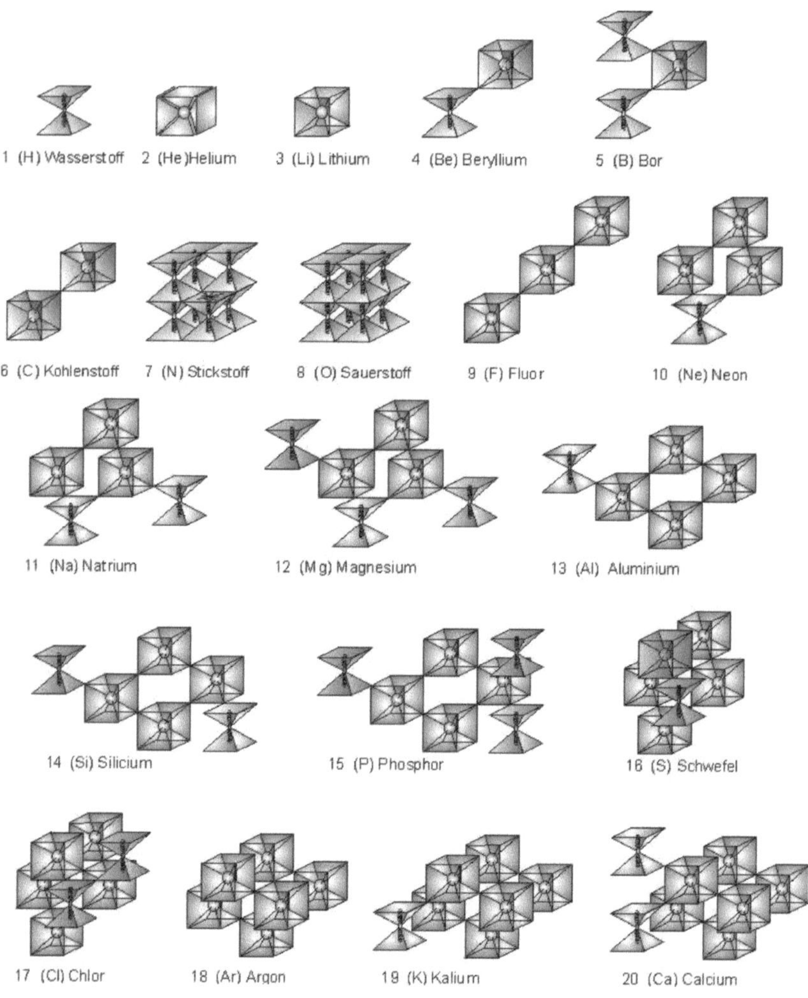

XVI

Die Elemente (O) Sauerstoff und (N) Stickstoff

Wie Sie im Periodensystem der Elemente erkennen können, weisen nur 2 Elemente einen anders strukturierten Aufbau auf als denjenigen, den wir vorab beschrieben haben.
Es sind die für die biologischen Systeme lebenswichtigsten Atome (O) Sauerstoff (Oxygenium) und (N) Stickstoff (Nitrogenium).
Die Atome des (O) Sauerstoffs und (N) Stickstoffs sind, wie gesagt, wesentlich anders strukturiert.
Sie bestehen, wie an der größeren nachfolgenden Grafik erkennbar, aus einer würfelförmigen Einheit, die aus 7 bzw. 8 (H) Wasserstoff-Atomeinheiten aufgebaut ist.

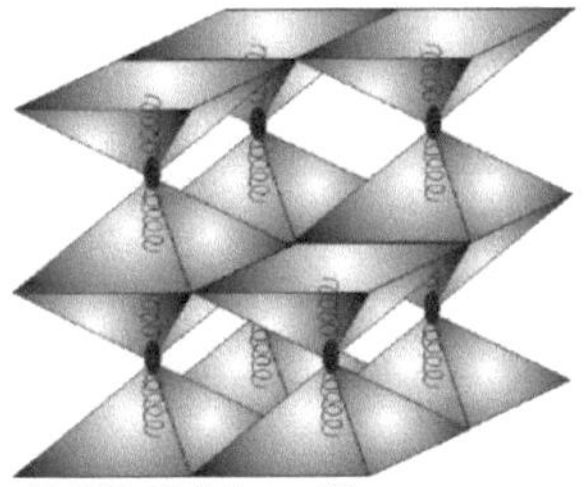

7 (N) Stickstoff

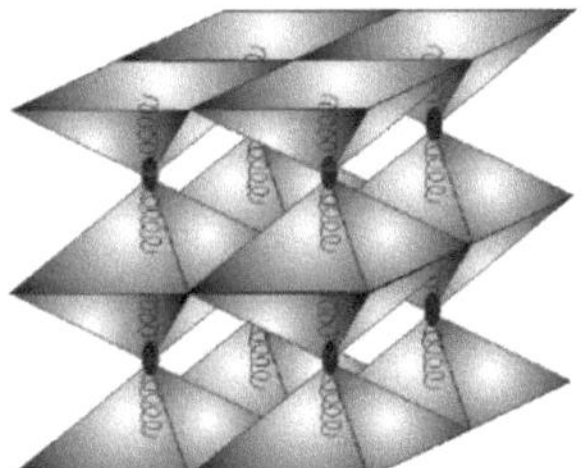

8 (O) Sauerstoff

Diese 2 Elemente haben sich nicht innerhalb der kugelförmigen Verdichtung unseres Planeten Erde gebildet, sondern sind Elemente, die nach bestimmten gesetzmäßigen Abläufen umweltbedingt in der Atmosphäre der Erde entstanden.

Wie bekannt enthält unsere Atemluft

ca. 78 % (N) Stickstoff
21 % (O) Sauerstoff und
1% Edelgase.

Stickstoff ist dabei das Element, von dem die Wissenschaft heute noch nicht genau weiß, warum der Bestandteil 78 % ausmacht und welchen Nutzeffekt es letztendlich für das biologische System des Menschen besitzt.

Unserer Erkenntnis nach ist es eines der wichtigsten Elemente für die Existenz der biologischen Systeme.
Aufgrund seines bindungsmäßigen Aufbaus, bei dem in seiner würfelförmigen Einheit 1 Elementeinheit fehlt, besitzt es eine starke Bindungskraft, durch die es in der Lage ist, den in der Zelle erzeugten (C) Kohlenstoff, den zum Beispiel der Mensch, molekular gebunden als (CO_2) über die Lunge ausscheidet, abzutransportieren.
Außerdem schleust der (N) Stickstoff alle Sorten von Edelgasen, die der Mensch in seinen Systemen nicht verwerten kann bzw. die für ihn toxisch (giftig) sind, über die Lunge aus.

Wie Sie an der Grafik erkennen konnten, bestehen das (O) Sauerstoff- und das (N) Stickstoff-Atom aus 8 bzw. 7 Einheiten, die die gleiche Struktur aufweisen wie der (H) Wasserstoff.

Nachdem innerhalb der kugelförmigen Verdichtung zum Beispiel der Erde die schweren Elemente entstanden waren, gelangte der (H) Wasserstoff als gasförmiges Atom mit in die Umlautbahn der gesetzmäßigen Bewegungsabläufe der "Myon-Neutrinos" im Kubus der Erde.
Durch die Einstrahlungen von Energiequanten aus der Sonne wurden diese (H) Wasserstoff-Atome ionisiert und verbanden sich zu den Einheiten, wie wir es in der vorigen Grafik bereits darstellten.

Erst nachdem diese Elementeinheiten vorhanden waren, bildete sich unsere Atmosphäre - die Grundlage, unter deren Voraussetzung die heute existierenden biologischen Systeme nur existieren können.

XVII

Ablauf der Entstehung der materiellen Verdichtung der Planeten und Sterne

Nachdem sich, wie vorab beschrieben, in den kugelförmigen Verdichtungen im Mittelpunkt zum Beispiel des Kubus der Erde die Elemente gebildet hatten, entstanden Molekularverbindungen, die aufgrund ihrer Größe nicht mehr im gesetzmäßigen Bewegungsablauf in den Kubus transportiert werden konnten.

Von den rotierenden Wellen der Verdichtung wurden sie nach außen transportiert und schlossen nach einer gewissen Zeit die aus neutralen "Myon-Neutrinos" und Elementen bestehende Verdichtung wie eine Hülle ein.

Auf diesem Wege entstand die erste Erdplatte zum Beispiel um unseren Erdball.

Wiederum zu einer nicht bestimmbaren Zeit entstand ein chaotischer Ablauf, sagen wir beispielsweise in der Sonne, bei dem sich der gesetzmäßige Bewegungsablauf dadurch chaotisch veränderte, dass eine große Menge von "Myon-Neutrinos" plötzlich über eine der Diagonalen in den Kubus der Sonne einstrahlte. Dies bewirkte in der Sonne eine erhöhte Ausstrahlung von "Myon-Neutrinos" und "Elektron-Neutrinos", die über die Diagonale, die mit der Erde verbunden ist, in die Erde strahlte, was dazu führte, dass die Erdplatte auseinander riss.

Zum Beispiel war es eine Sonneneruption, die diesen Überdruck bewirkte, bei dem zusätzlich neutrale "Myon-Neutrinos" über die Diagonale, die die Erde an einer der Ecken mit der Sonne verbindet, in den Erdkubus eingestrahlt wurden.

Durch diesen plötzlich entstehenden Überdruck, der beim Einstrahlen in den Erdkubus entstand, wurde die kugelförmige Verdichtung unserer Erde in einen einseitigen Rotationsumlauf versetzt, wodurch die kugelförmige Verdichtung zu einer "polar" rotierenden Masse wurde.

Durch die einseitige Rotation an den polaren Punkten aufgerissen, wurde die Erdplatte aufgrund der Rotation zur Mitte (Äquatorlinie) der Oberfläche der kugelförmigen Verdichtung transportiert und so zusammengestaucht, dass sich im Bereich der Äquatorlinie ein aus mehreren Erdplatten bestehender breiter Gürtel bildete.

Dieser Vorgang, gleichbedeutend mit einer plötzlichen Polarveränderung, wiederholte sich bis zum heutigen Zeitpunkt mehrmals.

Auf diesem Wege entstanden aus den Elementen, die auf unserer Erde existieren, die verschieden starken materiellen Verdichtungen, die von der Wissenschaft als "Erdplatten" bezeichnet werden, aus denen unsere Erde aufgebaut ist. Das Gleiche gilt, mit Ausnahme der Sonne, für alle Sterne und Planeten im Raum unseres Universums sowie in den anderen strukturierten Universen.

Zusammenfassend ist dies eine einfache Beschreibung der Erkenntnisse und Erklärungen aus den Unterlagen, wie die Elemente, die Sonnen, Planeten und Sterne, also unser strukturiertes Universum, aus dem am Anfang der Zeit bewegungslos in der absoluten Stille existierenden Ur-Plasma durch die Einstrahlung verschiedener Mengen von Elektron-Neutrinos, die abgespaltet von der prästellaren Masse punktförmig im Raum unseres Universum existierten, entstanden sind.

Dass jeder Verstoß gegen die naturgegebene Ordnung im Kubus unserer Erde - zum Beispiel Atomexplosionen oder die Erzeugung von hohem Druck sowie hohe Energiezusammenballungen, bewirkt durch unsere Technologien - durch den gesetzmäßigen Bewegungsablauf nicht nur im Kubus unserer Erde Naturkatastrophen heraufbeschwört, sondern auch Katastrophen in den anderen würfelförmigen Einheiten unserer Galaxis verursachen kann und verursacht, steht nach dieser Erkenntnis außer Frage.
Jeder logisch denkende Mensch, der sich etwas tiefgehender mit diesen Erkenntnissen befasst, muss begreifen, dass wir Menschen mit unseren heutigen Technologien ganz allein verantwortlich sind für die Naturkatastrophen, die ein immer größeres Ausmaß annehmen.
Das bedeutet:
Wenn wir nicht anfangen, uns zu besinnen, und etwas tun, und das jeder Einzelne von uns, damit die "naturverachtenden" Technologien aus unserem Sein verschwinden, ist die Vernichtung der Gott-los gewordenen Menschheit, so, wie sie uns JOHANNES in der "Apokalypse" prophetisch mitgeteilt hat, nicht mehr aufzuhalten.
Damit Sie sich selbst davon überzeugen können, dass auf der Grundlage der vorab geschilderten Erkenntnisse ALLE Phänomene erklärbar werden, möchte ich im folgenden auf Phänomene eingehen, die auf dieser Grundlage wissenschaftlich theoretisch und experimentell so weit wie möglich überprüft worden sind Gesagt werden soll noch, dass die "Myon-Neutrinos", die das "Kosmische Geistfeld" bilden, wie am Anfang schon geschildert, durch die Materie gehen, im Erdmagma wieder schwingungsmäßig neutralisiert und als Erdstrahlen aus der Erde in die gesetzmäßigen kosmischen Bewegungsabläufe, die innerhalb des Kubus existieren, aufgenommen werden.
Im Folgenden werde ich in einem Kapitel noch genau auf diese Abläufe eingehen.

Anhand der folgenden Grafiken können Sie noch einmal die Entstehung unseres Universums bildhaft nachvollziehen, um sich noch tiefer mit dem Geschilderten vertraut zu machen.

Entstehung unseres Universums

Entstehung der "1. Ordnung"

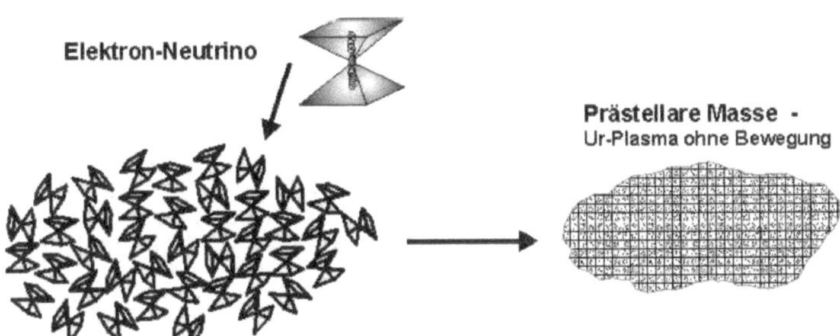

Durch den Zusammenprall werden die Elektron-Neutrinos auseinandergerissen, und strahlen ihre Bewegungs-Energie in die Prästellare Masse ein

Durch die Bewegung in der statischen Struktur entstehen die würfelförmigen Einheiten, die die erste Ordnung bilden.

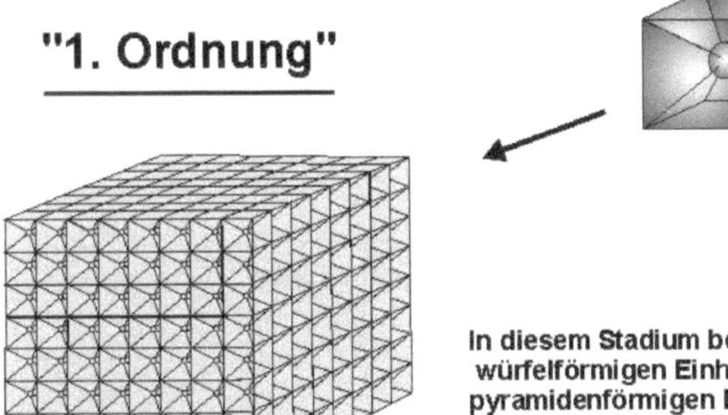

In diesem Stadium besteht unser Kosmos aus würfelförmigen Einheiten, die jeweils aus 6 pyramidenförmigen Einheiten bestehen.

Entstehung der "2. Ordnung"

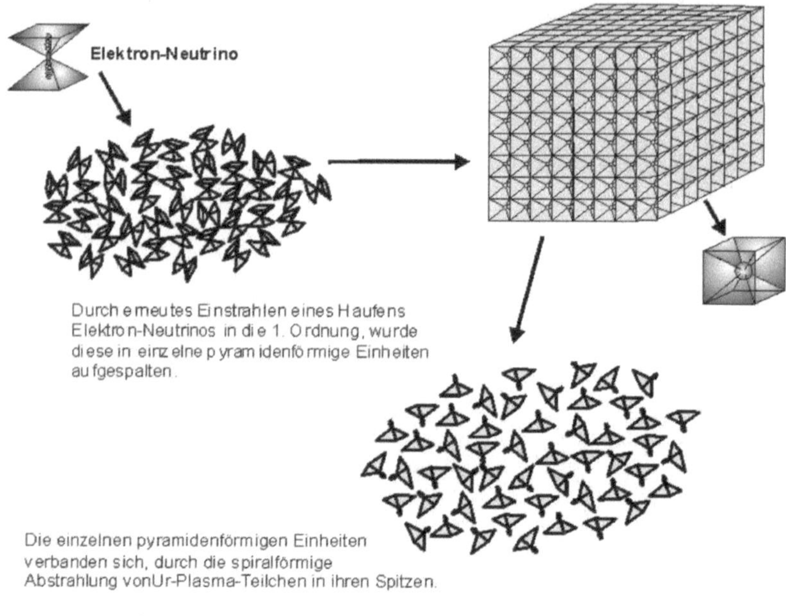

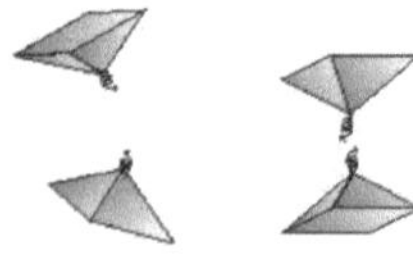

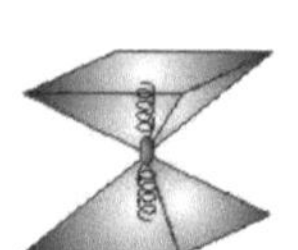

"Myon-Neutrino"

Es entstand das Myon-Neutrino, in dem die Bewegungs-Energie der eingestrahlten Elektron-Neutrinos zusätzlich enthalten ist.

Entstandene Struktur der "2. Ordnung im Raum unseres Universums"

Bedingt dadurch, dass sich die "Myon-Neutrinos" in der "2. strukturierten Ordnung" an den Ecken miteinander verbanden und in jeder würfelförmigen Einheit nur noch ein "Myon-Neutrino" enthalten war, expandierte das Universum zum ersten Mal und vergrö0erte sich um das 3-fache.

Diese feste, miteinander verbundene Struktur, die als "2. Ordnung" in unserm Universum – einen Teil des Kosmos – existiert, bestehend aus einzelnen "Myon-Neutrinos", die sich durch die Sogwirkung an den Ecken der Pyramiden miteinander verbunden haben, ist die wichtigste Ordnung.

Den dieses Ordnungsgefüge bzw. diese Struktur wird im "Kosmischen Geistfeld", das ohne Leerräume gefüllt ist mit "Myon-Neutrinos", von der GEDANKENKRAFT benutzt als Trägerstruktur für dic Gedankenbilder gleich –formen, die der Mensch durch das Denken erschafft.

Unser Schöpfer erschuf die Wesenheiten der Menschen "nach seinem Gedankenbild".
Die Freie Energie, die ER zur Formung des Gedankenbildes benutzt, wird zum "Geist", aus dem die Wesenheit besteht.

Bei der Entstehung des Gedankenbildes, entstanden in der "Geist-Form" der Freien Energie, wird dieser
Geist gleich Wesenheit eingestrahlt in "Myon-Neutrinos". Diese verbinden sich strukturmäßig so, wie in der "2. Ordnung" beschrieben, so dass das Gedankenbild – real existierend, jedoch unsichtbar für die Sinne des Menschen – als Gestalt im Universum entsteht.

Diese Gestalt als "Myon-Neutrinos" stellt die "materielle Seele" der biologischen Systeme dar, in denen die Wesenheit Seines Gedankenbildes manifestiert ist.
Gleichzeitig beinhalten die "Seelen-Teilchen" die Information für die Atome und Moleküle. Durch diese Information formt sich aus der Materie gleich dem Gedankenbild die "reale" – für den Menschen mit seinen 5 Sinnen wahrnehmbare – Form der biologischen Systeme einschließlich dem Menschen.
Das heißt, der Mensch besitzt gleich der Struktur der 2. Ordnung eine "materielle Seele", in der die von Gott geschaffene Wesenheit enthalten ist sowie die Information für die Atome und Moleküle, damit sich die Form des Menschen bilden kann, die der Mensch mit seinen Sinnen wahrnimmt.

VIII

Überlegungen zu Erkenntnissen der Teilchenphysik

In der klassischen Physik sowie im Bereich der Hochenergiephysik nimmt man an, dass der Ur-Stoff, aus dem die Materie besteht, letztendlich nur Energie sein kann.
Zum Beispiel ist es im Bereich der Hochenergiephysik gelungen, Teilchenstrahlen, die angeblich aus sehr vielen Anti-Protonen bestehen, herzustellen. Wenn man solche Strahlen beispielsweise auf ein Target, einen Eisenblock, schießt, vernichten sich angeblich die Anti-Protonen und Protonen paarweise. Am Ende dieses Vorgangs, wird gesagt, erhält man "Energie in Form von Strahlung, bestehend aus Photonen, Elektronen, Positronen und Neutrinos".

Allein in dieser Aussage liegt der Widerspruch.
Denn wenn bei einem Prozess Protonen und sogenannte Anti-Protonen, also Materie-Teilchen, durch die Einwirkung von Kraft gleich Energie so weitgehend aufgespaltet und verändert wurden, dass am Ende des Prozesses wiederum Materie-Teilchen - Elektronen, Positronen, Neutrinos usw. - entstanden sind, dann kann man nicht behaupten, dass Materie in Energie aufgespaltet wurde, nur weil man den Begriff "Strahlungen" verwendet.
Dazu kommt noch, dass der Begriff "Strahlung" etwas Abstraktes darstellt, dessen Struktur nicht bekannt ist, sondern nur von der Wirkung her nachgewiesen werden kann.
Im Folgenden werde ich noch darauf eingehen und erklären, was nach meiner Erkenntnis der Begriff "Strahlung" umschreibt.
Die Materie-Teilchen, die bei diesem Vorgang am Ende des Prozesses entstehen, als "Energie in Form von Strahlung" zu bezeichnen, ist meiner Meinung nach nicht richtig, wenn man den Begriff "Energie" unter dem Aspekt "Kraft, die eine Veränderung bewirkt" betrachtet.
Auf der Grundlage des heute gültigen Denkmodells ist diese Erklärung jedoch absolut korrekt, da man diesen Vorgang mit den existierenden Begriffen nur so erklären kann.

Auf der Grundlage meines Denkmodells führe ich Beweis, dass dieser Vorgang nichts anderes ist als die Veränderung von zwei Mengen Quarks, den Ur-Teilchen der Materie, die verschiedene Spinrichtungen aufweisen und die mit Energie nichts zu tun haben.

Das bedeutet also, die Protonen und Anti-Protonen bestehen aus nichts anderem als aus Quarks, was heißt, beide Sorten bestehen aus Materie, wobei die sogenannten Anti-Protonen auch nur Protonen sind. Dass man sie fälschlicherweise als Anti-Protonen bezeichnet, liegt an der heute gültigen Modellvorstellung der Atome, auf deren Grundlage das Proton noch als Teilchen und nicht als rotierende Welle betrachtet wird, wie ich es in dem von mir postulierten Atommodell beschreibe.

Unabhängig davon ist allein schon die Behauptung, dass Anti-Protonen existieren, in sich widersinnig. Warum, ist einfach erklärt.

Von der klassischen Physik wird den Protonen als Elementarteilchen eine positive (+) Ladung zugewiesen. Außerdem besitzen sie nach dem heutigen Denkmodell als Teilchen einen Spin, also einen eigenen Drehmoment, einfach ausgedrückt, eine Eigenrotation.

Wie man weiß, stoßen sich 2 Teilchen mit gleicher Spinrichtung voneinander ab.

Werden sie mit Druck, also Energie, aufeinandergeschleudert, so zerstrahlen beide Teilchen, da sie den gleichen Spin besitzen. Das heißt, die Rotation kommt zum Stillstand, und die Teilchen werden in subatomare Teilchen aufgespaltet.

Die eingesetzte Energie bleibt dabei strukturmäßig als Elektron-Neutrino = Photon erhalten, vorausgesetzt, sie ist nicht höher als die sogenannte Lichtgeschwindigkeit.

In einem mehrwertigen Atom, bei dem eine größere Anzahl von Protonen und Neutronen, die den gleichen Spin besitzen, den Kern bilden, nimmt man an, dass der Abstoßungsmoment durch die sogenannten Kernkräfte überwunden wird.

Da man es sich nicht anders erklären kann, glaubt man, dass der Spin der Protonen durch die Kernkräfte überwunden wird und dass dadurch die Protonen nicht zerstrahlen. Ein Denkmodell. Wie es jedoch effektiv funktioniert, weiß man nicht.

Nach dem heute gültigen Atommodell geht man also davon aus, dass bestimmte Kernkräfte den Rotationsstillstand im Nukleon eines Atoms, also im Kern, verhindern.

Wenn aber Protonen als Teilchen existieren und man diese vom Kern abspalten kann, dann können diese hypothetischen Kernkräfte meiner Meinung nach nicht mehr wirken, da sie aus dem wechselwirkenden Ordnungsgefüge der Einheit des Atoms entfernt wurden.

Nehmen wir trotzdem einmal an, dass zum Beispiel die sogenannten Protonen, die experimentell aus dem Kern entfernt werden, Rotationsrichtungen aufweisen, die jeweils entgegengesetzt sind, wodurch sie sich selbst in ihrer Rotation bewirken, dann bleibt immer noch die Frage offen, was für besondere Merkmale die sogenannten Anti-Protonen besitzen.

Eine logische Schlussfolgerung ist, dass, wenn 2 Protonen bzw. 2 Mengen von Protonen durch eine starke Kraft gleich Energie, benutzen wir den Begriff Stoß bzw. Druck, aufeinandergeschleudert werden, diese beiden Protonen keine Verbindung eingehen, sondern zerstrahlen, da ihre Eigenrotation zum Stillstand gebracht wird, wobei als Endprodukt Elementarteilchen wie Elektronen, Photonen, Neutrinos usw., wie experimentell bewiesen, entstehen.
Dies liegt, wie schon gesagt, daran, dass in dem Moment, wo 2 Teilchen oder Wellen, die die gleiche Rotationsrichtung besitzen, aufeinanderprallen, die Rotation angehalten wird und, wie in unserem Beispiel, die Protonen, die aus Quarks bestehen, auseinandergerissen werden und bei diesem Vorgang die Eigenbewegungs-Energie innerhalb der Anhäufung frei wird. Das heißt, nach dem Ablauf des Vorgangs existieren nur noch Quarks, die Ur-Teilchen der Materie, die sich dann nach bestimmten Gesetzmäßigkeiten gleich mengenmäßig zu Teilchen zusammenschließen und nach den gesetzmäßigen Bewegungsabläufen sich selbst bewirkende Teilchen aufbauen, so, wie sie anschließend im Experiment gefunden wurden.
Dass die Protonen zu anderen eigenständigen Elementarteilchen geworden sind, die begrifflich z.B. als Elektronen, Photonen, Neutrinos usw. bezeichnet werden, ist wiederum eine logische Schlussfolgerung, *denn einmal kann Materie nicht zu Energie werden bzw. zerstrahlen, zum anderen bestehen die Protonen aus nichts anderem als aus Quarks.*

Bemerkt werden muss, dass im Experiment nicht diese Teilchen sichtbar werden, sondern nur die Menge der Anhäufungen bzw. die Art der Verbindungen, gleich wie im Periodensystem der Elemente bei den Atomverbindungen beschrieben, die man dann von der Größe bzw. Menge her den Elementarteilchen bzw. subatomaren Teilchen zuordnet.
Da das Proton nach meiner Erkenntnis kein Teilchen ist, sondern ein Zustand von Quarks in einer bestimmten Situation, bedeutet dies nichts anderes, als dass das Proton eine Anhäufung von Quarks ist.
Die reine Energie, also die Kraft gleich Druck, die für die Beschleunigung der Protonen aufgewendet worden ist, existiert nach dem Experiment als separate "strukturierte Energie" weiter und kann aus bestimmten Gründen, wie im folgenden noch erklärt, nicht von den entstandenen Elementarteilchen aufgenommen werden.

Wenn bei diesem Experiment, das Hochenergiephysiker im Teilchenbeschleuniger laufend durchführen, nach ihren Erkenntnissen behauptet wird, dass Anti-Protonen existieren, dann stellt sich somit die Frage, warum sich nicht die Protonen und die Anti-Protonen in reine Energie verwandelt haben, sondern nach der Zerstrahlung wiederum Elementarteilchen entstanden, bzw. warum keine größeren, neuen, unbekannten Energie-Teilchen nachzuweisen sind.

Für das heute existierende Denkmodell, bei dem man hypothetisch das Atom in Teilchen und nicht in rotierende Wellen klassifiziert, denen man einen Spin zuweist, also eine eigenständige Rotationsrichtung, gilt diese Erklärung genauso wie für das von uns postulierte Atommodell, bei dem das Proton, wie schon gesagt, aus einer Masse von Quarks besteht, die sich als rotierende Welle in der Spitze der Pyramiden einer Elementareinheit befindet. Das bedeutet, alle Protonen weisen eine Spinrichtung auf, gleich ob wir sie theoretisch als Teilchen oder als in sich rotierende Welle betrachten. Im ordnungsgemäßen Zustand ohne Krafteinwirkung stoßen sich Teilchen, die den gleichen Spin (Eigenrotation - Eigendrehimpuls) besitzen, genauso ab wie Wellen, die die gleiche Rotationsrichtung aufweisen. Keines der Elementarteilchen, z.B. Protonen - positive (+) Ladung - oder Elektronen - negative (-) Ladung -, besitzt irgendeine Ladung, die etwas mit Energie zu tun hat. Die in diese Elementarteilchen interpretierten Ladungen werden durch nichts anderes bewirkt als durch die Sogwirkung der rotierenden Wellen der Quarks innerhalb der Einheiten der Atome, aus denen die Atome der Elemente bestehen.

Zusammenfassend heißt das:

Werden mit Gewalt bzw. hoher Energie gleich großem Druck Elementarteilchen gleich welcher Art, die immer eine bestimmte Menge Quarks sind, aufeinandergestrahlt bzw. auf ein Target (Eisenblock) geschleudert, so zerstrahlen sie immer proportional zur Größe der Energie, die eingesetzt wird, in kleinere Einheiten von Quarks und bilden nach dem Ablauf der Zerstrahlung wiederum durch die Energie, die in ihnen enthalten war, neue Elementarteilchen der verschiedensten Arten.

Das bedeutet aber auch, dass Anti-Materie bzw. ein Anti-Proton nicht existiert und dass nur fälschlicherweise ein Wirkungsphänomen begrifflich als Anti-Materie interpretiert wird.

Nach dem Ordnungsgesetz, durch das die Atome der Elemente existieren, bestehend aus einer bestimmten Menge Quarks, müssen sich, wie wir im folgenden noch beweisen werden, Atome bzw. Elementarteilchen, wenn sie in einem Experiment mittels einer hohen Energie auf ein Target geschleudert werden nach ihrer Zerstrahlung sofort wieder in verschieden große Einheiten gleich Elementarteilchen zusammenfügen, da die Energie die die Quarks als Teilchen in Bewegung hält, diese wieder zu Elementar-Einheiten verbindet.

Unserer Erkenntnis nach bestehen Materie und Energie in die Form, wie wir sie als Atome der Elemente sowie als Energie in verschiedenen Wirkungen wahrnehmen, aus der gleichen Einheit.

Das, was sie unterscheidet, ist lediglich die höhere Eigenbewegungs-Energie, die im "Elektron-Neutrino" ("Photon") das Ur-Plasma in eine höhere Geschwindigkeit versetzt.
Von der Struktur, also der Größe und Form her, sind beide Einheiten gleich.
Diese Aussage bedeutet - wenn sie der Realität entspricht - aber auch, dass die Hypothese von EINSTEIN, die in de Gleichung E = mc2 ausgedrückt wird, nicht stimmen kann.
Damit jeder die Bedeutung der Aussage über die Äquivalenz "Energie und Materie" versteht, so, wie sie nach dem heutige Denkmodell gedeutet wird, möchte ich kurz den Stand de Wissenschaft darlegen.

Stand der Wissenschaft

In der Physik wird "Energie" immer im Zusammenhang eines ablaufenden Prozesses gesehen, bei dem die Energie aktiv ein Phänomen bewirkt, das wir wahrnehmen, wobei aber diese Energie, gleich in welcher Form im Anschluss wahrnehmbar, immer erhalten bleibt.

Die Erhaltung der Energie ist eines der wichtigsten Gesetze des heute gültigen Denkmodells der Physik.

Mit dem Begriff "Energie" werden nach der heute gültigen Modellvorstellung alle Naturerscheinungen beschrieben, die uns bekannt sind und die wir mit unseren 5 Sinnen wahrnehmen.
Da die Energie auf verschiedenen Wegen Phänomene bewirkt, nimmt man an, dass sie in verschiedenen Formen existiert und auftritt. Es kann zum Beispiel Energie sein, die Bewegungen verursacht, oder Wärmeenergie, elektrische Energie, chemische Energie usw..

In der klassischen Physik wird Masse gleich Materie als materielle Substanz betrachtet, bei der man annimmt, dass sie letztendlich unzerstörbar ist und nicht verloren gehen kann.
Das Gleiche gilt für die Energie. Denn wie schon gesagt, ist die Erhaltung der Energie eines der wichtigsten Gesetze der Physik. Das gilt für alle bekannten Naturerscheinungen, da bis heute keine Abweichung von diesem Gesetz beobachtet werden konnte.
Gleichzeitig nimmt man an, dass die Energie in den Atomen enthalten ist und dass diese Energie all die uns bekannten Phänomene bewirkt, die durch Energie bewirkt werden.
Was man bis heute nicht konnte, war, den Nachweis erbringen, dass Energie aus einer strukturierten Einheit besteht.

Uns ist es gelungen, die strukturierte Form zu entdecken bzw. aus den Unterlagen zu erfahren, welche Struktur Energie besitzt, durch die die vielen Phänomene bewirkt werden, die wir mit vielen Begriffen umschreiben.
Das Gleiche gilt für die Struktur der Teilchen, aus denen sich die gesamte Materie aufbaut.
Gehen wir noch einmal kurz in den Bereich der Hochenergiephysik. Auf der Grundlage der Relativitäts-Theorie nimmt man an, dass die Materie in ihrer Ur-Form letztendlich nichts anderes ist als Energie. Nach dieser Theorie kann Energie nicht nur die verschiedenen in der klassischen Physik bekannten Formen annehmen, sondern auch selbst in einem Objekt, das aus Masse gleich Materie besteht, enthalten sein.
Dies entspricht effektiv den Tatsachen, denn ohne Energie ist Bewegung von *Materie gleich Ur-Plasma nicht möglich.*
Nach EINSTEIN bedeutet das, dass die Menge an Energie, die zum Beispiel in einem Teilchen enthalten ist, gleich der Masse »m« des Teilchens »x c^2«, dem Quadrat der Lichtgeschwindigkeit, ist, die in der Gleichsetzung von Masse/Energie durch die mathematische Gleichung

$$\mathbf{E = mc^2}$$

die EINSTEIN aufgestellt hat, ausgedrückt wird.
Betrachtet man erst einmal Masse als Energieform, so bleibt als logische Schlussfolgerung, dass Masse gleich Materie nicht länger unzerstörbar ist, sondern in andere Energieformen umgewandelt werden kann.
Im Bereich der Hochenergiephysik führte dieses Denkmodell dazu, folgende Phänomene als Beweis zu betrachten.

Trifft z.B. in einer Blasenkammer eines Teilchenbeschleunigers ein Proton auf ein Atom, schlägt ein Elektron heraus und stößt danach mit einem anderen Proton zusammen, so entstehen bei diesem Kollisionsvorgang neue Teilchen.
Die Menge der Teilchen, die bei diesem Vorgang entstehen, ist proportional abhängig von der Höhe der Geschwindigkeit, in die das Proton gebracht wurde, und von der Gewalt, mit der es auf das Atom bzw. Proton trifft.
Bei einer solchen Kollision werden Teilchen zerstört, und man nimmt an, dass die in diesen Teilchen enthaltene Energie in kinetische Energie umgewandelt wird, die dann in die an der Kollision beteiligten Teilchen einstrahlt.
Desgleichen glaubt man, dass die Energie, die aufgewendet wurde, um die Teilchen aufeinander zu schleudern, nach der Kollision zur Masse neue Teilchen wird.

Die Zerstörung und Erzeugung von Materieteilchen auf diesem Wege wird auf der Grundlage der Relativitäts-Theorie fälschlicherweise als eine der eindrucksvollsten Konsequenzen der Gleichung von Masse und Energie betrachtet.

Man sagt weiterhin, dass bei diesen Kollisionsvorgängen der Hochenergiephysik die Masse nicht mehr erhalten bleibt.
Die Teilchen, die zusammenstoßen, werden zerstört, und ihre Massen können teilweise in die Massen der neuen Teilchen und teilweise in die kinetischen Energien der neu entstandenen Teilchen umgewandelt werden.
Nur die Gesamt-Energie, die an solch einem Vorgang teilnimmt, also die gesamte kinetische Energie, die aufgewendet wird, um zum Beispiel ein Proton auf ein Target zu schleudern, plus die in allen Massen enthaltene Energie bleibt erhalten.
In der Hochenergiephysik hat diese Theorie dazu geführt anzunehmen, dass Masse gleich Materie keine materielle Substanz mehr ist, dass also alle Elementarteilchen und subatomaren Teichen nicht aus irgend einem Grund-Stoff bestehen, sondern letztendlich nur gebündelte Energie sind.

Meiner Erkenntnis nach kann die Aussage, dass die Menge der Energie, die in einem Teilchen enthalten ist, gleich der Masse des Teilchens mal c^2, dem Quadrat der Lichtgeschwindigkeit, sei, - nicht stimmen, denn würde diese Aussage richtig sein, *könnte ein Sein in diesem Universum nicht existieren.*
Keine "nicht separat strukturgebundene" Energie ist in der Lage, gesetzmäßige physikalische Abläufe zu bewirken und eine gesetzmäßige Ordnung »Struktur und Form« in unserem Universum aufrechtzuerhalten.
Die Dualität "Chaos und Ordnung", in der alles Sein wechselwirkend abläuft, unterliegt einem Ordnungsprinzip, dessen Ordnungshüter nur die Kraft sein kann, die wir mit dem Oberbegriff "Energie" umschreiben.
Wie aus den Unterlagen hervorgeht, besteht diese Energie aus einer bestimmten Menge an "Ur-Plasma-Teilchen", gebunden in einer strukturierten Form und bezeichnet als "Elektron-Neutrinos" ("Photonen").
Das, was dieses Teilchen von reinen Materie-Teilchen, den "Quarks" bzw. "Myon-Neutrinos", unterscheidet, ist, dass sich das "Elektron-Neutrino" in einer vielfach höheren Eigengeschwindigkeit befindet, wodurch es sich einmal nicht mit Materie-Teilchen verbinden kann und zum anderen die Phänomene bewirkt, die wir mit dem Oberbegriff "Energie" umschreiben.
Letztendlich ist "Energie" nichts anderes als "Bewegung", die "Druck" bewirkt, der in umgedrehter Richtung mit dem Begriff "Sog" umschrieben wird.

Theoretisch und experimentell wurden von den Elementarteilchenphysikern bei der Erforschung der Atome die Teilchen der Materie, aus denen die Atome aufgebaut sind, die sogenannten "Quarks", die 1964 von Murray GELLMANN und Georg ZWEIG postuliert wurden und die die kleinsten Teilchen der Materie sind, entdeckt und nachgewiesen.

In der von mir entwickelten "Einheitlichen Theorie der gesamten Materie", die mit diesem Postulat konform geht, überschreite ich die Grenze des Standes der Wissenschaft, denn ich postuliere, dass nicht nur das "Quark", das Ur-Teilchen der Materie, sondern auch die "Energie" eine gleiche dynamisch geometrisch strukturierte Form in der Gestalt von 2 mit der Spitze verbundenen kubischen Pyramiden besitzt.
Außerdem postuliere ich, dass der "Stoff der Materie" - wir bezeichnen ihn als "Ur-Plasma" - *nicht in Energie umgewandelt werden kann*, sondern, dass im Raum unseres Universums eine nicht veränderbare Menge an Kraft gleich Bewegung existiert, die nur dann als "Energie" die Phänomene, die uns bekannt sind, bewirken kann, wenn sie eingebracht wurde in eine Trägersubstanz.

Die Trägersubstanz dieser "Freien Energie" sind die "Ur-Plasma-Teilchen" und die daraus entstehenden "Elektron-Neutrinos" gleich "Photonen".
Wobei bemerkt werden muss, dass auch die sogenannten neutralen "Myon-Neutrinos", die auch aus "Ur-Plasma-Teilchen" bestehen, nur existieren können, wenn eine bestimmte Menge dieser Bewegungs-Energie in sie eingestrahlt ist.
Das Ur-Plasma dieser Teilchen wird durch diese Bewegungs-Energie in bestimmte gesetzmäßige Bewegungsabläufe versetzt, wobei die Geschwindigkeit der Bewegung die Frequenz und Amplitude aufbaut, durch die sich die Teilchen klassifizieren. Das Gleiche gilt für die Quarks, die Ur-Teilchen der Materie, die ursprünglich auch neutrale Neutrinos waren, gleich wie die Elektron-Neutrinos.
Auch in den Quarks bestimmt die Geschwindigkeit der Bewegung den Aufbau der Frequenz und Amplitude, erzeugt durch die Bewegungs-Energie.

"Der Unterschied zwischen Materie- und Energie-Teilchen im Raum unseres Universums existiert nur in der Geschwindigkeit, in der sich das Ur-Plasma in einer einheitlich strukturierten Form in Bewegung befindet."

Energie ist also eine konstante Größe in unserem Universum, die am Anfang der Zeit in unserem Universum als Bewegung existierte.

Zusammenfassend heißt das:
Ur-Plasma-Teilchen wurden, wie vorab beschrieben, durch die Einstrahlung von Bewegungs-Energie zu "NEUTRALEN" Neutrinos.
Durch die erneute Einstrahlung von Bewegungs-Energie in diese neutralen Neutrinos entstanden die Elektron-Neutrinos gleich Photonen.
Elektron-Neutrinos können jederzeit durch die Einstrahlung von freier Bewegungs-Energie aus neutralen Neutrinos neu erzeugt werden.
Dieser Vorgang läuft zum Beispiel in unseren Sonnen ab. In den Sonnen, in denen eine hohe freie Bewegungs-Energie existiert, werden neutrale Neutrinos durch das Einstrahlen dieser Energie in Elektron-Neutrinos umgewandelt.

Die freie Bewegungs-Energie, die im Kosmos die "Myon-Neutrinos" (das sogenannte "Geist-" oder "Bewußtseins-Feld") in Bewegung hält (Überlichtgeschwindigkeit), ist die Energie, die von einer bestimmten Gruppe von Physikern als "Tachyonen-Energie" bezeichnet wird.
Das heißt, die Teilchen, denen man diese Kraft zuschreibt, die sogenannten "Tachyonen", sind nichts anderes als die "Myon-Neutrinos", wobei diese Teilchen jedoch selbst mit dieser Energie nichts zu tun haben.
Bei der Gewinnung dieser kosmischen Energie mittels dafür entwickelter Generatoren wird diese Bewegungs-Energie aufgehalten und in "Myon-Neutrinos" eingestrahlt, wodurch diese zu "Elektron-Neutrinos", also zu "Photonen" werden, die Grundform der Energie, die im Volksmund als "Strom" bezeichnet wird.

Bei der Gewinnung von Elektrizität, die wir Menschen zur Zeit für unsere Technologie nutzen, werden die Elektron-Neutrinos zu Energiequanten gebündelt, wodurch ihre Bewegungs-Energie in der Lage ist, mittels ihres hohen Druckes diese Phänomene zu bewirken, die wir mit unseren Sinnen wahrnehmen.
Bei der Verbrennung von Fossilien und Kraftstoffen wird der Materie Bewegungs-Energie in Form von Elektron-Neutrinos entzogen und diese, wie oben beschrieben, in Energiequanten umgewandelt, die dann mittels ihres Druckes Materie in Bewegung versetzen. Bei einer Energiegewinnung durch das Aufspalten von Atomen werden einmal die Quarks, die eine hohe Eigenschwingung besitzen, freigesetzt, und die dadurch freiwerdende Bewegungs-Energie, die die Quarks in eine hohe Gesamt-Geschwindigkeit im Atom bewirkte, ausgestrahlt und in "Myon-Neutrinos" eingestrahlt, wodurch diese zu "Elektron-Neutrinos" werden.

Das bedeutet, dass, wenn wir natürlichen Teilchen Bewegungs-Energie entziehen, diese Bewegungs-Energie neutrale natürliche Teilchen zu Elektron-Neutrinos umwandelt, wodurch zum Beispiel in unserer Atmosphäre eine hohe Energie-Dichte entsteht, der sogenannte "Elektro-Smog".
Da mit unseren Technologien auf nicht natürlichem Wege zusätzlich Elektron-Neutrinos erzeugt werden, die mittels unserer Technologie zu großen Einheiten verbunden werden (Energiequanten), wird zu irgend einem Zeitpunkt die Energie in unserer Atmosphäre so groß sein, dass der Mensch sowie alle anderen biologischen Systeme nicht mehr in der Lage sind, in diesem Umfeld bzw. in dem Medium, in dem wir existieren, zu leben.
Dass diese so gewonnene starke und hohe Bewegungs-Energie Wirkungen auf die natürlichen Abläufe auf der Erde besitzt, erkennen wir an den immer mehr werdenden Naturkatastrophen wie z.B. Klimaveränderungen, starke Stürme, hohe Niederschläge, Vulkanausbrüche, das Aussterben von vielen Arten in der

Natur oder deren Mutation, wahrnehmbar am Beispiel der Bäume, die durch Übersäuerung der Erde, also Überenergetisierung, zugrunde gehen usw.
Das elektrische Feld, in dem der Mensch lebt, verstärkte sich dadurch speziell in den letzten 100 Jahren um ein Vielfaches. Die Folgen dieser Veränderung des natürlichen elektrischen Feldes sind, wie schon gesagt, Veränderungen in der Natur, in unserer Umwelt auf der Erde sowie in der unteren und oberen Atmosphäre.
Sie sind verantwortlich für die immer mehr und größer auftretenden Naturkatastrophen auf Erden sowie für viele unspezifische Krankheitsbilder speziell in den Industrie-Ländern.
Allein die elektrischen Felder der Elektrizität, denen die Menschen in den Industrie-Ländern im Haushalt, in Büros und Betrieben durch Fernsehen, Computerbildschirme, Steckdosen, Elektrogeräte, Hochspannungsleitungen, Funktelefone usw. ununterbrochen direkt ausgesetzt sind, wirken in der Form als Stressfaktor, dass sie psychische sowie somatische Krankheiten bis hin zum KREBS verursachen.

Dass diese Erkenntnis noch nicht Bestandteil des Grundlagenwissens der heutigen Medizin ist, liegt allein daran, dass man bis jetzt nur die vielfältigen Wirkungen der Energie kennt, aber nicht weiß, dass alle Arten von Energie letztendlich aus strukturierten hochfrequentierten Ur-Plasma-Teilchen bestehen.

Auch wenn die Wissenschaft meine Aussage nur als Hypothese betrachten wird, die wissenschaftlich nicht bewiesen ist, so sprechen doch zu viele theoretische logische Schlussfolgerungen sowie nachvollziehbare Beweise dafür, dass man diese Aussage nicht einfach unter den Tisch kehren kann.
Vor allem dann, wenn man wie wir erkannt hat, dass durch den entstandenen großen sogenannten "Elektro-Smog", bestehend aus Elektron-Neutrinos, verbunden als Energiequanten (Ionisations-Energie), in der Atmosphäre Molekularverbindungen (Viren usw.) gebildet werden, die verantwortlich dafür sind, dass immer neue Krankheitsbilder entstehen. Auf diesem Wege, so glauben wir, ist zum Beispiel die Mutation des AIDS-Virus bewirkt worden sowie die Entstehung der vielfältigen neuen Viren, die die Wissenschaft in der letzten Zeit als Krankheitserreger entdeckt und nachgewiesen hat.

XIX

Wissenschaftliche Erkenntnisse

Wissenschaftliche Erkenntnisse beruhen auf Denkmodellen mit der Vorgabe, dass es so sein kann, aber nicht sein muss.
Das bedeutet für den normalen Menschen, dass die Wissenschaftsgläubigkeit, die heute existiert, ein Traumgebilde ist, das sich mit der Zeit aufgebaut hat.
"Wissenschaftlich bewiesen", - ein Schlagwort unserer heutigen Zeit - bedeutet also nichts anderes, als dass ein Wissenschaftler ein Denkmodell entwickelt hat, auf dessen Grundlage ein Phänomen dahingehend erklärt werden kann, wie dieses Phänomen eventuell entstanden sein könnte. Das bedeutet also nicht, dass er weiß, dass es tatsächlich so ist.

Speziell in der medizinischen Wissenschaft heißt es immer wieder, dass *"manche Struktur und manche Reaktion mehr als ein Faktum denn als kausal bedingt anzusehen ist"* was in einfachen Worten heißt, *"Man weiß, dass etwas existiert, aber man kann nur annehmen, dass es so oder so abläuft"*.
Da in unserer heutigen Wissenschaft die Forschung ein Phänomen nicht von der URSACHE, sondern von der WIRKUNG her zu erforschen muss, ist sie notgedrungen dazu gezwungen, Denkmodelle zu entwickeln, auf deren Grundlage sie mit dem Verstand nachvollziehen kann, wie ein Phänomen eventuell entstanden sein könnte.
Da man in diesem Denkprozess existierende Denkmodelle, das Handwerkszeug der Wissenschaft als Grundlage benutzt, fährt man automatisch eingleisig so lange, bis ein denkbares Ergebnis vorliegt, denn die Grundlage, das Denkmodell, ist vorgegeben.
Versucht ein Wissenschaftler, außerhalb der heute gültigen Lehrmeinung eine Erklärung zu finden, auf deren Grundlage die Ursache eines Phänomens erklärt werden kann, benutzt er also nicht als Grundlage das existierende Denkmodell, wird er automatisch zum Außenseiter abgestempelt.
Dabei spielt es auch keine Rolle, wenn durch seine Erklärung effektiv die Ursache des Phänomens gefunden ist.
(Effektiv in der Form, dass zum Beispiel mittels einer Therapie, die auf dieser Grundlage beruht, Erfolge erzielt werden, die mit der sonst verwendeten Therapie nicht zu erreichen waren.)
Im Gegenteil.
Kann die Erklärung von der Schule nicht widerlegt werden, dann wird sie trotzdem auf keinen Fall akzeptiert. Denn würde sie akzeptiert, dann würde das

Denkgebäude der heute existierenden Lehrschulwissenschaft in vielen Bereichen einstürzen.
Da man jedoch weiß, dass sich zu irgend einem Zeitpunkt die Realität durchsetzt, nimmt man mit der Zeit, durch Begriffe stilistisch verändert, die Erkenntnisse so weit wie möglich in das alte Denkschema auf und tut so, als habe man diese Erkenntnisse schon immer besessen.
Einer der Hauptgründe, warum die meisten Wissenschaftler nicht bereit sind, neue Denkmodelle zu überprüfen und zu akzeptieren, ist die Angst davor, von ihren Kollegen als Außenseiter abqualifiziert zu werden. Ein anderer Hauptgrund, warum neue grundlegende Erkenntnisse, basierend auf neuen Denkmodellen, kaum eine Chance haben, anerkannt zu werden, ist der, dass sich die Masse der Wissenschaftler nicht mehr durch den Wust der Fachliteratur durchkämpfen kann und oft von diesen Erkenntnissen gar nichts erfährt.
Für den normalen Menschen, also den nicht vorgebildeten Laien, sind die Erkenntnisse der Wissenschaft aus allen Fachbereichen, bedingt durch die Begriffssprache, so weit vom normalen Denken entfernt, dass er mit wissenschaftlichen Aussagen nichts anfangen kann und sie auch nicht hinterfragt.
Dass es so ist, kann man nicht verurteilen, denn es hat sich mit der Zeit, obwohl es im Grunde genommen kein Mensch wollte, so entwickelt.
Was man als nicht gut ansehen muss, und was man als Schlag unter die Gürtellinie der Menschlichkeit bezeichnen kann, ist, dass man den Menschen die Wahrheit vorenthält und ihnen mit den Worten "wissenschaftlich bewiesen" vorgaukelt, dass das, was die Wissenschaft gefunden hat, die absolute Realität sei.

Kein physischer Mensch, also auch kein Mensch, der philosophisch wissenschaftliche Interpretationen der Realität in Form von Denkmodellen von sich gibt, kann behaupten, dass er weiß, was "Realität" ist.
Erst wenn wir Menschen dies erkannt und begriffen haben, werden wir akzeptieren, dass die vielfältigen Arten und Formen, die gestaltet in unserem Universum existieren, nur nach PLAN von einem SCHÖPFER erschaffen sein können.
Denn kein Wissenschaftler wird je in der Lage sein, aus der sogenannten "toten" Materie auch nur einen Grashalm zu erschaffen.
Wir haben nur die Möglichkeit, auf der Grundlage des bestmöglichen Denkmodells hinter das Geheimnis des Phänomens "Leben" zu kommen, wenn wir in absoluten TOLERANZ die Meinung eines jeden Einzelnen akzeptieren.
Nur so kann eine Wissenschaft wieder menschlich werden.
Denn machen wir fälschlicherweise die Wissenschaft zu unserem Gott (Wissenschafts-Gläubigkeit), verbauen wir uns den Weg zurück zur Menschlichkeit.

XX

Erklärung von PHÄNOMENEN

aus dem Bereich der Elemente und ihrer Wechselwirkungen auf der Grundlage der von mir entwickelten "Einheitlichen Theorie der gesamten Materie"

Die in einfacher Form geschilderten Erklärungen von Phänomenen, die im Folgenden niedergeschrieben stehen, sollen zum Nachdenken und darüber hinaus Denken anregen.

Mit der Entdeckung der Struktur der Energie- und Materie-Teilchen, die in ihrer Einheit aus der prästellaren Masse und Bewegungsenergie nach gesetzmäßigen Bewegungsabläufen entstanden sind, existiert in unserem Universum kein Bereich mehr, dessen Phänomene nicht eindeutig, mit dem menschlichen Verstand nachvollziehbar, erklärt werden können.

Nehmen wir als erstes Beispiel die

XXI

"Schwerkraft" - "Gravitation"

Das Phänomen, dass zum Beispiel Gegenstände, die man in die Luft wirft, wieder zur Erde zurückfallen, bzw. warum alle Gegenstände und biologischen Systeme, die auf der Erdoberfläche existieren, nicht in den Raum hinausfallen, wird als Denkmodell in der Form interpretiert, dass man glaubt, die Erde besitze eine Anziehungskraft.
Warum jedoch alle biologischen Systeme der Anziehungskraft entgegenwirken, denn sie wachsen in den Raum hinaus, ist ein Phänomen, das dieser Theorie indirekt widerspricht.
Die sogenannte Erdanziehungskraft sind in Wirklichkeit Druck und Sog, die von den gesetzmäßigen Bewegungsabläufen innerhalb des Kubus unseres Erdwürfels, also innerhalb und außerhalb der Erde, bewirkt werden.

Nehmen wir als Gegenbeispiel den Mond. Wie bekannt besitzt der Mond nicht die gleiche Atmosphäre wie unsere Erde.
Dies bedeutet, im Kubus des Mondes befinden sich außerhalb der kugelförmigen Verdichtung des aus Materie bestehenden Mondes weniger neutrale "Myon-Neutrinos" und gasförmige Elementarteilchen, aus denen sich die Atmosphäre aufbaut, so dass der Druck auf die Oberfläche des Mondes wesentlich geringer ist.
Das heißt, nach den Erkenntnissen aus den Unterlagen, dass einmal der Kubus des Mondes kleiner ist und zum anderen dadurch auch die kugelförmige Verdichtung einen kleineren Durchmesser besitzt, so dass der Druck und der Sog geringer sind als auf der Erde.
Das erklärt, warum der Mensch auf dem Mond weniger Kraft braucht, um sich auf der Oberfläche fortzubewegen, da der Druck und der Sog, die durch den gesetzmäßigen Bewegungsablauf bewirkt werden, den Menschen nicht so stark auf die Mondoberfläche drücken wie auf der Erde.
Außerhalb der würfelförmigen Einheiten, also im Raum, existiert zwar durch den gesetzmäßigen Bewegungsablauf auch Druck, aber kein Widerstand, wie ihn die Erde, der Mond bzw. die kugelförmigen Verdichtungen der Sterne und Planeten darstellen. Ein Satellit bzw. ein Raumschiff oder ein Astronaut, die sich im Raum aufhalten, sind keinem Druck ausgesetzt, sondern werden von der Bewegungs-Energie und den neutralen "Myon-Neutrinos" getragen und durch den gesetzmäßigen Bewegungsablauf dieses Mediums durch den Raum transportiert.

(Anm. der VES-TA Gruppe:
In einem gerade erschienenem Buch (1/2003), postulieren renommierte Wissenschaftler, dass es keine Schwerkraft gibt, sondern, dass Teilchen uns auf die Erde pressen.
>Drucktheorie der Gravitation<
Diese Theorie wurde bereits im 18. Jahrhundert von Georges Louis Le Sage aufgestellt.)
Nehmen wir als nächstes Beispiel das heute gültige Atom-Modell und vergleichen es einmal mit dem von mir postulierten Atom-Modell, um festzustellen, inwieweit mit diesem neuen Denkmodell die Phänomene erklärt werden können, die der Wissenschaft bis jetzt noch Rätsel aufgegeben haben.

XXII

ATOM-STRUKTUR

Jeder, der die Struktur der Elementareinheiten der Atome, die in einem Raster-Tunnel-Mikroskop abgelichtet wurden, gesehen hat, muss sich selbst sagen, dass die reale Form in keiner Weise mit dem heute gültigen Atommodell übereinstimmt.
Trotzdem, alle wissenschaftlichen Erkenntnisse, die bis heute gefunden wurden, sind im Grunde genommen richtig.
Was als falsch bezeichnet werden muss, ist die Interpretation der Phänomene, die durch die Atome der Elemente bewirkt werden. Nehmen wir zum Beispiel die Neutronen.

NEUTRON

Nach dem heute gültigen Atommodell sind die Neutronen Teilchen, die keine elektrische Ladung besitzen und im Kern der Atome mit den positiv (+) geladenen PROTONEN den Kern der Atome bilden, als Einheit das Nukleon.
Da diese Teilchen auf der Grundlage der heutigen Modellvorstellung angeblich eine eigene Rotation (Spin) besitzen, musste man eine denkbare Lösung schaffen, um zu erklären, wie diese 2 verschieden gearteten Teilchen im Kern auf engster Distanz zusammen existieren können.
Das Mysterium, das dabei erklärt werden muss, ist, wie sich eine große Anzahl dieser Teilchen speziell in den schweren Atomen verhält, wenn man die elektrische Abstoßung zwischen den positiv (+) geladenen Protonen berücksichtigt.
Zum Beispiel ist die elektrische Abstoßung der Protonen im Uran-Kern, in dem 92 Protonen und 92 Neutronen existieren, so groß, dass nach der heute gültigen Modellvorstellung Kräfte existieren müssen, die den Kern als Einheit zusammenhalten, so dass er stabil bleibt und nicht auseinandergerissen wird.
Vergessen wir nicht dabei, dass das Neutron ein Teilchen ist, dem man keine Ladung zuweist.
Diese verborgenen starken Kräfte, die man auch als Kernkraft bzw. als starke Wechselwirkung bezeichnet, müssen mindestens hundertmal stärker sein als die elektrische Kraft der Protonen. Theoretisch argumentiert man, dass diese Kernkräfte nur bei kurzen Abständen in der Größenordnung von 10^{-13} cm (ca. ein Hunderttausendstel der Ausdehnung des Atoms) stark sind.

Man nimmt an, dass die starke Wechselwirkung anfängt zu wirken, wenn 2 Protonen ganz nah zusammen sind und sich beide Teilchen dann gegenseitig anziehen. Auf diesem Wege, so erklärt man, kommt es zur Bildung der Atomkerne.

Mit dieser starken Wechselwirkung wird auch die Verschiedenheit der Elementarteilchen Protonen und Neutronen erklärt. Außerdem sagt man, dass die Elektronen nicht an den starken Wechselwirkungen teilnehmen, sondern nur an den elektromagnetischen. Warum das angeblich so ist, wird durch mathematische Berechnungen in einer Form erklärt, die der normale Physiker nur versteht, wenn er genügend Phantasie besitzt.
Für den nicht vorgebildeten Laien sei an dieser Stelle betont, dass alle Erklärungen in diesem Bereich nur theoretische Erklärungen, also Denkmodelle sind, die auf der Grundlage des heute gültigen Atommodells entwickelt wurden.
Seit ungefähr 1976 arbeitet man an einer "Theorie der starken Wechselwirkung", der sogenannten "Quanten-Chromo-Dynamik" (QCD). Diese Theorie befasst sich mit den Quarks, aus denen sich, wie die Hochenergiephysiker nachgewiesen haben, die gesamte Materie aufbaut.

Auf der Grundlage meiner Modellvorstellung über den Aufbau der Atome, die im vorhergehenden Teil erläutert wurde, wird dieses Mysterium erklärbar und kann von jedem mit dem Verstand einfach nachvollzogen werden. Sie beweist, dass effektiv starke Kernkräfte existieren.
Das Neutron, das den Mittelpunkt des Atoms bildet, ist neutral, da sich die Quarks in dieser Verdichtung in vielfältig rotierenden Wellen so bewegen, dass sie einseitig keinen Druck oder Sog bewirken, wodurch sie in ihrer Einheit unpolare neutrale Teilchen ohne Wirkungsspektrum sind.
Die Protonen, denen man eine positive (+) Ladung zuschreibt, sind Quarks, die sich als einseitig rotierende Welle spiralförmig in der Spitze der Pyramide bewegen, wodurch sie polar werden und durch ihr spiralförmiges Einstrahlen den Druck erzeugen, der die Verdichtung der Quarks zu einer neutralen Einheit werden lässt. Durch den gesetzmäßigen Bewegungsablauf in den Mittelpunkt eingestrahlt, werden sie selbst zu unpolaren neutralen Quarks, die die Physiker als Neutron bezeichnen.
Die rotierenden Wellen aus gleichen Quarks befinden sich somit nicht nur in einer starken Wechselwirkung mit den Neutronen, sondern üben auch eine starke Kraft auf die Verdichtung aus, wodurch die Neutronen in der kugelförmigen Verdichtung gehalten werden.

Dieser verdichtete Mittelpunkt aus Quarks, in dem sich die Teilchen gesetzmäßig in vielfältigen Rotationsrichtungen bewegen, baut keine Bindungskräfte und Abstoßungskräfte auf und ist dadurch neutral. Aus dem Bereich der Protonen in diesen Mittelpunkt eingestrahlte Quarks werden im Moment der Einstrahlung zu neutralen Quarks (Neutronen).

Da die Menge in diesem Mittelpunkt konstant bleibt, wird proportional die gleiche Menge Neutronen spiralförmig in den Mittelpunkt der Pyramide eingestrahlt wie Protonen in den neutralen verdichteten Mittelpunkt, den Kern, einstrahlen.

Bedingt durch diese Erkenntnisse, muss jedem Physiker klar werden, dass er auf der Grundlage des heute gültigen Atommodells nie eine Möglichkeit gehabt hätte zu erklären, auf welche Weise die angeblich positiv (+) geladenen Protonen und die neutralen (o) Neutronen im sogenannten Nukleon existieren können.

Die meiner Meinung nach etwas abstrakte Beschreibung, dass starke Kernkräfte diesen Vorgang bewirken, war ein Lösungsversuch dieses Problems, der im Grunde genommen entstanden ist, damit man überhaupt eine Erklärung für dieses Phänomen besitzt.

Nach dem neuen, von mir in dieser Niederschrift zur Diskussion gestellten Atommodell ist die Verteilung der Protonen und der Neutronen im Kern des Atoms ein logisch nachvollziehbarer Ablauf. Das Gleiche gilt aber auch für die Elektronen.

ELEKTRON

Ein Elektron ist so, wie wir es als "Freies Elektron" kennen und wie es real effektiv existiert, nicht Bestandteil eines Atoms.

Das Elektron ist nur dann eine kleinere strukturierte Einheit gleich Teilchen, bestehend aus Quarks, die sich gesetzmäßig in dem gleichen Bewegungsablauf befinden wie die Quarks im Atom, wenn es als Einheit mittels Ionisations-Energie von einem Atom abgespaltet wurde.

Die Menge der Ionisations-Energie, die benötigt wird, um einen Teil des Atoms, also ein Elektron, abzuspalten, wird in dem Kapitel "Ionisations-Energie" noch genau erläutert.

Die Elektronen-Einheit ist eine feste Größe, die vorgegeben ist durch die maximal mögliche Menge, die eine Atom-Elementareinheit abgeben kann, ohne dass der gesetzmäßige Bewegungsablauf zum Stillstand kommt.

Innerhalb eines Atoms existiert kein Elementarteilchen in Form eines Elektrons, sondern nur, außerhalb eines Atoms.

Die Bindungskräfte in einem neutralen Atom, die in der Lage sind, ein "freies Elektron" anzuziehen und an das Atom zu binden, werden durch die abknickenden Bodenwellen bewirkt, die an den Ecken der Elementareinheiten des Atoms Sog erzeugen. Die Stärke und die Menge der Bindungskräfte sind abhängig von der Verbindung der Elementareinheiten der Atome untereinander, durch die das Atom zum spezifisch strukturierten Teilchen gleich Element wird.

Vom Kern des Atoms aus gesehen, existieren innerhalb des Atoms gleich wie in einer Schale nur Quarks, die sich dadurch unterscheiden, dass sie sich nach bestimmten gesetzmäßigen Bewegungsabläufen im Atom als Wellen mit entgegengesetztem Spin in 2 verschiedenen Arten von rotierenden Wellen bewegen und sich gegenseitig bewirken.

Man kann selbstverständlich zum Beispiel die Quarks, aus denen sich die rotierenden Wellen an den Seitenwänden der Pyramide bilden, als "Elektron" bezeichnen und die Quarks, aus denen sich die rotierenden Wellen der Bodenfläche aufbauen, als "Positron". Wie vorab schon einmal kurz erwähnt, bilden beide Wellen zusammen das "Positronium", da die Wellen entgegengesetzten Spin aufweisen.

Wichtig ist zu begreifen, dass letztendlich alle Atome nur aus einer Sorte von Quarks bestehen.

Dies erklärt auch, warum im Bereich der Hochenergiephysik, wenn z.B. im Experiment in einem Teilchenbeschleuniger Elektronen auf ein Stück Materie (das sogenannte Target, z.B. ein Block Eisen) oder gegen ein anderes beschleunigtes Teilchen prallen und auseinander strahlen, nur verschiedene Sorten von Teilchen bis hin zu Quarks erkennbar werden.

Dass die Energie-Teilchen in diesem Experiment nicht nachgewiesen werden, liegt, wie aus den Unterlagen hervorgeht, allein daran, dass die Geschwindigkeit der rotierenden Wellen dieser Teilchen, der sogenannten Elektron-Neutrinos, größer als Lichtgeschwindigkeit ist.

Damit Sie die Bindungskräfte genau verstehen, zeige ich Ihnen noch einmal in Folge eine Grafik, an der Sie erkennen können, wie der Sog entsteht.

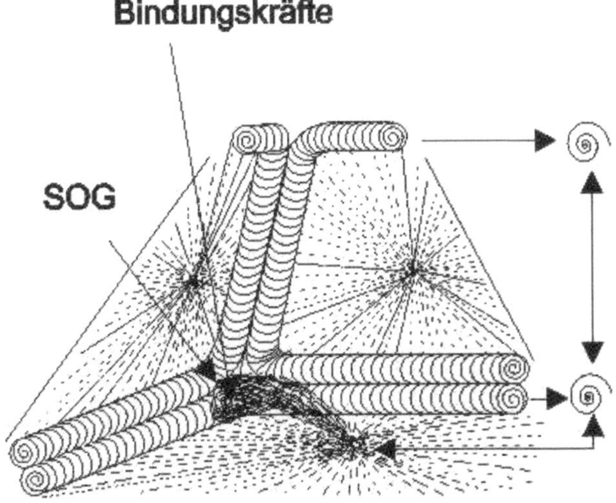

Anhand der Grafik können Sie erkennen, wie sich die rotierenden Wellen, bestehend aus den Quarks, durch die die dynamisch strukturierte Form der Elementareinheit entsteht, in gesetzmäßig vorgeschriebenen Bewegungsabläufen bewegen.
Die rotierenden Wellen der einzelnen Seitenwände besitzen in den Diagonalen sowie in den Bodenkanten immer einen Spin, der entgegengesetzt zu den Wellen der anderen Seitenwände ist. Sie bewirken sich in den Diagonalen also immer gegenseitig. In der Bodenkante werden sie von der rotierenden Welle der Teilchen (Quarks) bewirkt, die von der Bodenfläche in die Kanten einstrahlen und rotationsbedingt in die Ecken der Pyramiden gedrückt werden.
Das bedeutet, von dieser rotierenden Bodenwelle werden die Quarks, aus denen die rotierende Welle der Seitenwände besteht, nur bis in die Ecke transportiert.
In der Ecke angekommen, wird die rotierende Welle der Bodenfläche nicht mehr benötigt, da die rotierende Welle der Nachbarseitenwand die Bodenwelle der Seitenwand übernimmt. In der Ecke reißt also die Welle der Bodenfläche ab und wird zurückgestrahlt bis in den Mittelraum der Pyramide.

Durch die Rückstrahlung und Wiedereinstrahlung in die Bodenkante entsteht an den Ecken eine wesentlich höhere Amplitude dieser rotierenden Welle gegenüber den 2 rotierenden Wellen in den jeweiligen Bodenkanten.
Dieser Vorgang bewirkt einmal den Sog, der die Bindungskräfte der Atome darstellt.
Zum anderen erzeugt er ein Phänomen, das bis heute innerhalb des Atoms noch nicht entdeckt, aber von den Hochenergiephysikern außerhalb des Atoms im Experiment nachgewiesen wurde und als "Positronium" bezeichnet wird.

POSITRONIUM - [Positron (+) - Elektron (-)]

Das Positronium, das im Experiment entdeckt wurde, ist ein Gebilde, das aus einem Elektron und seinem "Anti-Teilchen", dem Positron, besteht. Die Struktur dieses Objektes, sagt man vergleichend, wäre dem Wasserstoff-Atom sehr ähnlich.
Außerhalb des Atoms betrachtet, kann man diese Aussage als richtig bezeichnen.
Man behauptet, das Positronium - benutzen wir die alten Termen weiter - besitze den gleichen gebundenen Zustand wie das (H) Wasserstoff-Atom, da das Positron, vom Vorzeichen her gesehen, die gleiche elektrische Ladung wie das Proton aufweist.
Dies impliziert, dass das Elektron eine negative (-) Ladung besitzt und sich beide Teilchen elektrisch anziehen, genauso wie ein Elektron und ein Proton.

Der gravierende Unterschied zwischen einem Positronium und einem (H) Wasserstoff-Atom besteht jedoch darin, dass im (H) Wasserstoff-Atom das Proton, von der Masse her gesehen, 1.OOOmal schwerer ist als das Elektron. Das Gleiche gilt für das Positron. Auch dieses ist 1.OOOmal leichter als das Proton.

Im Positronium besitzen also das Elektron und das Positron (sein Anti-Teilchen), von der Masse her gesehen, die gleiche Größenordnung.
Das Handicap bei der Beschreibung des Positroniums liegt darin, dass man das Positronium nur im Experiment entdeckt hat und man ihm innerhalb einer Atomstruktur noch keinen Platz zuweisen konnte.
Man entdeckte im Experiment lediglich 2 Teilchen, die entgegengesetzten Spin aufwiesen (gleich entgegengesetzt rotierende Wellen im Atom), bezeichnete sie als Positronium und erkannte, dass die Lebenszeit dieses Positroniums nur sehr kurz ist, und zwar weniger als eine Millionstel-Sekunde.
Die wissenschaftliche Erklärung entstand, nachdem man ein Positronium im Laboratorium erzeugt hatte und dieses Positronium in, benutzen wir den Term, elektromagnetische Strahlung, in "eine besondere Form von Licht", zerstrahlte.
Nach der Entdeckung dieses Ablaufes glaubte man, ein eindrucksvolles Beispiel für eine direkte Umwandlung von Materie in Energie, also in elektromagnetische Strahlung gefunden zu haben. (In Wirklichkeit löste sich das Positronium in diesem Experiment nur in seine Quarks auf und strahlte aus.)
Man glaubte, dies sei eine Bestätigung der Umwandlung von Masse in Energie, entsprechend der Äquivalenz von Materie und Energie, die von EINSTEIN gefunden wurde.
Auf der Grundlage des alten Atommodells eine logische Schlussfolgerung.
Zu diesem Zeitpunkt, bevor das hier vorgestellte Atommodell existierte, konnte noch keiner wissen, dass elektromagnetische Strahlungen aus nichts anderem bestehen als aus Quarks, die aus den Atomen laufend ausgestrahlt werden, da ununterbrochen "Myon-Neutrinos" in die Atome eindringen und die Quarks herausdrücken. Im Folgenden wird auch die elektromagnetische Strahlung noch kurz erklärt.

In den Atomen existiert das Positron genau so lange, wie 2 halbe Wellen, bestehend aus den Quarks der Seitenflächen und der Bodenfläche, in den Kanten bis zur Ecke mit entgegengesetztem Spin gemeinsam rotieren.
In dem Moment, wo die Bodenwellen, die aus Quarks bestehen, bezeichnen wir sie ruhig weiter als Positronen, in den Ecken abreißen, zerstrahlen die rotierenden Bodenwellen in ihre Teilchen, in Quarks, und diese werden nicht, wie angenommen, als elektromagnetische Strahlungen in die Mitte der Elementareinheiten des Atoms - in die Pyramiden - zurückgestrahlt, sondern nur als einzelne Quarks.
Elektromagnetische Strahlungen sind etwas ganz anderes.

(In Folge werde ich, wie gesagt, noch näher auf diese elektromagnetischen Strahlungen eingehen.)
Es ist also ein Vorgang, der außerhalb des Atoms von den Hochenergiephysikern im Experiment richtig gesehen wurde. Elektron und Positron bewirken sich gegenseitig rotierend auch im Atom nur einen sehr kurzen Moment und werden dann als Quarks zerstrahlt.
Betrachten wir nunmehr das Proton etwas näher.

PROTON

Das Proton bewirkt also nicht die Bindungskräfte der Elektronen, sondern besteht aus einer rotierenden Welle als Einheit in der Spitze der Pyramide.
In der folgenden Grafik ist die rotierende Welle noch einmal soweit wie möglich zeichnerisch dargestellt, so dass Sie genau erkennen können, dass sie die gleiche Rotationsrichtung (der Spin der rotierenden Welle) besitzt wie die große rotierende Welle der zurückstrahlenden Positronen an der Bodenfläche und wie die Hauptwelle in der Bodenfläche selbst.

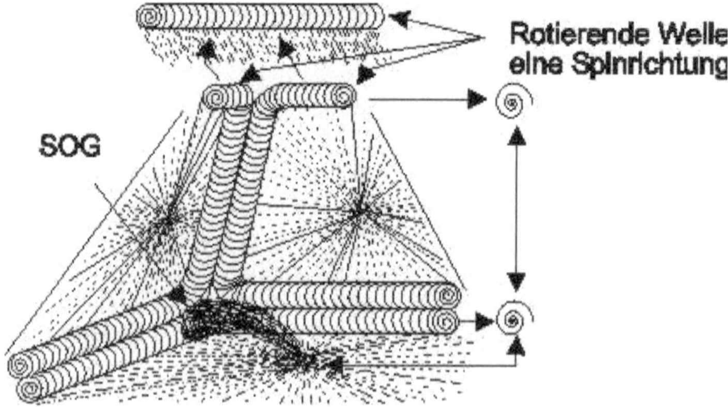

Benutzen wir den gebräuchlichen Term, dann haben die rotierenden Wellen des Protons und des Positrons, da sie den gleichen Spin besitzen, sich also abstoßen, positive (+) Vorzeichen.
Wenn heute auf der Grundlage des alten Atommodells gesagt wird, dass für die Bindungsfähigkeit der Atome die äußersten Elektronen maßgebend sind, so entspricht das auch den Tatsachen.
Der einzige Unterschied zwischen dem alten und dem hier vorgestellten Modell besteht darin, dass sich keine Elektronen in Schalen bewegen, sondern dass die Bindungskräfte durch die Sogwirkung der äußersten Elementareinheiten der

Atome bewirkt werden und dass die Protonen letztendlich mit den Bindungskräften bis auf den gesetzmäßigen Bewegungsablauf nichts zu tun haben.
Sie bewirken nur die starken Bindungskräfte, durch die die Neutronen als kugelförmige in sich selbst rotierende neutrale Verdichtung entstehen und erhalten bleiben.

TEILCHEN, die im EXPERIMENT entdeckt wurden

Von den Hochenergiephysikern wurde im Experiment im Teilchenbeschleuniger eine große Anzahl vielfältiger Arten von Teilchen entdeckt.
Dabei muss betont werden, dass diese Teilchen, die man entdeckt hat, keine real sichtbaren Teilchen sind, sondern nur in Labors produziert werden und nach winzigen Bruchteilen von Sekunden wieder in die real bekannten Teilchen zerfallen bzw. wieder die Bindungen aufnehmen, aus denen sie kurzfristig gerissen wurden.
Diese Teilchen hat man in verschiedene Gruppen unterteilt. In der 1. Gruppe wurden alle stark wechselwirkenden Teilchen zusammengeschlossen. Es ist die Gruppe, der man das Proton, das Neutron und die 3 л-Mesonen zuordnet.
Diese Teilchen wurden mit dem Oberbegriff Hadronen bezeichnet. Heute ist eine wesentlich größere Anzahl von Hadronen bekannt. Aus diesem Grunde wurden die Hadronen wiederum in 2 Gruppen unterteilt, die man als Mesonen und Baryonen bezeichnet.
Einer anderen Gruppe von stark wechselwirkenden Teilchen, zu denen die bekannten Nukleonen zählen, wurden die Hyperonen zugeordnet, die alle schwerer sind als das Nukleon, verglichen mit den leichtesten Mesonen. Bedingt durch die Schwere der Teilchen wurde die 2. Gruppe der stark wechselwirkenden Teilchen als Baryonen bezeichnet (baryos, griech. = schwer). Eine weitere Gruppe von Teilchen, die nicht an den starken Wechselwirkungen teilnehmen, bilden die Elektronen und das Neutrino. Von dieser Sorte wurden noch weitere Teilchen gefunden, die man als Leptonen (leptos, griech. = leicht) bezeichnet.
Heute weiß man, dass die Zuordnung und der Name Lepton nicht besonders glücklich gewählt waren, da man auch Leptonen entdeckt hat, die schwerer als das Proton sind.
Am Anfang nahm man an, dass es nur 4 Leptonen gäbe. Vor einigen Jahren wurde jedoch ein elektrisch geladenes Lepton entdeckt, dass 200mal schwerer ist als das Elektron. Man bezeichnet dieses Teilchen als Myon.
Lassen wir es gut sein mit diesem Teilchen-Zoo, denn um eine Übersicht zu gewinnen, hilft uns das Wissen um diese Teilchen auch nicht weiter, da diese Teilchen im Endeffekt nur Verbindungen sind, die durch die Einwirkung von Energie gleich Kraft aus Verbindungen von Quarks bestehen, die im realen Atom gar nicht existieren.

Es sind Verbindungen von Quarks, aus denen sich alle Teilchen, die bis heute gefunden wurden, aufbauen.
Wenden wir uns den Teilchen zu, die die Hochenergiephysiker als "Ur-Teilchen der Materie" bezeichnen, den "Quarks".

QUARKS

Als kleinstes Teilchen wurde von den Hochenergiephysikern im Experiment das "Quark" entdeckt. Das sogenannte Quark-Konzept, auf dessen Grundlage nach diesen Teilchen geforscht wurde, ist ein Konzept, dass Murray GELL-MANN und Georg ZWEIG im Jahre 1964 vorgeschlagen haben.

Wenn ich sage, das Quark ist das Ur-Teilchen der Materie, dessen dynamische Struktur ich entschlüsselt habe, so stellt sich die Frage, in welchen Verbindungen diese Quarks existieren können. Meiner Erkenntnis nach können die Quarks nur die gleichen Verbindungen eingehen wie die Atome der Elemente, so, wie sie im Periodensystem grafisch dargestellt sind. Die kleinste existierende Einheit von Quarks, die nach dem neuen hier vorliegenden Atommodell existiert, besitzt somit die Struktur zweier kubischer Pyramiden, die an der Spitze miteinander verbunden sind.

Kleinste Einheit, bestehend aus 2 pyramidenförmigen Einheiten, die sich gegenseitig bewirken und die von der Physik als Quark und Anti-Quark bezeichnet werden.

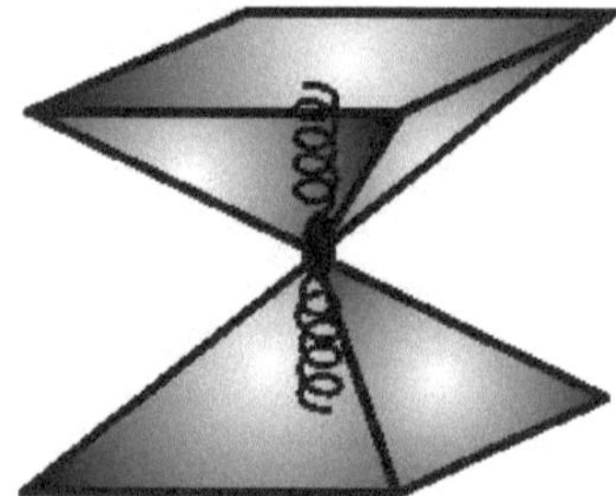

Die zweite vorkommende Einheit ist eine Verbindung von 2 der kleinsten Einheiten, also von 2 Quarks, gleich 4 pyramidenförmige sich gegenseitig bewirkende Einheiten gleich 2 Quarks und 2 Anti-Quarks.

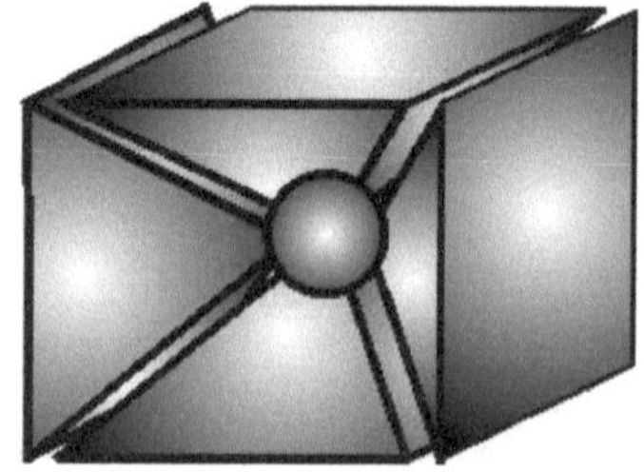

Diese mittlere Einheit, bestehend aus 2 Quarks und 2 Anti-Quarks, die in ihrer Mitte gleich wie beim (He) Helium-Atom eine kugelförmige Verdichtung bewirken.

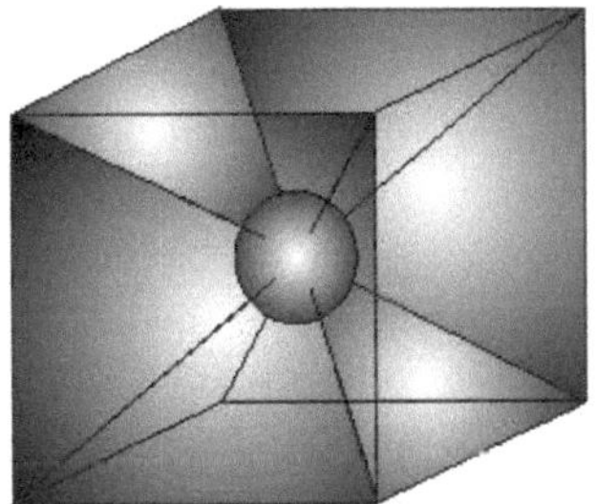

Die größte Einheit von Quarks besitzt eine würfelförmige Struktur gleich der Form des Elements (Li) Lithium, in der 3 Quarks und 3 Anti-Quarks eine kugelförmige Verdichtung in der Mitte erzeugen, wobei der Unterschied gegenüber dem (Li) Lithium nicht in der Struktur, sondern in der Größenordnung besteht.

Diese 2 abweichenden Bindungen außerhalb des Atoms im Bereich der "Myon-Neutrinos" bezeichnet man als "Tau-Neutrinos", so wie jede weitere Bindung, die auf der Grundlage des Periodensystems der Elemente entstehen kann.

Das heißt, immer wenn 2 oder mehr "Myon-Neutrinos" zusammengehen, werden diese zu einer Einheit, die man dann mit dem Begriff "Tau-Neutrino" umschreibt.

Werden im Bereich der Hochenergiephysik experimentell im Teilchenbeschleuniger neue Teilchen sichtbar gemacht und erkannt, so bestehen sie letztendlich aus nichts anderem als aus verschiedenen Verbindungen von Quarks.

Wenn z.B. in einem Teilchenbeschleuniger ein Proton mit hoher Kraft auf ein Target gestrahlt wird, zerreißen diese aus Quarks bestehenden Einheiten (Protonen), und es werden beim Abstrahlen nicht nur alle Quarks der sogenannten Protonen-Einheit frei, sondern auch Quarks aus dem Target herausgeschlagen, was dazu führt, dass sich vielfältige Arten von Verbindungen gleich dem Periodensystem der Elemente bilden, die in der Blasenkammer als verschiedene Bewegungsrichtungen sichtbar werden, denen man dann Teilchen-Struktur zumisst.

Bedingt durch ihre vorgegebenen Bindungsmöglichkeiten, nehmen sie letztendlich wieder die Struktur an, aus der sie vorher bestanden.

Von der existierenden Grundlage aus gesehen, sind diese experimentellen Untersuchungen eine logische Folge der Forschung. Die Entstehung der vielfältigen Arten von Teilchen im Experiment führt jedoch unserer Meinung nach nicht zur Entschlüsselung der Atomstruktur.

Das bedeutet nicht, dass die im Teilchenbeschleuniger durchgeführten Experimente nicht wichtig sind. Im Gegenteil.

Um die Naturgesetze kennen zulernen und um den Sinn und Zweck unseres Erdenlebens zu begreifen, sind sie absolut erforderlich.

Denn nur durch diese Experimente besteht die Möglichkeit, die Struktur des Ur-Teilchens letztendlich nachzuweisen. Was, wenn die richtige Grundlage besteht, gleichbedeutend ist mit der Entschlüsselung der Materie.
Von den Hochenergiephysikern wurden bis heute 5 der 6 angenommenen Quarks im Experiment gefunden.
Nach dem 6. Quark wurde speziell in den letzten Jahren mit einem hohen Kapitalaufwand, der in mehrere Milliarden geht, vergebens gesucht. Das dieses 6. Quark bis heute noch nicht gefunden wurde und auch unter den heutigen Bedingungen mit den vorhandenen Technologien nicht gefunden werden kann, ist auf der hier vorgestellten Grundlage logisch zu erklären.
Bei der Aufspaltung einer Einheit, die von 6 Quarks aufgebaut wird (siehe Grafik), werden 4 Einheiten gleich Quarks ohne Schwierigkeiten abgespaltet, da der gesetzmäßige Bewegungsablauf in dieser Struktur in der Mitte eine Verdichtung bewirkt.

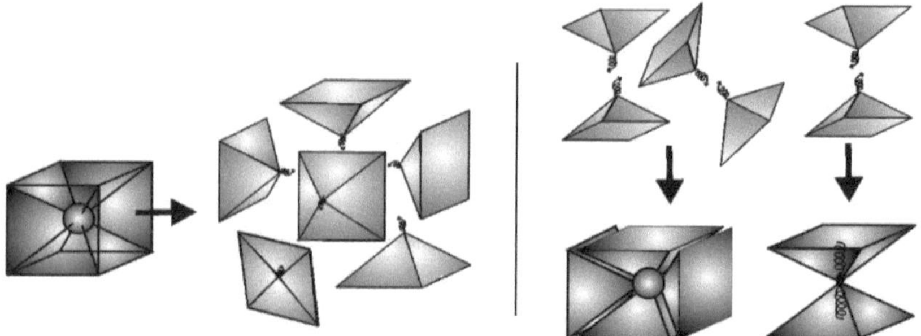

Aufspaltung der 6 Einheiten Verb. von 4 Einheiten + Verb. der letzten 2 Einheiten

Die letzten 2 Quarks gehen bei der Abspaltung der ersten 4 Quarks, die nach der Abspaltung in der Spitze einen gleichen Spin aufweisen, durch die spiralförmige Abstrahlung sofort eine Verbindung ein und können mit der aufgewendeten Energie gleich Geschwindigkeit nicht voneinander getrennt werden. Aus diesem Grunde werden bei den Experimenten immer nur 5 Teilchen nachgewiesen.
Dies waren ein paar einfache Erklärungen zu der Struktur der Atome, die im Grunde genommen den normalen Menschen kaum interessiert. Deshalb habe ich die Erklärung auch nur in einfacher Form niedergeschrieben. Aber auch der nicht fachlich vorgebildete Laie kann an meiner Darstellung erkennen, dass mit diesem neuen Atommodell Phänomene erklärt werden, für die die Wissenschaft auf der Grundlage des heutigen Modelldenkens noch keine ausreichende Erklärung besitzt und auf der Grundlage ihrer Modellvorstellung auch nie besitzen wird.

ELEKTRISCHE LADUNG

Eines der wichtigsten Phänomene, nach dessen Erklärung die Wissenschaftler auf der ganzen Welt suchen und das durch dieses Atommodell, von jedem mit dem Verstand nachvollziehbar, erklärt wird, soll trotzdem noch, da es sehr wichtig ist, eingehender beschrieben werden.

Am Anfang dieses Jahrhunderts entwickelten Ernest RUTHERFORD und Niels BOHR das heute verbesserte Atommodell. Nach diesem Atommodell besteht die Masse des Atoms zu 99 Prozent aus einem positiv (+) geladenen Kern.
In der Kernteilchen-, also in der Hochenergiephysik wird Masse in Energieeinheiten ausgedrückt, gemäß der Äquivalenz von Masse und Energie. Nach dieser Berechnung hat ein Elektron die Masse von etwa 0,5 MeV (Mega-Elektronen-Volt = 1 Million Elektronen-Volt).

Eine der wichtigsten Natur-Konstanten ist die elektrische Ladung der Elektronen, wobei alle Elektronen die gleiche elektrische Ladung besitzen, was dazu führte, dass man heute sagt, die elektrische Ladung der Elektronen ist quantisiert.
Ein Atom, das alle seine Quarks besitzt, ist elektrisch neutral (0). Das bedeutet aber auch, dass die elektrische Ladung des Atomkerns, der 99 Prozent des gesamten Atoms ausmacht und der nach der alten Modellvorstellung positiv (+) geladen ist, die gleiche Größe besitzt wie die elektrische Ladung der Elektronen, die nach dem alten Atommodell in der Hülle existieren und nur 1 Prozent der Masse ausmachen.
Auf der Grundlage dieses Atommodells nimmt man an, dass der Atomkern aus 2 Arten von Elementarteilchen, den positiv (+) geladenen Protonen und den neutralen (0) Neutronen (das Nukleon), besteht.
Was man nicht begreift und nach dem heute gültigen Atommodell nicht verstehen und erklären kann, ist, dass, abgesehen vom Vorzeichen, die elektrische Ladung des Protons exakt die gleiche Größe besitzt wie die elektrische Ladung des Elektrons. Klammern wir das Neutron aus, so bedeutet das, ein Proton ist ungefähr 1.000mal schwerer als ein Elektron, besitzt aber, abgesehen vom Vorzeichen [(+) - (-)] , die gleiche elektrische Ladung wie das Elektron.
Alle Versuche, physikalisch zu beweisen, dass zwischen den Elektronen und Protonen etwas Gemeinsames existiert, das die Gleichheit der elektrischen Ladung und das entgegengesetzte Vorzeichen der Ladung in beiden Fällen bewirkt, schlugen bis heute fehl, das heißt, das Gemeinsame konnte bis heute noch nicht entdeckt werden.

Dieses mysteriöse fundamentelle Problem findet durch mein neues Atommodell eine absolute Erklärung. Eine elektrische Ladung existiert in beiden Teilchen nicht, weder im Elektron, noch im Proton. Aus diesem Grunde kann sie auch nicht gefunden werden.

Das, was heute als elektrische Ladung bezeichnet wird, entsteht nur durch Druck und Sog, deren Kräfte als Wirkung durch die rotierenden Wellen erzeugt werden, in denen sich die Quarks gleich Ur-Teilchen gesetzmäßig in den Atomen bewegen.

Alle Atome sind neutral (o) und besitzen nur die Bewegungs-Energie, die sie benötigen, damit die Quarks in den gesetzmäßigen Bewegungsabläufen gehalten werden.

Sogenannte Atom-Bindungen zwischen 2 Atomen sind also keine Dipol-Bindungen (Atom-Bindungen) aufgrund von Ladungen, sondern sie werden durch die Sog-Kräfte an den Ecken der Atom-Einheiten bewirkt.

An dieser Erklärung können Sie erkennen, dass, wenn eine Grundlage nicht stimmt, letztendlich bestimmte Phänomene auch mit der besten Absicht nicht erklärt werden können.

Auf der Grundlage meiner "Einheitlichen Theorie der gesamten Materie" können nicht nur in dem Bereich der Atome alle Phänomene erklärt werden, sondern sie entspricht meiner Meinung nach auch der absoluten Realität. Denn auf der hier vorgestellten Grundlage lassen sich alle bis heute mit Begriffen umschriebenen Phänomene so logisch erklären, dass auch der nicht vorgebildete Laie sie mit dem Verstand gedankenbildlich nachvollziehen kann.

Von der Logik her müsste die Erkenntnis in der Atomforschung zu einem Paradigmawechsel führen.

Neutronen, Protonen, Elektronen, Photonen, elektrische Ladung, Positronium, Elektrizität, Magnetismus, Wellen, Strahlungen, Licht und Farbe, die FARADAY'schen Erkenntnisse, die vielen im Experiment entdeckten Teilchen vom Neutrino bis zum Quark sowie die vielfältigen Wirkungen von Erdmagnetismus bis zu den heute noch mysteriösen Erdstrahlen, Radiowellen, Fernsehen, Telefon und Lärm sowie die Wirkung der Energiequanten, Atome und Moleküle in den biologischen Systemen einschließlich dem des Menschen bis zur Gedankenübertragung (Telepathie) - es gibt nichts, was mit diesem von mir vorgestellten neuen Atommodell auf der Grundlage der Entdeckung der dynamisch strukturierten Form des Ur-Teilchens aus dem Ur-Plasma nicht erklärbar ist.

Jedem Menschen muss klar werden, wenn er diese "Einheitliche Theorie der Materie" begriffen hat, dass es im Grunde genommen nichts Geheimnisvolles gibt, sondern dass alles physikalisch erklärbar ist.
Durch die Niederschrift im 2. Buch werden Sie erkennen, dass, bedingt durch die Entdeckung dieser Form, der Menschheit eine Chance geboten wird, wieder zurückzufinden auf den Weg zu unserem Schöpfer .

Aber bleiben wir noch etwas bei unseren erklärenden Beispielen und wenden wir uns einmal den vielfältigen Arten von Strahlungen zu, die existieren, damit Sie erkennen, dass Strahlungen jeglicher Art immer aus strukturierten Elektron-Neutrinos bestehen bzw. durch Neutrinos bewirkt werden.
Viele Arten von Wirkungen werden heute begrifflich als Strahlungen bezeichnet, aber was Strahlungen effektiv sind bzw. welche Struktur sie besitzen, kann niemand erklären. Nur, wie gesagt, an der Wirkung sind sie mess- und wägbar. Aus was sie letztendlich bestehen, konnte bis heute noch nicht entschlüsselt werden.
Nehmen wir zum Beispiel, da es alle Menschen interessiert und auch interessieren muss, denn es ist der lebensspendende Quell, das, was das Lebendige in den biologischen Systemen bewirkt, die sogenannten UV-Strahlen, also die ultravioletten Strahlen der Sonne.

XXIII

UV-STRAHLEN (Ultra-Violette Strahlen)

Wie von den Astrophysikern wissenschaftlich mathematisch berechnet und letztendlich experimentell bewiesen, besteht die Masse, aus der sich unser Universum aufbaut, zu 97 Prozent aus Ur-Teilchen, den "Myon-Neutrinos", "Tau-Neutrinos" und "Elektron-Neutrinos " .
Diese für das menschliche Auge nicht sichtbare Masse bezeichnet man auch als "verborgene Masse".
Nur 3 Prozent der gesamten Masse unseres Universums besteht also aus neutralen "Myon-Neutrinos", die, integriert im Atom, als "Quarks" bezeichnet werden, die sich zu den Elementen der Materie verbunden haben, die wir mit unseren 5 Sinnen in unserer Umwelt in vielfältigen Arten und Formen wahrnehmen.
Wie vorab beschrieben, ist die Sonne der Mittelpunkt eines großen dynamisch strukturierten würfelförmigen Gebildes, in dem sich die neutralen Myon-Neutrinos und Elektron-Neutrinos in dem gleichen gesetzmäßigen Bewegungsablauf befinden wie das Ur-Plasma in der kleinsten würfelförmigen Einheit, aus der die Myon-Neutrinos hervorgegangen sind.

Wie wissenschaftlich bewiesen, strahlt die Sonne ununterbrochen Elektron-Neutrinos aus, bei denen die rotierenden Wellen, die die dynamisch strukturierte Form bewirken, alle die gleiche Frequenz und Amplitude besitzen.
Die Geschwindigkeit der Bewegung, in der sich das Ur-Plasma im Elektron-Neutrino befindet, ist gegenüber den neutralen Myon-Neutrinos so hoch, dass es keinerlei Verbindung mit einem Myon-Neutrino eingehen kann.
Treffen diese Elektron-Neutrinos zum Beispiel auf Myon-Neutrinos, dann erhalten die Myon-Neutrinos einen so starken Druck, dass sie sich mit anderen Myon-Neutrinos zu Tau-Neutrinos verbinden können.
Kollidieren Elektron-Neutrinos auf dem Weg von der Sonne zur Erde miteinander, so verbinden sich diese und bilden als größere Einheit die sogenannten "Energiequanten".
Die Elektron-Neutrinos und die Energiequanten erzeugen dadurch, dass sie immer wieder auf Myon-Neutrinos stoßen, Ionisationsvorgänge, die letztlich die Helligkeit bewirken, die wir als Sonnen- bzw. Tageslicht bezeichnen.
Von der Wissenschaft wird, wie schon gesagt, für diese Elektron-Neutrinos, die im (nm) Nanometerbereich messbar sind, der Begriff "ultra-violette Strahlungen" verwendet.

Die Elektron-Neutrinos, die in die biologischen Systeme einstrahlen, sind die Teilchen gleich Ionisations-Energien, die innerhalb des offenen biologischen Systems das "Lebendige" bewirken.
Als Energiequanten bestimmter Größenordnungen sind sie die Ionisations-Energie, die die "tote" Materie zur "lebendigen" Materie werden lässt.
Wie dieser Vorgang genau abläuft, wird im 2. Buch ausführlich beschrieben. Gehen wir zurück zum Hauptsächlichen.

Die sogenannten ultra-violetten Strahlen, die, wie vorab erklärt, aus Elektron-Neutrinos bestehen, die sich im Laufe ihrer Reise von der Sonne zur Erde zu Energiequanten zusammenfinden, können gemessen werden. Der Begriff, der dafür verwendet wird, ist "Nanometer".
Für die Erhaltung aller biologischen Systeme werden Energiequanten in der Größenordnung von 0,3 bis ca. 300 nm (Nanometer) benötigt. Energiequanten, die größer sind als ca. 300 nm, sind für alle biologischen Systeme einschließlich des Menschen schädlich, da sie, als Ionisations-Energie wirkend, Molekularstrukturen ionisieren, die ionisiert in allen biologischen Systemen die naturgegebene Ordnung strukturmäßig beeinflussen bzw. zerstören.
Diese hohen Energiequanten zerstören die natürliche Ordnung der Molekularverbindungen so weitgehend, dass innerhalb dieser lebendigen Systeme chaotische Zustände entstehen, die wir, gleich ob Mensch, Tier oder Pflanze, mit dem Begriff "Krankheit" umschreiben.
Einfach ausgedrückt: Ein Feuerwerk von Energiequanten zerstört von innen heraus - man kann auch sagen verbrennt oder löst auf - die Ordnungsstruktur der Moleküle und letztendlich das biologische System selbst.

Dass diese Aussage der Realität entspricht, hat fast jeder von uns schon einmal am eigenen Leibe erfahren. Immer dann, wenn wir unseren Körper längere Zeit ungeschützt direkt den Sonneneinstrahlungen, die aus hohen Energiequanten, also aus Elektron-Neutrinos bestehen, die man als "UVB-Strahlen" bezeichnet, aussetzen, entsteht ein "Sonnenbrand" bzw. ein "Sonnenstich" bis hin zu innerlichen Verbrennungen, die als unspezifische Krankheitsbilder erkennbar werden, einhergehend mit Schüttelfrost, hohem Fieber usw..
Auch wenn die Ozonschicht hundertprozentig intakt als Schutzschild wirkt, so entstehen trotzdem in unserer Atmosphäre Energiequanten, die höher sind als diejenigen, die die lebendigen biologischen Systeme benötigen.
Verschiedene Kriterien verhindern jedoch, dass sie ununterbrochen in die biologischen Systeme, die auf der Erde existieren, einschließlich das des Menschen, einstrahlen. Zum Beispiel eine Wolkenschicht, die Luftfeuchtigkeit bzw. der Abstand der Sonne von der Erde im rhythmischen Zyklus der Jahreszeiten. Sie verursachen zwar dadurch eine hohe Energiedichte in unserer Atmosphäre, die

die biologischen Systeme auch beeinflusst, aber sie bewirken nicht ihre Zerstörung.

Im Hochsommer, wenn die Sonne in unseren Breitengraden dem Erdkubus am nächsten ist, sind wir am stärksten gefährdet, da in dieser Zeit höhere Energiequanten in unserer Atmosphäre entstehen als im Frühjahr, Herbst oder Winter.

Zu dieser Jahreszeit schützen Menschen und Tiere sich instinktiv vor diesen hohen Energiequanten, indem sie sich nach Möglichkeit nicht direkt der Sonne aussetzen.

Bei den biologischen Systemen der Pflanzen erkennen wir, dass diese Aussage stimmt. Denn erhalten in den Hochsommermonaten die biologischen Systeme der Pflanzen keine, sagen wir, Regenerationsphasen, zum Beispiel durch Wolken, die in der Lage sind, diese hohen Energiequanten zu absorbieren und festzuhalten, dann kann man zusehen, wie die Molekularstrukturen der biologischen Systeme der Pflanzen und Bäume verbrennen und zerstört werden - außer sie haben einen Schutzmechanismus entwickelt, der dies verhindert.

Die hohen Energiequanten besitzen jedoch auch einen wichtigen Nutzeffekt, da sie verantwortlich für die Wolkenbildung sind. In der Atmosphäre ionisieren sie den (H) Wasserstoff, (0) Sauerstoff und (N) Stickstoff sowie andere Moleküle, was zu den Molekularverbindungen führt, die wir als "Wolken" bezeichnen.

Ist das Energieaufkommen in den Wolkenschichten sehr groß, dann entsteht eine so hohe Energiedichte - bedingt durch die Ionisations-Energie, die in den Molekularverbindungen der Wolken ununterbrochen Ionisationen und Singulettzustände bewirkt -, dass sich in dem Moment, wo ein Schwellpunkt erreicht wird, diese Energie in eine Einheit bindet und als "Blitz" abstrahlt.

Ist eine gewisse Menge dieser hohen Energie abgestrahlt, bindet sich der (H) Wasserstoff mit dem (0) Sauerstoff - ein Ionisationsvorgang - zu (H_2O) Wasser und fällt aufgrund seiner Molekulardichte als Regen zur Erde.

Damit diese hohen Energiequanten nicht in unsere Atmosphäre eingestrahlt werden, entwickelte sich im Laufe der Evolution unseres Universums über unserer Erde im Bereich der Troposphäre die sogenannte "Ozon-Schicht".

Die Schutzwirkung, die die Ozonschicht gegenüber den Elektron-Neutrinos besitzt, ist ihre Abbremswirkung auf die energiereichen UV-Photonen, die sogenannten ultra-violetten UV_B-Strahlen, deren Wellenlänge bei ca. 300 nm liegt.

Diese besonders aggressiven Kurzwellenstrahlen stoßen, so glaubt die Wissenschaft, normalerweise nicht bis zum Erdboden vor, da sie größtenteils vom Ozonschild abgewehrt werden.

Die Aussage der Wissenschaft, dass die energiereichen UV-Photonen fast restlos im Ozonschild stecken bleiben, ist, aus bio-physikalischer Sicht gesehen, ein nicht denkbarer Ablauf.

Wäre das der Fall, so wäre die Ozonschicht ein Energiefeld von unermesslichem Ausmaß, und Molekularbildungen wie z.B. das Ozon wären ein Ding der Unmöglichkeit, da die hohen Energiequanten ununterbrochen ein Feuerwerk von Ionisationen bewirken würden.

Aus diesem Grunde glaube ich, dass die Theorie der Abbremswirkung, die von mir vertreten wird, eine logischere Schlussfolgerung darstellt.

Wie wir heute wissen, besitzt unsere Ozonschicht Löcher.

Die Gefahr, in der die Menschheit schwebt, liegt aber in erster Linie nicht in den Löchern selbst, sondern in der nachgewiesenen Verdünnung der gesamten Ozonschicht.

Dies führt zu einer erhöhten Einstrahlung von Energiequanten mit einem hohen Energieniveau in unsere Atmosphäre, wobei es sich gleich bleibt, ob wir Sonnenschein oder Wolken haben. Die Verdünnung einschließlich der Löcher entsteht dadurch, dass wir Technologien einsetzen, bei denen, in hohem Maße konzentriert, bestimmte künstlich erzeugte Moleküle, wie z.B. die Moleküle des Fluorchlorkohlenwasserstoffs (FCKW) sowie (CO_2) Kohlendioxyd, in die Atmosphäre eingestrahlt werden. Diese Moleküle werden innerhalb der Erdatmosphäre energiemäßig aufgespaltet. Restmoleküle wie z.B. beim FCKW das (ClO) Chlormonoxyd binden sich, wie von der Wissenschaft angenommen, wie folgt an die (Cl) Chlor-Moleküle und zerstören sie.

(ClO) Chlormonoxyd und (O) Sauerstoff werden zu (Cl) und (O_2). Das freigewordene (Cl)-Atom verbindet sich mit einem (O_3) Ozon-Molekül (Tri-Sauerstoff-Molekül), wobei wiederum ein (ClO) Chlormonoxyd-Molekül und ein (O_2) Sauerstoff-Molekül entstehen.

In einer Art Kettenreaktion, an deren Ende jedesmal wieder (ClO) Chlormonoxyd steht, kann somit jedes (Cl)-Atom Tausende von Ozonmolekülen vernichten. Durch die auf diese Weise ausgedünnte Ozonschicht verliert diese Schicht ihre Bremswirkung, und ungehindert können nicht nur energiereiche UV_B-Strahlen auf die Erdoberfläche gelangen, sondern schwächere Energieeinheiten vergrößern sich auch innerhalb der Erdatmosphäre zu UV_B-Strahlen über 300 nm.

Die große Gefahr, in der die Menschheit schwebt - bewirkt durch die Einstrahlung dieser hohen Energiequanten, die durch die zerlöcherte und verdünnte Ozonschicht ungebremst in unsere gasförmige Atmosphäre einstrahlen -, liegt

in einem Bereich, der von der Wissenschaft bis heute noch nicht genügend gewürdigt worden ist.
Dass sie für die Umwelt und die Menschen schädlich sind und vielfältige Krankheiten bis hin zum KREBS verursachen, ist in den zivilisierten Ländern heute fast jedem Menschen bekannt. Wie in Fachblättern berichtet, hat der Haut-KREBS weltweit allein in den letzten 5 Jahren eine Steigerungsrate von 400 Prozent. Dies ist jedoch nur das kleinere Übel, denn die Gefahr für die Existenz aller biologischen Systeme einschließlich des Menschen ist wesentlich größer.

In unserer Atmosphäre, in die durch unsere Technologien molekularmäßig unvorstellbare Mengen an Schadstoffen eingestrahlt wurden und werden, verursachen die durch die geschädigte Ozonschicht einstrahlenden immer mehr werdenden höheren Energiequanten Molekularverbindungen von kaum vorstellbarem toxischem Ausmaß. Alle Arten von toxischen (giftigen) Molekülen, die wir zum Beispiel durch die Abgase der Kraftfahrzeuge, Müllverbrennungsanlagen, Pestizide in den Düngemitteln usw. in die Atmosphäre bringen, werden durch die hohen Energiequanten aufgespaltet und ionisiert.
Das bedeutet, diese toxischen Moleküle werden zusätzlich zu Energietragenden toxischen IONEN umgebildet. Dies bewirkt nicht nur eine immer größer werdende Energiedichte in unserer Atmosphäre, sondern, mit der Atemluft eingeatmet bzw. über die Nahrungskette in den Körper des Menschen geschleust, verursachen sie in vielfältigen Formen die Krankheitsbilder, die von der Medizin als unspezifisch bezeichnet werden.

Den hauptsächlichen Schaden bewirken jedoch nicht die Moleküle, die von einer gesunden körpereigenen Abwehr eliminiert, also neutralisiert und abtransportiert werden können, sondern die zusätzlichen Energiequanten, die an den Molekülen angebunden sind.
Diese Energiequanten verbrauchen große Mengen bestimmter Abwehrmoleküle, die der Körper, bedingt durch ihre Energieladung, so schnell, wie sie gebraucht werden, nicht produzieren kann. Es ist einer der Gründe, warum bei den Menschen schon in jungen Jahren Immunschwächen bis hin zum Abbruch der gesamten körpereigenen Abwehr festgestellt werden.
Es ist auch einer der Gründe der immer größer werdenden Resistenz gegenüber den heute angewandten Therapien und Medikamenten beim Patienten.
Krankheit entsteht immer nur dann, wenn die körpereigene Abwehr nicht mehr in der Lage ist, Molekularstrukturen zu eliminieren und zu neutralisieren, die im biologischen System des Menschen, und nicht nur da, als krankheitserzeugende Noxen wirken.
Würden diese hohen Energiequanten nur Schäden über die Atmung bewirken, wäre das ein Übel, vor dem man sich noch schützen könnte. Doch die Gefahr ist wesentlich größer. Diese hochenergiereichen Molekularstrukturen fallen durch

das Schwererwerden sowie durch das Abregnen ("saurer Regen") auf die Erde, auf Bäume und Pflanzen.

Dort wirken diese hoch energiereichen Molekularstrukturen auf sämtliche lebendigen biologischen Systeme zerstörerisch und mutierend verändernd ein. Über den Nahrungskreislauf nehmen die Pflanzen und Tiere diese hoch energiereichen toxischen Molekularstrukturen auf, die innerhalb des biologischen Systems wiederum eine so hohe Energiedichte erzeugen, dass zum Beispiel die Bäume aufgrund der falschen Oxidationsabläufe innerlich verbrennen und absterben.

Also nicht die toxischen Moleküle sind schuld am Sterben der Wälder, sondern die hohen energiereichen Energiequanten (Ionisations-Energie), die mit den Molekularstrukturen in diese lebendigen biologischen Systeme eingeschleust werden.

Bei den Tieren bewirken sie Störungen in den Informationssystemen und Krankheiten, die schon zur Dezimierung und Ausrottung vieler Tierrassen geführt haben.

Im Menschen bewirken sie, wie gesagt, die vielen sogenannten "Zivilisationskrankheiten", bei denen die "krankheitserzeugenden" Noxen nicht bekannt sind, bzw. sie erzeugen im nervalen Informationssystem des Menschen Krankheitsbilder, die wir mit den Begriffen Depression und Aggression umschreiben.

Das, was noch als wesentlich gefährlicher angesehen werden muss, ist folgendes.

Diese hohen Energiequanten verändern alle Arten von existierenden Viren, die aus Molekularstrukturen verschiedener Elemente aufgebaut sind. Medikamente, die in der Lage waren, diese Viren zu neutralisieren und zu eliminieren, schlagen nicht mehr an, da die Viren aufgrund ihrer Mutation resistent gegenüber diesen Medikamenten werden.

Durch die mutationsmäßige Veränderung entstehen Viren als krankheitserregende Noxen, die der Wissenschaft noch gar nicht bekannt sind bzw. die noch nicht analysiert werden konnten. Sie verursachen Schäden, die die heutige Medizin therapeutisch nicht bekämpfen kann. Meiner Meinung nach ist die hohe Energiedichte in unserer Atmosphäre hauptsächlich verantwortlich für die Entstehung der vielfältigen Viren, die laufend neu entdeckt werden.

Auch die Mutation des AIDS-Virus, also seine enorme Wandelbarkeit - in einem einzigen Menschen wurden schon bis zu 30 verschiedene Virus-Typen gefunden -, wird meiner Meinung nach durch das hohe Energieaufkommen in unserer Umwelt, das in unseren Körper einstrahlt, bewirkt.

Das bedeutet, dass neue Viren und neue Bakterien nicht komplett neu entstehen, sondern dass existierende durch die Energiequanten "mutationsmäßig" verändert werden.

Vor einer Gefahr, die man kennt, kann man sich schützen. Die Schäden, die wir unserer Umwelt zufügen, sind jedoch so groß, dass, wenn nicht jeder Einzelne etwas dafür tut, diese Umweltschäden einzudämmen, ohne Panik auslösen zu wollen, gesagt werden muss, dass die Menschheit allein durch die Gefahr, die uns die veränderte Ozonschicht bringt, kaum überleben kann. Vom Treibhauseffekt, der zusätzlich durch die hohen Energiequanten noch angeheizt wird, usw. wollen wir gar nicht sprechen. Denn durch diese hohen Energiequanten, die auf unsere Erde einstrahlen, werden viele weitere Schäden verursacht wie zum Beispiel in unseren Meeren.
Die hohen Schadstoffbelastungen, die wir, von der Molekularstruktur aus gesehen, den Meeren zufügen, sind schon nicht mehr vertretbar, aber damit werden die Regelkreise der Natur im Endeffekt noch fertig.
Das, was erschwerend hinzukommt und was letztendlich die Schäden bewirkt, sind wieder die hohen Energiequanten, die die Meere aufheizen bzw. die Molekularstrukturen ionisieren. Neutrale Molekularstrukturen sind im Grunde genommen ungefährlich, wenn sie nicht ionisiert werden bzw. wenn sie nicht durch zusätzliche Energieeinheiten ein höheres Energieniveau erhalten.
Werden die Moleküle, und da speziell die Moleküle der Schadstoffe, die wir produzieren und in die Flüsse und Meere leiten, in der Form verändert, dass sie ein höheres Energieniveau besitzen, läuft in den natürlichen Regelkreisen der Wasserflora und der Lebewesen, die im Wasser existieren, der gleiche Vorgang ab wie bei den biologischen Systemen, die auf der Erde existieren.
Die Ursache des immer stärker werdenden Algenwuchses an den Küsten und in den Gewässern unserer Meere und Seen wird genauso durch die hohen Energiequanten bewirkt wie die nachfolgenden Molekularverbindungen, die die Flora, die Lebenssubstanz der Kleinlebewesen, zerstören.

Vor kurzem hat man festgestellt, dass die Sahara flächenmäßig kleiner geworden ist. Warum?
Ein Rätsel, das bis heute noch nicht gelöst werden konnte.
Aber auch hier sind die Verursacher die hohen Energiequanten, die Elektron-Neutrinos bzw. die ultra-violetten UV_B-Strahlen im Bereich um 300 nm und mehr.
Eigentlich müsste man annehmen, da durch die Einstrahlung der hohen Energiequanten ein höheres Wärmeaufkommen im Wüstensand entsteht, dass die Versandung größer und nicht kleiner wird. Leider bewirkt jedoch die Einstrahlung von großen Energiequanten folgenden Vorgang.

Die hohen Energiequanten, die durch die Verdünnung der Ozonschicht von Jahr zu Jahr energiemäßig stärker werden, erzeugen, wie schon gesagt, ein höheres Wärmeaufkommen im Wüstensand, was jedoch gleichbedeutend ist mit der Ionisation der Molekularstrukturen, aus denen sich der Sand aufbaut.
Die Wärme gleich Energie wird aber nicht nur in die Atmosphäre abgestrahlt, sondern ihre hohe Energieladung bewirkt, dass sie auch tiefer in den Sand einstrahlt. Der Ionisationsvorgang setzt sich also in immer tiefere Bereiche fort. Erreicht die Ionisation in einer bestimmten Größenordnung das Grundwasser, spalten die Energiequanten die Wassermoleküle gasförmig auf, so dass diese zur Erdoberfläche steigen.

Auf dem Wege zur Erdoberfläche verbinden sie sich wieder zu Wassermolekülen und bewirken, dass vorhandener Samen aus dem Bereich der existierenden Flora zum Leben erweckt wird. Das Ziehen des Grundwassers an die Oberfläche ist im Grunde genommen der gleiche Vorgang wie auf der Oberfläche der Erde das Aufspalten von Wassermolekülen, die gasförmig in die Atmosphäre steigen, sich dort wieder zu Wassermolekülen binden und bei einer gewissen Dichte (Wolken) durch Verbindungen so schwer werden, dass sie wieder auf die Erde fallen, was wir mit dem Begriff Abregnen bezeichnen.

Die sintflutartigen Regenfälle, die in der letzten Zeit gehäuft in vielen Gebieten der Erde auftreten, entstehen dadurch, dass nicht nur Wassermoleküle aus den vorhandenen Wasserreservoirs, in gasförmige Moleküle aufgespaltet, in die Atmosphäre steigen, sondern auch in den existierenden Molekularstrukturen der Materie der Erdoberfläche durch die hohen Energiequanten (0) Sauerstoff und (H) Wasserstoff ionisiert und abgespaltet werden, die ebenfalls dann als gasförmige Moleküle in die Atmosphäre aufsteigen und sich zu (H_2O) Wassermolekülen verbinden.

An diesen kurz zusammengefassten Beispielen können Sie erkennen, dass die Gefahr, in der alle biologischen Systeme schweben, eine Gefahr ist, die man nicht verniedlichen sollte. Leider oder vielleicht auch Gott sei Dank besitzt der Mensch einen Schutzmechanismus, der bewirkt, dass wir Menschen, solange wir nicht selbst betroffen sind, diese Sache verdrängen und gar nicht erst versuchen, sie an uns herankommen zu lassen oder darüber nachzudenken.
Verstärkt wird dies noch durch die Reizüberflutung, der wir Menschen ausgesetzt sind. Lesen wir so etwas, dann erschrecken wir zwar, aber kurz danach gehen wir zur Tagesordnung über, frönen unserer Sinneslust und benutzen unsere Ausrede, "Wir können ja sowieso nichts daran ändern."

XXIV

RADIOAKTIVE STRAHLEN

Allein schon dann, wenn wir Menschen das Wort "radioaktive Strahlung" hören, assoziieren wir diesen Begriff sofort mit "Atombombe", "Atomkraftwerk", "Kernspaltung", "lebensbedrohlich", "krankmachend" und "Tod".
Das Gleiche gilt für "radioaktiv verseucht". Ein Schlagwort, das jeder seit Tschernobyl kennt.
Doch was sind "radioaktive Strahlen"?

RUTHERFORD und SODDY entschlüsselten 1903 das Wesen der Radioaktivität als eine "Spontanumwandlung von Atomen, die in jedem Augenblick mit gleicher Wahrscheinlichkeit eintreten kann". Nach der Entdeckung des Atomkerns erkannte man, dass sich dabei die Atomkerne umwandeln.
Als Maß für die freigesetzte Strahlung gleich Aktivität eines Präparates wurde die Einheit 1 Curie (Ci) eingeführt.
Dieser Einheit hat man folgenden Wert zugrundegelegt:
1 Curie (Ci) ist die Anzahl der in 1 g Radium (Ra) je Sekunde ablaufenden Kernumwandlungen.
Die im Experiment verwendeten üblichen Präparate besitzen Strahlungsgrößen von einigen Mille-Curie oder Mikro-Curie.
Bei Kobaltkanonen werden die Strahlen im Bereich Kilo-Curie erzeugt, und die im Kernreaktor enthaltenen Strahlungen betragen Mega-Curie. In der heutigen Zeit wird die Einheit Curie durch Bequerel bestimmt: $1 \text{ Bq} = 1\text{s}^{-1}$.
Bei der natürlichen Radioaktivität verwandeln sich die Atomkerne unter Aussendung von Teilchen in andere Kerne.
Die existierende Theorie über diesen Vorgang fußt auf dem Nachweis der Existenz der natürlichen Radioaktivität.
Was Radioaktivität letztendlich ist, d.h. welche strukturierten Teilchen die sogenannte "Radioaktive Strahlung" bewirken oder sind, weiß man bis heute nicht, bzw. es existieren nur Hypothesen.
Die Geschichte, also der Stand der Wissenschaft, der radioaktiven Strahlen liest sich wie folgt.

"Nach der Entdeckung der X-Strahlen durch RÖNTGEN vermutete man deren engen Zusammenhang mit Lumineszenz-Erscheinungen.
Im Experiment wurden verschiedene lumineszierende Mineralien beleuchtet und mit lichtdicht verpackten Fotoplatten in Berührung gebracht. Auf diesem

Wege entdeckte BEQUEREL 1896, dass Uranium-Verbindungen, selbst solche, die im Experiment keine Lumineszenz zeigen, auch ohne vorherige Lichtbestrahlung die verpackten Fotoplatten schwärzen. Diese Eigenschaft wurde als Radioaktivität bezeichnet.
Marie und Pierre CURIE entdeckten, dass Pechblende intensiver strahlte, als es eigentlich ihrem Uranium-Gehalt zukam.

Sie extrahierten z.B. aus 1.000 kg Pechblenderückständen von der Uranium-Gewinnung 10 kg Barium-Sulfat, das ca. 50mal stärker strahlte als Uranium.
Das, was intensiv strahlte, war ein Erdalkalimetall wie Barium und nur schwer von ihm zu trennen. Nachdem sie das schwerlösliche Sulfat in das lösliche Chlorid überführten, gewannen sie durch mehrfaches Umkristallisieren 1898 daraus 0,1 g des Chlorids, das sie als Radium (Ra) bezeichneten.
Dieses strahlte 106 mal stärker als das metallische Uranium. 1910 gelang M. CURIE und DEBIERNE, reines Radium elektrolytisch darzustellen. Das von M. und P. CURIE entdeckte Radium emittiert (abstrahlen) unter allen Bedingungen eine ionisierte Strahlung von etwa 3,3 cm Reichweite in Luft und nahezu gleichbleibender Intensität.

Da das Radium diese Strahlen rückabsorbiert, lumineszieren kompakte Radium-Präparate schwach und geben je Stunde und Gramm Radium durch ihr Emittieren und ihr Absorbieren mehr als 420 J (Joule) Wärme gleich Energie an die Umgebung ab. Wenige Jahre nach dieser Entdeckung waren zahlreiche natürlich vorkommende radioaktive Elemente entdeckt und bekannt. Wegen deren mehr oder weniger schnellen Umwandlung in andere Elemente musste eine Präzisierung des Element-Begriffs gefunden werden.
Das heißt, die Atome eines chemischen Elements mussten nicht mehr unbedingt stabil und unveränderlich sein. Sie konnten sich vielmehr in andere Atomsorten umwandeln.

Die Geschichte der Analyse der radioaktiven Strahlungen, also Hypothese und Theorie, liest sich, kurz gefasst, wie folgt.
"Die von radioaktiven Stoffen emittierte Strahlung besteht im Normalfall aus verschiedenen Komponenten, die sich hinsichtlich ihrer Beeinflussbarkeit durch elektrische und magnetische Felder sowie ihrer Reichweiten in Materialien unterscheiden. Es treten 3 Strahlungsanteile auf, die RUTHERFORD als α-, β- und γ-Strahlung bezeichnete. α- und β-Strahlen werden im elektromagnetischen Feld wie ein Strom positiv bzw. negativ geladener Teilchen abgelenkt, während die γ-Strahlung davon überhaupt nicht beeinflusst wird.
Schon früh erkannte man, dass die Strahlungsarten in der angegebenen Reihenfolge den Kanal-, Kathoden- und Röntgenstrahlen äquivalent, also gleich sind.

Aufgrund ihrer Wechselwirkung mit den Atomen wird die Strahlung beim Durchgang durch Gase, Flüssigkeiten oder feste Körper abgeschwächt. Und zwar verhalten sich die durchschnittlichen Reichweiten α : β : γ etwa wie I: 10^2 : 10^4.

Besonders intensiv ionisieren langsame Teilchen mit großer Ladung. Daher sollten α-Teilchen eine größere Ladung und im Mittel eine geringere Geschwindigkeit als β-Teilchen besitzen. Eine eindrucksvolle Methode, die Spuren geladener Teilchen sichtbar zu machen, fand 1911 WILSON mit der Expansionsnebelkammer.

Ionen können nämlich wie Staubteilchen einem übersättigten Dampf als Kondensationskeime dienen. Wasserdampf wird in der Kammer durch adiabatische Expansion in einen übersättigten Zustand gebracht, und die z.B. von einem α-Teilchen beim Durchlaufen der Kammer erzeugten Ionen bewirken eine Kette von Wassertröpfchen, die den Eindruck einer etwa 0,1 mm breiten Teilchenspur vermitteln.

(Anm.d.Verf.: Dieser Vorgang ist einfach erklärt.

Die α-Strahlen bewirken eine Aktivierung der gasförmigen Wasser- und Sauerstoff-Moleküle, wodurch diese sich zu dem Molekül (H_2O) Wasser binden und abtropfen.)

Nach dem Vorbild der Bestimmung der spezifischen Ladung des Elektrons durch THOMSON führten KAUFMANN und WIECHERT 1901 Ablenkversuche mit β-Strahlen eines Radium-Präparats durch.

Sie fanden Teilchengeschwindigkeiten bis zu 97 % der Lichtgeschwindigkeit sowie eine spezifische Ladung e/m, die für kleine Geschwindigkeiten mit der des Elektrons übereinstimmte, aber für große Geschwindigkeiten weniger als die Hälfte davon betrug.

THOMSON zeigte unter Benutzung des Prinzips der Expansionsnebelkammer, dass alle β-Teilchen unabhängig von ihren Geschwindigkeiten die Ladung eines Elektrons tragen und damit tatsächlich Elektronen sind. Die Abnahme der spezifischen Ladung musste also auf eine entsprechende Zunahme der Teilchenmasse zurückgeführt werden.

Vier Jahre vor der Entstehung der relativistischen Mechanik von EINSTEIN existierte somit schon eine ihrer experimentellen Stützen.

RUTHERFORD führte entsprechende Ablenkversuche mit α- Strahlen durch. Er fand Teilchengeschwindigkeiten um 5 % der Lichtgeschwindigkeit. Die gemessene spezifische Ladung ließ den Schluss zu, dass α-Teilchen zwei Elementarladungen und die Masse des (He) Helium-Atoms besitzen. α-Teilchen sollten also Helium-Atome sein, die zwei Elektronen abgegeben hatten.

Diese Hypothese bewiesen RUTHERFORD und ROYDS durch folgendes Experiment: Im Inneren einer evakuierten Gasentladungsröhre befand sich eine dünnwandige Glasampulle mit (Rn) Radon. Trotz angelegter Spannung floss zunächst kein Strom, da die Entladungsröhre nur wenige Gasmoleküle enthielt. Nach einiger Zeit jedoch begann der Entladungsraum mit dem für Helium charakteristischen Spektrum zu leuchten.
Die vom Radon emittierten α-Teilchen hatten die dünne Glaswand durchdrungen, dabei zwei Elektronen aufgenommen und als neutrale Helium-Atome den Entladungsraum ausgefüllt.

Nach der Formulierung seines Atommodells im Jahre 1911 präzisierte RUTHERFORD die Beschreibung der α-Teilchen: Er stellte die Theorie auf, dass es Atomkerne des Heliums sind. Die γ-Strahlung wurde von VILLARD entdeckt und als kurzwellige elektromagnetische Strahlung erkannt.
Diese Hypothese fand durch die 1914 von RUTHERFORD und ANDRADE durchgeführten Beugungsexperimente an Kristallen ihre nachträgliche Bestätigung.

Bei der Überprüfung dieses Sachverhaltes in Verbindung mit den Erklärungen aus den Unterlagen wurde mir klar, dass die Entdeckungen von RUTHERFORD der Realität entsprechen. Auf der Grundlage des von RUTHERFORD entwickelten Atommodells - Elektron - Proton - Neutron - ist begrifflich der Ablauf bzw. die Analyse, was radioaktive Strahlen sind, nicht anders möglich.
Jeder Kernteilchenphysiker, der die hier offengelegte Struktur der subatomaren Teilchen bis hin zum Atom überprüft, muss erkennen, dass alle radioaktiven Strahlungen aus 2 Teilchenarten, und zwar aus Quarks und Elektron-Neutrinos bestehen, die sich in ihrer Wechselwirkung gegenseitig bewirken. Die Größe bzw. die Menge der Teilchen ist verantwortlich für die Stärke bzw. für die Strahlungsart der jeweiligen radioaktiven Strahlung.

Betrachten wir als nächstes die sogenannte künstliche Kernumwandlung, deren Wirkung wir zum Beispiel in unseren Kernkraftwerken als Technologie für die Gewinnung von Elektrizität benutzen - oder als Atombombe.
Will man eine künstliche Kernumwandlung bewirken, so läuft der umgekehrte Vorgang ab.
Die Herstellung eines Kerns aus einem anderen Kern wird also durch Teilchenbeschuss bewirkt, bei dem Teilchen in den Kern eingestrahlt werden. Bleibt der Kern durch diesen Teilchenbeschuss nicht stabil, entsteht ein radioaktiver Zerfall, und man bezeichnet diesen Ablauf als "künstliche Radioaktivität".
1932 führten COCKCROFT und WALTON erstmals eine Kernreaktion unter Verwendung künstlich beschleunigter Teilchen herbei und bewirkten die Zersplitterung schwerer Kerne in mehrere leichte Atomkerne.

Bis 1938 wurde die Kernspaltung immer mehr forciert. In diesem Jahr stellten HAHN und STRASSMANN fest, dass auch (Ba) Barium zu den Reaktionsprodukten gehört.
Während ihrer weiteren Versuche gelang ihnen unter Neutronenbeschuss die Kernspaltung des (U) Uraniums.

Das Problem, das in den folgenden Jahren auftrat, war, einen Weg zu finden, die Kernenergie nutzbar zu machen, was nur dann gelingt, wenn man, wie man heute weiss, je Zeiteinheit eine genügend große Anzahl von Spaltungen herbeiführen kann. Als man erkannte, dass man Neutronenmengen benötigt, die nicht von außen bereitgestellt werden können, liess man sich nicht beirren. Ausgehend von der Vorstellung, dass durch die Spaltung selbst immer je Spaltungsakt 2-3 freie Neutronen entstehen, baute FERMI in Chicago den ersten Kernreaktor auf, der auf der Grundlage von (U) Uranium und Uraniumoxyd funktioniert. Am 2.12.1942 wurde die erste Kernreaktion durch Temperaturerhöhung erzeugt, was bedeutet, dass eine kontrollierte Kernreaktion angelaufen war.

Das Wirkungsprinzip der Atombombe, die im Nachhinein auf dieser Grundlage gebaut wurde, läuft unter bestimmten Bedingungen genauso ab, nur dass die Kettenreaktion einen unkontrollierten Verlauf nimmt. Die Aufgabe eines Atomkraftwerkes, also eines Kernkraftwerkes, besteht in der Umwandlung der sogenannten Kernenergie in mechanische bzw. elektrische Energie.
Die Besonderheit gegenüber den konfessionellen Energieerzeugern ist das Auftreten von radioaktiver Strahlung in den verschiedensten Formen. Da es eine Anzahl verschiedener Reaktortypen gibt und die Beschreibung langwierig ist, möchte ich darauf nicht näher eingehen. Die Bezeichnungen dieser Reaktoren lauten: Druckwasserreaktor, Siedewasserreaktor, gasgekühlter Reaktor und schneller Brutreaktor.

Damit Sie aber zumindest ungefähr den Ablauf erkennen, wenn Sie sich mit dieser Thematik noch nicht befasst haben, beschreibe ich eben einmal kurz den sogenannten Druckwasserreaktor.
Der Druckwasserreaktor besteht aus einem druckfesten Kessel, der den Brennstoff und die Regeleinrichtung beinhaltet und mit Wasser gefüllt ist. Als Kühlmittel wird ebenfalls Wasser unter hohem Druck eingesetzt. Dadurch wird eine Instabilität der Wasserverdampfung vermieden.
Das eingesetzte Kühlwasser, das nicht in Verbindung mit dem Wasser innerhalb des Reaktors steht, gibt im Wärmeaustauscher die gespeicherte Wärme in seinem Kreislauf ab, wobei der entstandene sogenannte Satt-Dampf mit hohem Druck auf die Turbine und die Räder geführt wird.
Der Druckwasserreaktor sowie der Siedewasserreaktor arbeiten in der Regel mit schwach angereichertem (U) Uranium in Oxydform bzw. in Metallform. Wird

schweres Wasser eingesetzt, dann wird als Brennstoff Natur-Uranium verwendet.
Der schnelle Brutreaktor, im Volksmund als "schneller Brüter" bezeichnet, arbeitet mit (Pu) Plutonium. Da (Pu) Plutonium jedoch in der Natur nicht vorkommt, muss dieses Plutonium erst hergestellt werden. Dafür verwendet man Uran 238 und brütet es durch Neutroneneinfang zum Plutonium.

Es würde zu weit führen, näher auf diese Thematik einzugehen. Im Folgenden versuche ich zu erklären, was nach meiner Erkenntnis Kernspaltungen sind und auf welchem Wege sie als radioaktive Strahlungen wirken.

(Pu) Plutonium, ein Atom, das, wie gesagt, künstlich erzeugt wird, da es nicht in der Natur existiert, ist, von der Masse her gesehen, nicht nur ein großstrukturiertes Atom, bestehend aus vielen Elementareinheiten, sondern besitzt aufgrund seiner vielfachen würfelförmigen Einheiten, aus denen es besteht, viele kugelförmige Verdichtungen, bestehend aus Quarks.
Werden in dieses Atom gleich wie bei Ionisationsvorgängen Elektron-Neutrinos und Quarks mit großer Wucht eingestrahlt, dann reißen sämtliche pyramidenförmigen Einheiten von ihrer kugelförmigen Verdichtung ab, und die neutralen kugelförmigen Verdichtungen, die aus Quarks bestehen, die alle in die Frequenz und Amplitude des (Pu) Plutoniums eingeschwungen sind, werden freigesetzt.

Es entsteht, fast wie in der Sonne, eine Kettenreaktion, denn die freigesetzten Quarks werden nunmehr wieder in andere Atome eingestrahlt und verursachen den gleichen Ablauf.
Die bei diesem Vorgang freiwerdende Bewegungs-Energie strahlt aufgrund ihres hohen Druckes in Quarks ein, wodurch diese zu Elektron-Neutrinos werden, jedoch mit einer wesentlich höheren Schwingungsfrequenz, da die Eigenfrequenz der Quarks des Plutoniums schon fast die maximal mögliche Geschwindigkeit besitzt.
Diese so zu Elektron-Neutrinos veränderten Quarks strahlen in das Medium, in dem sich die Brennstäbe befinden, ein und bewirken in diesem Medium so hohe Ionisationsvorgänge, dass zum Beispiel Wasser in einem geschlossenen System kurzfristig seinen Siedepunkt erreicht.
Solange dieser Ablauf gesteuert werden kann, besteht keine Gefahr, dass ein Kernreaktor zur Atombombe wird.
Tritt jedoch, nehmen wir zum Beispiel Tschernobyl, ein Moment auf, in dem die Sicherheitsvorrichtungen ausfallen, die heute in Kernreaktoren soweit wie menschenmöglich für die Sicherheit sorgen, dann wirkt dieser Kernreaktor fast gleich einer Atombombe.

Bei einem "Super-Gau" werden die so in Elektron-Neutrinos umgewandelten Quarks des Plutoniums in die Atmosphäre abgestrahlt.
In der Atmosphäre verändern diese Elektron-Neutrinos bei der Kollision mit Myon-Neutrinos deren Geschwindigkeit gleich Frequenz in die Frequenz, in der die Plutonium-Quarks selber schwingen.
Auf diese Weise tritt eine Progression ein, und die abgestrahlten Elektron-Neutrinos mit der hohen Eigengeschwindigkeit des Plutoniums vervielfachen sich von der Menge der Teilchen her in eine nicht berechenbare Anzahl.
Die Teilchen werden durch die gesetzmäßigen Bewegungsabläufe, in denen sich das "Kosmischen Geistfeld", bestehend aus Myon-Neutrinos, bewegt, und von den in der Atmosphäre existierenden Luftströmungen tausende von Kilometern weit transportiert und fallen entweder durch Regen oder in Verbindung mit anderen Molekülen auf die Erde, wo sie in der toten und in der lebendigen Materie ihre Vervielfältigung fortsetzen.

Wird zum Beispiel ein Mensch von diesen sogenannten "radioaktiven" Teilchen getroffen und atmet sie mit der Atemluft ein, dann kommt es innerhalb des Körpers zur gleichen Progression, also zur Vervielfältigung, wie in der Atmosphäre, da diese Teilchen die Quarks der Atome des Körpers nunmehr selbst in die hohe Schwingung einschwingen, durch die sich Radioaktivität klassifiziert.
Ist die Menge der eingeatmeten oder über andere Wege in den Körper gelangten Teilchen geringfügig, so versucht der Körper mittels der Moleküle seiner körpereigenen Abwehr, diese Teilchen zu verkulmunieren, das heißt zu neutralisieren, und aus dem Körper auszuscheiden.

Inwieweit diese Teilchen über die Entgiftungswege des menschlichen Körpers ausgeschieden werden - es ist gleich, ob ein Mensch diese Teilchen über verseuchte Nahrungsmittel oder über die Atemluft zu sich genommen hat -, ist zurzeit eine unbekannte Größe.
Gelangt bei einem Menschen eine größere Menge dieser Teilchen in den Körper, so reichen die körpereigenen Abwehrmoleküle nicht aus, um diese Teilchen zu verkulmunieren, und der Vervielfältigungsvorgang schreitet immer weiter fort.
Das Ende dieses Weges, das ich an dieser Stelle gar nicht weiter ausführen will, ist eine so weitgehende Veränderung und Zerstörung der körpereigenen Bausteine, dass er als biologisches System nicht mehr existieren kann.
Wenn Sie diese Erklärung einmal gedanklich genau nachvollziehen und selbst darüber hinaus nachdenken, dann muss Ihnen klar werden, welchen Schaden die unzähligen Atombombenversuche, gleich ob auf oder unter der Erde, in dem Raum, in dem wir leben, bis heute verursacht haben.
Da bei den Kernreaktoren weltweit Unmengen an radioaktiven Abfallprodukten auftreten, für die eine Entsorgung bis heute noch nicht gewährleistet ist, können Sie sich vorstellen, dass dieser "radioaktive Müll", gleich wo wir ihn deponieren,

eine Gefahr für unsere Umwelt bedeutet, deren Folgen gar nicht denkbar sind. Unabhängig davon, dass auf dem Weg der Vervielfältigung die Ordnungsgröße, das heißt die Geschwindigkeit, abnimmt, wobei dies nichts mit der "Halbwertzeit" zu tun hat.

Im Grunde genommen wirken auf diese Art alle Strahlungen, die wir kennen.

Gefährlich für die lebendigen biologischen Systeme sind die Strahlungen, die von Atomen erzeugt werden, die im Periodensystem der Elemente nach der 40. Stelle stehen.

XXV

ERDSTRAHLEN

Erdstrahlen sind die Strahlen, die heute von der Wissenschaft noch überwiegend als obskur bezeichnet werden, unabhängig davon, dass jeder Mensch sie heute mit einem einfachen UKW- Sender nachweisen kann.
Solange man diese Strahlen nur mit der Wünschelrute und dem Pendel hat nachweisen können, konnte man die Aussage der angeblich so exakten Wissenschaft noch verstehen, die behauptet, Erdstrahlen wären wissenschaftlich nicht messbar und würden somit nicht existieren.
Heute, wo sie durch elektronische Geräte nachgewiesen werden können, behauptet man immer noch, sie würden nicht existieren, nur aus dem Grund, weil die Wissenschaft nicht in der Lage ist, mit ihrer Technologie nachzuweisen, was das für Strahlen sind. Beziehungsweise weil sie auf der Grundlage der heute gültigen Theorie der Atome diese Strahlungen nicht klassifizieren kann.
Unzählige Untersuchungen beweisen, dass diese sogenannten Erdstrahlen nicht nur Organstörungen verursachen bis hin zum KREBS, sondern, wie eine Studie, die wir selbst durchgeführt haben, beweist, auch in der Lage sind, psychische Schäden bis hin zum Suizid zu bewirken. Aber was sind Erdstrahlen?

Wie am Anfang schon kurz beschrieben, füllen die Myon-Neutrinos als "Kosmisches Geistfeld" den gesamten Raum des Universums so weitgehend aus, dass nirgendwo ein Leerraum besteht. Durch den gesetzmäßigen Bewegungsablauf, der in unserem Erd-Kubus genauso besteht wie in allen anderen in unserem Universum existierenden Kuben, einschließlich dem Kubus der Sonne, befinden sich die Myon-Neutrinos ununterbrochen in Bewegung und durchdringen jede Materie.
Das bedeutet, dass ca. 10 Milliarden Myon-Neutrinos pro Sekunde durch eine Fläche in der Größe eines Fingernagels gehen. Dringen sie in ein Atom ein, so drücken sie, da das Atom immer nur eine bestimmte Menge an Quarks enthalten kann, die Quarks des Atoms heraus, die die Haupt-Schwingungsfrequenz tragen, durch die sich das Atom klassifiziert, und schwingen sich selbst in die Frequenz des Atoms ein.
Das heißt, bei allen Atomen bis zu einer bestimmten Größenordnung werden ununterbrochen die Quarks gegen Myon-Neutrinos, die dann zu Quarks werden, ausgetauscht.
Bei höher schwingenden Atomen ist dies nicht der Fall, da diese Atome in einer so hohen Schwingungsfrequenz schwingen, dass die neutralen Myon-Neutrinos

in diese Einheiten, die einen Gegendruck aufbauen, nicht eindringen können. Denn wäre dies der Fall, könnte kein biologisches System existieren.

Dies bedeutet, dass alle Myon-Neutrinos, wie vorab schon mehrmals beschrieben, aufgrund des gesetzmäßigen Bewegungsablaufes durch die Erdrinde in die Mitte unserer Erde in das Erdmagma einstrahlen. Im Erdmagma werden diese zu Quarks veränderten Myon-Neutrinos wieder frequenz- und amplitudenmäßig in die Grundschwingung, die das Myon-Neutrino besitzt (langsame Schwingungsfrequenz, wodurch die Myon-Neutrinos eine Ruhemasse besitzen, die fast bei Null liegt), eingeschwungen und wieder, bedingt durch den gesetzmäßigen Bewegungsablauf, aus der Erde ausgestrahlt.
Auf dem Weg aus dem Innern der Erde an ihre Oberfläche durchdringen sie die Erdrinde, die aus vielfältigen Arten der existierenden Elemente besteht.
Jedesmal, wenn diese neutralen Myon-Neutrinos aus dem Erdinneren durch die Erdkruste nach außen treten, durchlaufen sie die Molekularstrukturen dieser vielfältigen Elemente.
Dabei werden sie in die Frequenz und Amplitude dieser Elemente eingeschwungen und besitzen beim Austreten aus der Erdoberfläche das gleiche Frequenzspektrum wie das höchste Element, in dessen Frequenz und Amplitude sie eingeschwungen wurden. Natürliche radioaktive Strahlungen, Radium-Strahlungen, Schwefel usw., die die Wissenschaft in der Natur nachweisen und messen kann, entstehen auf diese Weise.
Das bedeutet aber auch, dass alle Gerüche, die wir durch die Abstrahlung der Erde wahrnehmen (Lehm, Moor, Kompost usw.) - genauso wie alle Arten von Parfüm und Aroma, das wir riechen und schmecken -, durch die Schwingungsfrequenzen (Frequenz und Amplitude) entstehen, die die neutralen Myon-Neutrinos auf dem Weg durch die Elemente übernehmen.

Durchlaufen diese frequenz- und amplitudenveränderten neutralen Myon-Neutrinos bzw. Quarks die Erdkruste, ohne auf Widerstände zu stoßen, durch die Verdichtungen bewirkt werden, dann treten sie als einzelne Quarks aus der Erde und können in den lebendigen biologischen Systemen - von den Pflanzen über die Tiere bis zum Menschen - gesundheitsfördernd regulierend wirken.
Beziehungsweise sie werden, wenn sie nicht in die natürliche Ordnung der biologischen Systeme passen, ohne dass sie Schaden verursachen, aus den lebendigen biologischen Systemen problemlos wieder ausgestrahlt.
Die Punkte, an denen Verdichtungen entstehen - was dazu fuhrt, dass die Quarks Verbindungen eingehen und dadurch Teilchen aufbauen, die im biologischen System von den Atomen nicht verwertet und auch nur schwer wieder ausgestrahlt werden können, so dass sie in der Lage sind, unspezifische sowie spezifische Krankheiten zu verursachen -, sind folgende:

I. Gesteins- bzw. Erd-Verwerfungen
2. unterirdische Wasseradern
3. Eckpunkte des globalen Gitternetzes

GESTEINS- und ERDVERWERFUNGEN

Die evolutionsbedingte molekulare Strukturierung der mehrschichtigen Erdplatten, aus denen unsere Erdkruste besteht, ist jeweils, von der Platte aus gesehen, in der natürlichen Ordnung in einem gitternetzartigen Aufbau entstanden. Sagen wir, dies sind gewachsene Molekularverbindungen, die die einzelnen Quarks ohne Schwierigkeiten jeweils über die Diagonalen durchdringen können.
Kommt es zu Brüchen und Verschiebungen bei den gewachsenen Erdplatten - z.B. durch Erdbeben, dann verändern sich die molekularartigen Gitternetze so weitgehend, dass diese Gesteins- und Erdverwerfungen Hindernisse bilden.
Es entstehen Stauungen, wobei durch den nachfolgenden Druck verursacht wird, dass sich einzelne Myon-Neutrinos zu größeren Einheiten (Tau-Neutrinos) verbinden, was gleichbedeutend ist mit Frequenz- und Amplitudenveränderung.
Wenn diese größeren Einheiten an die Oberfläche der Erde dringen und auf lebendige biologische Systeme treffen - Pflanzen, Bäume, Tiere, Menschen -, dann verursachen sie in diesen Systemen in den Bereichen, in die sie einstrahlen, da sie von den Systemen nur sehr schwer wieder abgegeben werden können, eine so starke Verdichtung in der extrazellulären Gewebeflüssigkeit, dass funktionelle Regulationsstörungen auftreten.

WASSERADERN

Unterirdische Wasseradern fließen wie in einer Rohrleitung, die aus verdichteten, nicht mehr natürlich gewachsenen kristallinen Molekularverbindungen besteht.
Dies ist der Grund, warum Wasser nicht versickert, sondern in der Lage ist, unterirdisch zu fließen.
Das bedeutet, dass an diesen Punkten, wo Wasseradern gleich Verdichtungen existieren, die gleichen hohen Einheiten erzeugt werden wie bei Gesteins- und Erdverwerfungen. Gesteins- und Erdverwerfungen sowie Wasseradern bewirken also in gleicher Weise, dass aus Myon-Neutrinos die Tau-Neutrinos entstehen, die als krankheitserzeugende Noxen in biologischen Systemen vielfältige Krankheitsbilder bis hin zum KREBS bewirken.

ECKPUNKTE des GLOBALEN GITTERNETZES

Im Bereich der sogenannten geopathogenen Forschung, also der Erforschung der Erdstrahlen, spricht man von der Existenz eines Gitternetzes, was in vielen Experimenten auch nachgewiesen wurde, das nicht nur die Erde durchzieht, sondern ein kosmisches Gebilde darstellt.
Man behauptet, und dies wurde auch mit Messgeräten bewiesen, dass dieses messbare globale Gitternetz eine Abmessung von 2 m x 2 m x 2,20 m besitzt. Auch wenn es mir leid tut, dieser Aussage zu widersprechen, aber unzählige spezielle Messungen mit UKW-Sendern sowie durch Wünschelrutengänger, denen das Maß 2 m x 2 m x 2 m vorgegeben war, haben bestätigt, dass an den von mir nach diesem Maß errechneten Eckpunkten Verdichtungen existieren, die fast so groß sind wie bei einer Erdverwerfung oder Wasserader.
Psychologisch wirkt die Vorgabe der Maße 2 m x 2 m x 2,20 m in der Form als Gedankenbild, dass zum Beispiel bei einer Messung die Wünschelrute bzw. der Pendel einen Eckpunkt angibt, der auch eine Verdichtung besitzt, der aber nichts mit dem Originalmaß des Gitternetzes direkt zu tun.

Nach vielen theoretischen Überlegungen und nachdem wir festgestellt hatten, dass auch bei 1 m x 1 m x 1 m an den jeweiligen Eckpunkten Verdichtungen existieren, die zwar nicht so stark waren, nehmen wir an, dass die Maße 2 m x 2 m x 2,20 m nur dadurch in der Literatur zu finden sind, dass jeder, der sich mit dieser Thematik befasst, gedankenbildlich sein Denken auf diese Maßeinheit eingestellt hat. Das heißt, wir können uns diesen Vorgang nur so erklären, dass, nachdem einmal diese Maße literaturmäßig bekannt waren, die suggestive Wirkung bei Messungen durch Rutengänger Muskelkontraktionen hervorrief, wenn, wie schon gesagt, dieses globale Gitternetz mit den vorgegebenen Maßen 2 m x 2 m x 2,20 m berechnet wurde.
Dieses globale Gitternetz besteht vorn Mikro- bis in den Makro-Bereich aus würfelförmigen Kraftfeldern.
Bei der Größenordnung des würfelförmigen Kraftfeldes von 2 m x 2 m x 2 m stoßen die Ecken des Kraftfeldes an Ecken der nächsten Kraftfelder, wodurch es zu einer Verdichtung kommt, die so stark ist, dass, wenn zum Beispiel ein Mensch längere Zeit mit der gleichen Stelle seines Körpers auf einem dieser Eckpunkte liegt, Regulationsstörungen an dieser Stelle auftreten. Verstärkend wirkt, wenn sich diese Eckpunkte in Elementen befinden, die von den biologischen Systemen nicht verwertet werden können. Aus diesem Grund bezeichnet man diese sogenannten Kreuzpunkte auch als "Regulations-Störungs-Punkte für biologische Systeme".
Die nächstgrößeren Einheiten sind 4 m x 4 m x 4 m, 8 m x 8 m x 8 m usw..
Proportional zum Grösserwerden der Würfeleinheiten entstehen an diesen Eckpunkten immer größer werdende Verdichtungen.

Befinden sich biologische Systeme, sagen wir zum Beispiel Bäume, auf solch einem Kreuzpunkt eines Gitternetzes, dann ist das hohe Aufkommen der Tau-Neutrinos genauso wie bei Gesteins- und Erdverwerfungen sowie Wasseradern in der Lage, funktionelle Regulationsstörungen in einem solchen Baum zu verursachen.

Ein Mensch, der sich täglich ca. 8 Stunden auf einem dieser 3 Punkte, an denen hohe Tau-Neutrinos abgestrahlt werden, aufhält, erkrankt.

Sehr oft, wenn die Einstrahlung über mehrere Jahre andauert, bewirken die funktionellen Regulationsstörungen in der extrazellulären Gewebeflüssigkeit so weitgehende Schäden, dass schließlich als Finale KREBS entstehen kann.

Halten sich Menschen nur täglich kürzere Zeit, sagen wir 2 - 3 Stunden, an solch einem Platz auf, dann hat meistens die körpereigene Abwehr die Chance, vorausgesetzt, es existiert nicht schon eine Abwehrschwäche, diese nicht naturgegebenen Verbindungen von Quarks bzw. Tau-Neutrinos zu eliminieren. Bei stark geschädigtem Immunsystem bzw. körpereigener Abwehr reichen aber oft schon 2 -3 Stunden aus, um funktionelle Organschäden zu bewirken bzw. über das nervale System sogenannte "psychische" Krankheitsbilder zu erzeugen.

Das die heute existierende moderne exakte Wissenschaft trotz der vielfältigen nicht nur als Indizien, sondern als Beweise anzusehenden Fakten immer noch behauptet, Erdstrahlen existieren nicht bzw. seien nicht krankmachend, ist nicht Dummheit oder bösartig gemeint, sondern liegt einfach daran, dass der heutigen modernen Wissenschaft die dynamisch strukturierte Form der Teilchen, die unser Sein bewirken, noch nicht bekannt ist. Denken Sie daran, wenn wir von moderner exakter Wissenschaft sprechen, dass hinter diesem Term Wissenschaft immer ein einzelner Mensch steht. Dieser einzelne Mensch muss für sich selbst entscheiden, ob etwas existiert oder nicht.

Diese Entscheidung trifft er mit dem ihm zur Verfügung stehenden Handwerkszeug. Es nützt ihm als Wissenschaftler also nichts, wenn er persönlich glaubt, dass etwas so oder so ist, wenn er es mit seinem Handwerkszeug nicht effektiv nach dem heute gültigen Denkmodell nachweisen und messen kann.

Mit dem Handwerkszeug, das die Wissenschaftler heute besitzen, sind die Phänomene, die ich hier auf der Grundlage der dynamisch strukturierten Form beschreibe, nur von der Wirkung her nachweisbar. Der Wissenschaftler, der die Ausführungen, die ich hier niederschreibe, dogmatisch ablehnt und als unwissenschaftlich bezeichnet, hat nicht begriffen, dass Wissenschaft "Wissen schaffen" bedeutet.

"Wissen schaffen" kann man jedoch nicht dadurch, dass man dogmatisch auf alten Aussagen beharrt, sondern nur dann, wenn Einzelne den Mut haben, neue Grundlagen offen zu legen, die neues Wissen beinhalten. Inwieweit dieses neue Wissen richtig oder falsch ist, diese Entscheidung kann keiner treffen.

Erst dann, wenn man erkennt, dass etwas falsch ist, kann man nach dem Gesetz der Dualität das finden, was richtig sein könnte. Zum Finden der letzten allumfassenden Wahrheit, so, dass sie ohne Fehler erkannt wird, reicht der menschliche Verstand nicht aus.
Das, was der Mensch nur kann, ist, die Fähigkeit zu benutzen, die man mit dem Begriff Neugier umschreibt, um immer tiefer in die Geheimnisse des Seins einzudringen.
Verweilen wir noch kurz bei den sogenannten Erdstrahlen.

KRAFT - ORTE

Auf unserem Planeten Erde befinden sich an vielen Punkten Bauwerke und Kultstätten, deren Bedeutung für die Menschen der heutigen Zeit voller Geheimnisse ist, die bis heute noch nicht entschlüsselt werden konnten. Viele Theorien existieren, die Forscher und Wissenschaftler aufgrund von Vermutungen, Ahnungen oder auch Eingebungen aufgestellt haben.
Alle diese Theorien, die wir in der Literatur finden, beinhalten jedoch keine klare Aussage, warum und zu welchem Zweck diese Kultstätten erbaut worden sind.
Erst durch diese hier offengelegte Erkenntnis aus den mir übergebenen Unterlagen kann man verstehen, dass alle Kultstätten und Bauwerke, die an diesen Punkten gebaut wurden, auf Punkten stehen, die durch die gesetzmäßigen Bewegungsabläufe, in denen sich die Neutrinos befinden, als "Kraftorte" entstehen. Diese Kraftorte entstehen durch die Rotationsbewegung der neutralen Myon-Neutrinos in der Erdmitte, da die eingestrahlten neutralen Myon-Neutrinos durch bestimmte Rotationsbewegungen im verdichteten Mittelpunkt der Erde immer an bestimmten durch die Rotation bedingten Stellen in großen Massen auch wieder aus dem Mittelpunkt ausgestrahlt werden.
Verdeutlichen Sie sich noch einmal den Ablauf der gesetzmäßigen Bewegungsabläufe in einem Würfel, dann erkennen Sie, dass in dem verdichteten Mittelpunkt die Einstrahlung aus 8 Ecken und eine Ausstrahlung aus 8 Teilen der Verdichtung erfolgt. An einem solchen Ort der Ein- und Ausstrahlung existiert ein wesentlich höherer Druck, der an der Oberfläche der Erde noch so stark ist, dass er als Kraftort wirkt.
Dass dies stimmt, haben in den 70er Jahren russische Wissenschaftler nachgewiesen.
Die russischen Forscher und Wissenschaftler GONTSCHAROW, MAKAROW und MOROSOW übertrugen die Punkte der wichtigsten Stätten alter Kulturen, sogenannte Kultorte, auf einen Globus. Als sie die einzelnen Punkte durch Striche miteinander verbanden, ergaben sich bestimmte geometrische Formen, sogenannte Pentagons, also Fünfecke. In einem Bericht von Nikolai BODNARUK "Das geheimnisvolle Netz auf dem Globus", der in der Komsomolskaja Prawda,

SPUTNIK 9/1974, veröffentlicht wurde, ist eine Grafik abgebildet, auf der die geschilderten Punkte eingezeichnet und mit Strichen versehen sind.

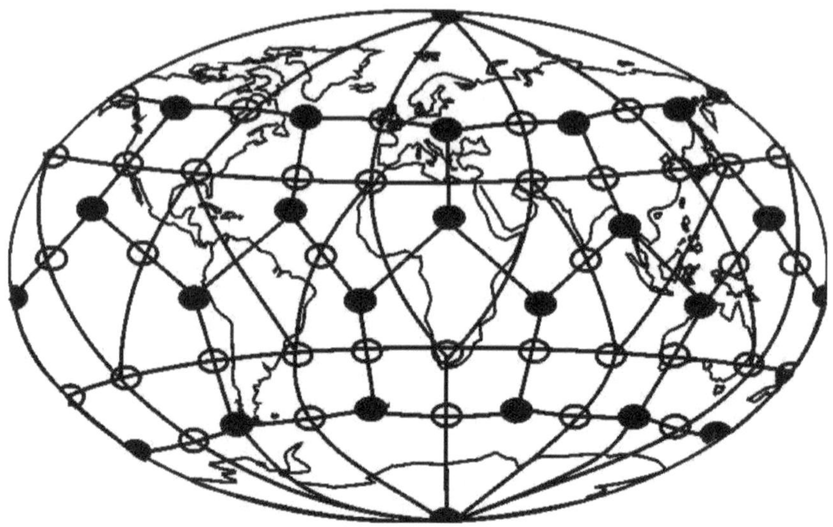

Durch diese Erkenntnis ist auch die Behauptung bewiesen, die PLATON bereits in seinem "Timaios" aufstellte:

"Sähe man von oben her auf die Erde, würde sie einem 12teiligen Lederball gleichen."

Parallel zu diesen Punkten, die ich als Koordinationspunkte benutzte, habe ich mit gutem Kartenmaterial zusätzlich, wie mir durch die Unterlagen aufgetragen, weitergehende kleinere Punkte in der gleichen geometrischen Form festgelegt.

Bei der Überprüfung dieser von mir gefundenen Punkte entdeckte ich, dass viele dieser Punkte außergewöhnliche Besonderheiten aufwiesen. Teilweise standen auf diesen Punkten Kirchen oder Dome, die vor Hunderten von Jahren gebaut worden sind. Andere Punkte wurden von der Bevölkerung, die in diesen Gebieten lebte, als "Krafthorte" bezeichnet, bzw. es wurden ihnen überlieferungsmäßig geheimnisvolle Wirkungen zugeschrieben.

Zum Beispiel befindet sich die Pyramide, die von den Templern in der Nähe von Falicon bei Nizza am "Mont Chauve" (Kahler Berg) gebaut wurde, an einem der von mir ausgemessenen Punkte. Das Gleiche gilt für einen Punkt in Würenlos in der Schweiz, den die Heilerin Emma KUNZ entdeckte.

Ein KRAFT-ORT in der Schweiz - Gesteins-Pulver “AION-A“ als HEILMITTEL

Die Legende der Entdeckung dieses Ortes durch die Forscherin, Naturheilpraktikerin und Künstlerin Emma KUNZ (1892-1963) wird von dem heutigen Besitzer dieses Ortes, Anton Meier, wie folgt beschrieben.

Im Jahre 1942, in dem sich in der Schweiz Fälle von Kinderlähmung häuften, erkrankte der Junge Anton Meier mit den typischen Symptomen an Kinderlähmung. Nachdem sein Vater unzählige Kapazitäten im In- und Ausland konsultiert hatte, die ihm rieten, sich mit der Tatsache abzufinden, dass eine Heilung nicht möglich sei, rät ihm ein Bekannter, die Heilerin Emma KUNZ aufzusuchen. Gemeinsam mit seinem Sohn fährt der Vater nach Brittenau zu der Heilerin. Nach einem kurzen Gespräch pendelt sie mit einer Jadekugel über seinem Kopf. Wenige Augenblicke später sagt sie dem Vater, dass sie ein spezielles Pulver brauche, das im Lebensbereich seines Sohnes zu finden sei In den Steinbrüchen in Würenlos, die der Familie Meier gehören, untersucht Emma KUNZ bei einem Besuch mit ihrem Pendel systematisch das Gelände. Als an einer Stelle plötzlich das Pendel heftig ausschlägt, ruft Emma KUNZ begeistert, "Noch niemals habe ich derart starke heilende Kräfte verspürt. Dieses Gestein ist es, das wir zu Pulver mahlen müssen." Sie gibt die Anordnung, bei dem Jungen feuchte Umschläge mit diesem Pulver auf Knie- und Fußgelenke sowie auf Halswirbelsäule und Schilddrüse aufzulegen.

Nach wenigen Wochen kann der Junge schon seine ersten Gehversuche an Stöcken machen. Einige Monate später kam er ohne Krücken mit den anderen Kindern laufen und springen. Der Bereich, in dem Emma KUNZ das Heilgestein aufspürte, heißt im Volksmund "Römersteinbruch", da schon die Römer dieses Vorkommen entdeckten und abgebaut haben.

Dies ist die Geschichte der Entdeckung des Würenloser Heilgesteins in kurzen Worten. Bevor ich jedoch auf die Wirkungsweise dieses Heilgesteins eingehe, möchte ich noch einen kurzen Moment bei der Person Emma KUNZ bleiben.

Auch wenn es für den heutigen Menschen nicht nachvollziehbar ist, da ihm einfach die Grundlage fehlt, behaupte ich doch, bezugnehmend auf die mir übergebenen Unterlagen, dass diese Frau nicht nur eine außergewöhnliche Heilerin, sondern auch direkt am "Kosmischen Geistfeld" angeschlossen war.

Als Künstlerin zeichnete sie auf Millimeterpapier grafische Bilder, die für denjenigen, der die Ausführungen in dieser Niederschrift kennt, von unsagbarer Aussagekraft sind.

Alle Zeichnungen, die sie auspendelte, sind Planzeichnungen über die Struktur unseres Universums in seinen Grundformen in Verbindung mit den lebendigen biologischen Systemen.

Wenden wir uns einmal der chemischen Analyse dieses Gesteins zu. Das an dieser Stelle über Jahrmillionen entstandene Gestein ist ein Magmagestein, das aus dem Erdinneren an die Erdoberfläche transportiert wurde. Chemisch wurden hohe Anteile an Calciumcarbonat, Kieselsäure in Form von Quarks und andere Verbindungen (Felsspäten und Glimmern), tonartige Mineralien wie mit, Montmorillonit, Aluminium, Eisen, Mangan, Magnesium, Kalium, Phosphor, Schwefel und Titan nachgewiesen.
Dass diese chemischen Komponenten die Heilwirkung besitzen, kann nach den heutigen Erkenntnissen der Wissenschaft von dieser nicht bestätigt werden. Die Aussage von namhaften Forschern sowie Radiästhesie kundigen Ärzten, dass in diesen Gesteinsschichten extrem starke Energiefelder gemessen wurden, die hauptsächlich für die therapeutische Wirkung verantwortlich sind, ist eine Aussage, die auch heute von der etablierten Wissenschaft noch nicht akzeptiert wird.
Dass die heilende Wirkung dieses in Pulverform kaltgemahlenen Gesteins der Realität entspricht, ist unbestreitbar.
Von uns selbst wurde es in eigenen Praxen und Kliniken mit sensationellen Heilerfolgen bei allen Krankheiten bis hin zum KREBS eingesetzt. Oral verabreicht, vermischt mit Milchzucker, als Trockenauflagen sowie als feuchte Umschläge bewirkt es Besserung und Heilung bei fast allen Krankheitsbildern.
Betont werden soll noch, dass das Pulver auch bei psychischen Erkrankungen verblüffende Erfolge zeigt.
Ohne die Unterlagen wäre ich auf der Grundlage unserer heutigen Technologie selbst nie auf die sensationelle heilende Wirkungsweise dieses Pulvers gestoßen.
Wie den Unterlagen entnommen, besteht dieses Gestein in Würenlos sowie das Gestein an anderen von mir berechneten Punkten aus, sagen wir, Atomen bzw. Molekülen, deren Frequenz und Amplitude beim Durchtritt durch die oberste Erdplatte absolut die normale Schwingungsfrequenz dieser Elemente aufwies.
Da an diesen Stellen durch die Rotation jedoch große Mengen an neutralen Myon-Neutrinos aus dem Erdmagma abgestrahlt werden, hat sich im Laufe der Zeit die Frequenz und Amplitude der Elemente dieses Gesteins so weitgehend verändert, dass zwar noch die Frequenz und Amplitude der Elemente grundsätzlich existiert, sie aber in ihrer Geschwindigkeit wesentlich langsamer ist.
Dies wird dadurch bewirkt, dass die durchlaufenden neutralen Myon-Neutrinos die Quarks im Laufe der Zeit geschwindigkeitsmäßig, wenn auch geringfügig, abbremsen, wodurch sich die Frequenz und Amplitude der Quarks der Elemente verändert. Wird das aus diesem Gestein kaltgemahlene Pulver, sagen wir zum Beispiel, bei einem Tennisarm als Auflage aufgebracht, dann werden die Myon-Neutrinos, die ununterbrochen aus der Atmosphäre kommen und die Auflage durchdringen, in die Frequenz und Amplitude der Elemente des Pulvers eingeschwungen.
Bedingt durch die geringe Geschwindigkeit, der Frequenz und Amplitude, in der die Quarks der Elemente des Pulvers in ihren Wellen rotieren, werden die das

Pulver durchlaufenden Myon-Neutrinos geschwindigkeitsmäßig auch nur in diese schwache, fast neutrale Frequenz und Amplitude eingeschwungen. Dringen sie nunmehr nach dem Durchlaufen der Auflage in den Arm ein, dann sind diese Myon-Neutrinos in biologischen Systemen in der Lage, Atome des jeweiligen Elements, dessen Schwingung sie aufgenommen haben, zu verändern.
Strahlen z.B. in einen betroffenen Bereich durch die Auflage, wie vorab beschrieben, neutrale Myon-Neutrinos ein, die von den Elementen der Auflage frequenz- und amplitudenmässig nur geringfügig verändert wurden, so wirken diese Neutrinos bzw. Quarks, da sie nicht mehr neutral sind, wie folgt regulierend im Bereich der Atome der Elemente des Körpers.
Die Wechselwirkungen der Ein- und Ausstrahlung dieser Neutrinos in die Atome der Elemente der Molekularstrukturen des betroffenen Bereiches bewirken - und dies ist der Heilungseffekt -, dass sich die Schwingungsfrequenz der einzelnen Atome der Elemente regulierend wieder in die Normalität einschwingt.
Wir persönlich haben nicht nur im Experiment, sondern 10 Jahre lang bei unserem gesamten Patientengut einschließlich des Patientengutes in unserer KREBS-Praxis AION-A, das Gesteinspulver, das wir in Deutschland unter der Bezeichnung CENMAT verwendeten, eingesetzt. Die Erfolge bei somatischen und psycho-somatischen sowie psychischen Krankheitsbildern übertrafen unsere kühnsten Erwartungen.
Es existiert kein Krankheitsgeschehen, bei dem dieses Gesteinspulver keine Besserung oder Heilung bewirkt hat.

Das GURWITSCH-Experiment

Eine Bestätigung findet durch diese Erkenntnisse auch das Experiment, das A.G. GURWITSCH in den 20er Jahren durchführte. In diesem Experiment entdeckte er, dass die Spitze einer Zwiebelwurzel die Zellen des Schafts einer benachbarten zweiten Wurzel zur Zellteilung anregt, wenn man sie längere Zeit in der Nähe dieser Zellen belässt. Bringt man jedoch zwischen diesen Zwiebeln eine Glasscheibe an, die aus normalem Glas, das ultra-violettes UV-Licht absorbiert, besteht, so verschwindet der Zellteilungsauslösende Effekt. Benutzt man ein Quarzglas, das UV-Strahlen-durchlässig ist, wird dieser Zellteilungsauslösende Effekt nicht unterbrochen.
In der Zwischenzeit werden in der bio-physikalischen Literatur laufend Arbeiten über den Nachweis ultraschwacher Zellstrahlung veröffentlicht. Eine dieser Arbeiten ist die folgende aus dem medizinischen Forschungszentrum der sowjetischen Akademie der Wissenschaften in Nowosibirsk, Nauka 1981, "Ultraschwache Strahlung als Vermittler zwischen den Zellen" von V .P .KAZNACHEJEV und L.P. MICHAILOVA.

In ihrem Experiment benutzten die Forscher 2 Glaskolben mit Trennscheiben, die aus normalem bzw. Quarzglas bestehen, die wie eine Trennwand zwischen den Glaskolben wirken, wenn sie aneinandergeflanscht werden. In beiden Kolben wurden gesunde Zellkulturen eingebracht, z.B. Fibroblasten. In einem der Glaskolben wurden Viren zugegeben, um in der Zellkultur eine Krankheit zu bewirken. Nach einer längeren Wartezeit stellte man bei ca. 80 Prozent der ca. 10.000 Versuche fest, dass bei der nicht infizierten Kultur in dem anderen Glaskolben, wenn Quarzglas verwendet wurde, mikroskopisch erkennbare Symptome der Erkrankung in dieser Zellkultur vorhanden waren. Keine Veränderung zeigte sich, wenn normales Glas verwendet wurde, das UV-Lichtundurchlässig ist. Das bedeutet, dass die ursprünglich gesunde Kultur, die von der virusverseuchten Kultur getrennt war, angesteckt wurde, ohne dass eine direkte Übertragung des Virus stattgefunden hat. Die Forscher vermuten, dass die Komponenten des UV-Lichtes Signale der Krankheit übertragen.

Meiner Erkenntnis nach gelingt dies mit Quarzglas nur, weil das Quarzglas einen gitternetzartigen Aufbau besitzt und die Myon-Neutrinos auf direktem Wege durch das Gitter in die Zellkultur gelangen können. Bei normalem Glas ist der Strukturaufbau unregelmäßig, wodurch die Neutrinos in die Atome des Glases strahlen und Quarks herausdrücken, die die Schwingungsfrequenz des Glases besitzen, die höher ist als die der Viren.

Wenden wir uns als nächstes der Beschreibung eines Problembereiches zu, in dem die Menschheit mit den heutigen Technologien Schäden in der Umwelt, in unserer Erdatmosphäre sowie auch im kosmischen Gesamtgeschehen verursacht

XXVI

Lärm - Schall - Geräusch - Druck - Bewegung

Lärm macht nicht nur krank, sondern kann töten. Dies ist kein Geheimnis mehr, sondern eine wissenschaftlich bewiesene Tatsache, über die sich heute fast jeder Mensch im klaren ist.

Es stellt sich jedoch die Frage,

"WAS ist Lärm, und auf welchem Wege kann er die vielfältigen Arten der lebendigen biologischen Systeme einschließlich des Körpers des Menschen regulationsmässig so beeinflussen, dass die Molekularstrukturen, aus denen die biologischen Systeme bestehen, krank - also verändert oder zerstört werden?"

Alle Arten von Geräusch gleich welcher Lautstärke (gemessen in Phon) nehmen wir nicht nur, wie von den meisten fälschlich angenommen, über das Gehör als Schall auf, sondern mit jeder einzelnen Molekularstruktur unseres Körpers. Das kleinste Geräusch - Sie können sich selbst davon überzeugen, wenn Sie einmal auf Ihren Körper achten - erzeugt eine Vibration, in die sich Ihr gesamter Körper einschwingt. Das Gleiche gilt, wenn Sie selbst sprechen oder irgendein Geräusch von sich geben. Um etwas in Bewegung zu setzen, braucht man eine Kraft, die wir Menschen mit dem Begriff "Druck" bzw. "Sog", der als begleitende Reaktion des Druckes entsteht, umschreiben.

Wenn wir uns die Frage stellen, welcher Begriff richtig ist, kann man es erst einmal so formulieren:

Geräusch ist die Ursache, und der Druck, der durch das Geräusch bewirkt wird, ist die Wirkung. Leider ist das wieder nur bedingt richtig. Denn umgekehrt formuliert stimmt es auch. Der Druck ist die Ursache, und das Geräusch ist die Wirkung. Ein Beispiel ist eine Geigen- oder Gitarrensaite.

Diese besteht, auch wenn es verstandesmäßig schwer zu begreifen ist, aus Atomen bzw. Molekularstrukturen verschiedener Elemente, die miteinander verbunden sind.

In dem Moment, in dem man auf sie Druck ausübt (die Ausübung des Druckes kann nur durch Energiequanten bewirkt werden), wird sie in Bewegung gesetzt, und diese Bewegung erzeugt ein Geräusch, das wir wahrnehmen.

Das Geräusch, das bei diesem Vorgang entsteht, wird dadurch bewirkt, dass im Medium, das aus Neutrinos und gasförmigen Molekülen besteht, ein hoher Druck ausgeübt wird, der sich kugelförmig im gesamten Medium bis in die Unendlichkeit ausdehnt. Hören können wir ihn dadurch, dass er bei uns das Trommelfell des Sinnesorgans Gehör in Schwingung versetzt, die von da aus wiederum schwingungsmäßig in unser Gehirn weitertransportiert wird.

Das diese Erklärung der Tatsache entspricht, erkennen wir, wenn wir zum Beispiel eine Stimmgabel in Schwingung versetzen und damit eine andere Stimmgabel, die die gleiche Molekularstruktur besitzt, in die gleiche Schwingung einschwingen, die durch Druck in dem Medium, das uns umgibt, weitertransportiert wurde.

Bis heute konnte man, genauso wie bei den Strahlen, immer nur die positive oder negative Wirkung von Lärm oder Geräuschen bzw. von Druck und Bewegung von der Wirkung her beschreiben und in etwa erklären. Von der Wissenschaft wird das Wesen der Bewegung mit dem Begriff "Schwingung" umschrieben. Die wesentliche Form von Bewegung in Festkörpern, so sagt man, sind Schwingungen der Atome in den Molekülen, die man als Gitterschwingung bezeichnet.
Energiezufuhr durch Wärme, Strahlung oder auch andere Ursachen erzeugt eine zusätzliche Schwingung in der atomaren Struktur, wodurch eine Erhöhung der Amplitude entsteht.
Diese zusätzliche Schwingung, die nichts mit den Eigenschwingungen der Atome und Moleküle zu tun hat, bewirkt, dass die Myon-Neutrinos, die um diese Molekularstruktur ohne Leerräume existieren, unter diesem Druck in Bewegung gesetzt werden, so, dass sich diese Bewegung fortpflanzt. Die Fortpflanzung dieser Bewegung erfolgt jedoch nicht lingual (geradeaus), sondern kugelförmig. Das heißt, die Bewegung wird nicht nur durch die gasförmigen Moleküle der Atmosphäre weitertransportiert, sondern bei diesem Vorgang wird das gesamte Medium, also auch die Myon-Neutrinos, in diese Bewegung einbezogen.

In der Chaosforschung sagt man zum Beispiel: "Der Flügelschlag eines Schmetterlings in Japan kann in Amerika einen Hurrikan auslösen." Diese Aussage entspricht absolut der Realität - unter der Voraussetzung, dass man das gesamte "Kosmische Geistfeld" der Neutrinos in diesen Gedanken mit einbezieht. Die Aussage, dass Phononen die Teilchen sind, die Schall und Geräusch bewirken, entspricht nicht den Tatsachen. Geräusche, die wir Menschen wahrnehmen, werden immer dann bewirkt, wenn Druck, also Energiequanten, bestehend aus Elektron-Neutrinos, zusätzliche Schwingungen in Atomen bzw. Molekularstrukturen bewirken. Da bis heute die Form der Teilchen, die alles bewirken, nicht bekannt war, wurden für die jeweiligen Phänomene Begriffe gefunden und benutzt, damit man diese Phänomene zumindest theoretisch begrifflich erklären konnte.
Jetzt, nachdem wir die dynamisch strukturierte Form der Energie und der Materie kennen, ist an diesen Phänomenen nichts Geheimnisvolles mehr. Alle Phänomene, für die wir unzählige Male in unserem täglichen Leben Begriffe benutzen wie z.B.
Lärm - Schall - Druck - Sog - Bewegung - Wärme -

elektrischer Strom - Energie - Kraft usw.,
werden IN und DURCH Elektron-Neutrinos und neutrale Myon-Neutrinos, Tau-Neutrinos sowie Quarks bewirkt, da dies die einzigen Teilchen sind, die ursächlich aus der prästellaren Masse und Bewegungs-Energie entstanden sind.

Benutzen wir für Elektron-Neutrinos den Begriff Energiequanten, die auch Träger des Tons, der Form und der Farbe sind, bzw. den Begriff Phonon, das Teilchen, das den Ton bewirkt, so ändert das nichts an der Tatsache, dass letztendlich der TON, die FORM und die FARBE durch Elektron-Neutrinos und Myon- sowie Tau-Neutrinos erzeugt und bewirkt werden. Immer werden, um den Ton, die Form und die Farbe zu erzeugen, Quarks als, sagen wir, Trägersubstanz benötigt. Form, Farbe und Ton werden letztendlich für den Menschen nur wahrnehmbar durch die Schwingungsfrequenz der Atome und Moleküle.

Verdeutlichen wir uns dies etwas genauer. In dem Moment, wo wir mit dem Finger zum Beispiel eine Gitarrensaite anschlagen, bewirken wir Druck.

Dieser Druck wird dadurch erzeugt, dass Energiequanten in unserem Körper die Moleküle der Muskeln in Schwingung versetzen und wir diese Schwingung als Druck weitergeben auf die Gitarrensaite. Die eingesetzten Energiequanten, die in die Muskeln eingestrahlt worden sind und die Molekularstrukturen zum Schwingen gebracht haben, strahlen in die Gitarrensaite ein und bringen die Molekularstrukturen der Gitarrensaite nunmehr in die gleiche Schwingung, in der die Molekularstrukturen der Muskeln eingeschwungen waren.

Das Geräusch, das bei der Schwingung der Moleküle als Schall für den Menschen wahrnehmbar wird, besteht nicht etwa aus Teilchen, sondern die Wellenbewegung pflanzt sich kugelförmig in dem Medium, in dem die Gitarrensaite und der Mensch existieren, fort und trifft auf das Trommelfell, eine leicht in Vibration zu bringende Molekularstruktur, wo der Schall wieder in seine ursprüngliche Höhe versetzt wird.

Die ursprüngliche Wellenbewegung, die dadurch entstanden ist, wird nun weitertransportiert über die Molekularstrukturen des Gehörmechanismusses, aus denen das Ohr besteht, bis zu dem Hirn-Areal, in dem diese Welle wiederum die Molekularstruktur in Schwingung bringt, wodurch der Mensch dieses Geräusch wahrnimmt.

Bei diesem Vorgang nehmen wir diesen Druck jedoch nicht nur über das Trommelfell wahr, wo er wieder in seine ursprüngliche Höhe hochgeschwungen wird, sondern sämtliche Molekularstrukturen in unserem Körper werden dabei in eine zusätzliche Schwingung gebracht.

Die Schwingungen, die wir über das Wahrnehmungssystem Gehör aufgenommen und die in dem zuständigen Hirnbereich dessen Molekularstruktur in die gleiche Schwingung versetzt haben, versetzen selbstverständlich auch die anderen Hirnbereiche in die gleiche Schwingung.

Dies ist der Grund, warum wir gedankenbildlich den Gegenstand erkennen, von dem das Geräusch erzeugt wurde, also der Druck ausgegangen ist. Vorausgesetzt, der Gegenstand bzw. der Geräuschverursacher ist uns bekannt.
Das wir das Geräusch mit dem Gehör wahrnehmen, geschieht also dadurch, dass wir die Schwingungen der Elemente des Geräuschgebers übernommen haben.
Treffen diese Schwingungen auf feste Materie, zum Beispiel eine Wand, Fensterglas usw., dann werden die Moleküle dieser Gegenstände zuerst in Schwingung versetzt, und wir erhalten dadurch die Schwingung nicht mehr in der gleichen Lautstärke. Bewirkt wird dies dadurch, dass ein Teil des Druckes in den Molekülen der Materie verbleibt, wo er die Moleküle noch so lange in Schwingung versetzt, bis der Druck zeitverzögert abgestrahlt worden ist.
Je stärker z.B. eine Wand ist, desto weniger werden wir mit dem Gehör wahrnehmen, da die Veränderung proportional mit der Stärke der Wand einhergeht.

Der Verursacher, der den Druck bewirkt, sind immer Energiequanten, bestehend aus Elektron-Neutrinos.
Je mehr Energiequanten in eine Molekularstruktur einstrahlen, desto stärker ist der Druck und desto größer die Bewegung.
Ist die Kraft der Energiequanten größer als die Kraft der Bindungs-Energie der Atome, dann werden die Bindungen der Atome aufgebrochen und die Molekularstruktur zerstört.
Da die Energiequanten die Bewegung gleich Druck verursachen, ist dieser Vorgang des Auseinanderreißens von Molekularverbindungen immer ein Ionisationsvorgang. Das heißt, genauer ausgedrückt, entweder eine Aktivierung, ein Singulettzustand oder ein echter Ionisationsvorgang.
Was dies für die biologischen Systeme bedeutet, auch wenn diese Repairsysteme besitzen, kann sich jeder Mensch, der etwas darüber nachdenkt, selbst ausrechnen. Sensibilisieren wir uns und achten darauf, wenn wir ein Geräusch hören, so können wir die Vibration, die das Geräusch in unserem Körper bewirkt, also die uns treffenden Energiequanten, spüren.
Zusammengefasst heißt das: Alle Arten von Geräusch werden von strukturierten Elektron-Neutrinos erzeugt. Maßgebend für die Stärke eines Geräusches, gleich ob wir das Geräusch als Laut oder Ton, als Musik, als Explosion oder Lärm usw. bezeichnen, ist die Menge gleich die Größe der miteinander verbundenen Elektron-Neutrinos.
Geräusch, gleich welcher Art, ist zuerst Bewegung - erzeugt von Elektron-Neutrinos -, die Druck sowie Sog bewirkt und immer mit Geräusch verbunden ist.
Maßgebend dafür, dass wir das Geräusch wahrnehmen, ist die Art, die Verbindung und die Masse der Molekularstrukturen, in die der durch eine Bewegung verursachte Druck in Form von Elektron-Neutrinos - gleich "Ionisations-Energie" eingestrahlt wurde.

Die aufgewendete Menge der Elektron-Neutrinos gleich Ionisations-Energie verursacht in den eingestrahlten Molekularstrukturen entweder Singulettzustände oder, wie zum Beispiel bei einer Explosion, Ionisation.
Wenn wir also sagen, Lärm verursacht Krankheiten, so kann sich jetzt auch jeder nicht vorgebildete Laie ein Gedankenbild machen und sich vorstellen, wie Lärm innerhalb der Molekularstrukturen unseres Körpers störend oder gar zerstörend wirkt.
Genauso wie bei der Gitarrensaite verursachen die Energiequanten jeweils nach ihrer Größe - gleich Größe des Schalls - innerhalb der Molekularstrukturen eines biologischen Systems Singulettzustände oder Ionisation.
Da diese Singulettzustände und Ionisationen nicht in die naturgegebene Ordnung eines biologischen Systems gehören, erzeugen sie Regulationsstörungen bis zur Zerstörung der Molekularstrukturen, aus denen die Regulations- und Funktionskreise des biologischen Systems, zum Beispiel des Menschen, bestehen.
Da bei dem vorhergehenden Thema Ionisationsvorgänge angesprochen worden sind, ist es angebracht, kurz darauf einzugehen, wie die IONISATIONS-ENERGIE all die Phänomene bewirkt, die der Mensch als "lebendig" bezeichnet.

XXVII

Wirkungsweise der IONISATIONS-ENERGIE

Die von uns als “Freie Energie" bezeichnete Kraft, bestehend aus Bewegungs-Energie, die in unserem Universum erst dann zu einer "Wirkenden Energie" wird, wenn sie sich in der Trägersubstanz des neutralen Myon-Neutrinos manifestiert, wodurch das neutrale Neutrino zu einem "Elektron-Neutrino" wird, ist die Energie, die das "Lebendige" in allen biologischen Systemen bewirkt.

Maßgebend dafür, dass ein Elektron-Neutrino nicht als fester Bestandteil in die Elementareinheit eines Atoms integriert werden kann, ist, wie gesagt, die Frequenz und Amplitude des Elektron-Neutrinos, also die höhere Geschwindigkeit, in der sich das Ur-Plasma in rotierenden Wellen bewegt.

Durch die Einstrahlung der Bewegungs-Energie in die neutralen Myon-Neutrinos wird die Geschwindigkeit der rotierenden Wellen, in denen sich das Ur-Plasma danach bewegt, größer als die Geschwindigkeit der rotierenden Wellen einer aus Quarks bestehenden Elementareinheit der Atome der Elemente.

Das bedeutet: Bedingt durch diese hohe Geschwindigkeit, kann das Elektron-Neutrino in ein Atom nicht integriert werden.

Elektron-Neutrinos, die in eine Elementareinheit eines Atoms einstrahlen, drücken diagonal am entgegengesetzten Ende eine bei allen Atomen festliegende Menge an Quarks ("Elektron") aus dem Atom.

In dem Moment, wo die Elektron-Neutrinos das Atom durchlaufen haben, strahlen sie aus dem Atom wieder aus, und das Elektron, bestehend aus Quarks, wird von dem betroffenen Atom wieder angezogen und in den Bewegungsablauf eingefügt.

Maßgebend ist dabei immer die Menge an Elektron-Neutrinos (= Energiequant), die, in Elektronen-Volt (eV) messbar, als Einheit verbunden sind.

Um die Bindungskräfte, die überwunden werden müssen, damit ein Elektron komplett vom Atom abgestrahlt werden kann, zu überwinden, wird somit bei jedem Element eine andere Menge an Elektron-Neutrinos benötigt.

Ein Zuviel oder Zuwenig an Elektron-Neutrinos bewirkt nur den Vorgang, den die Physiker als AKTIVIERUNG oder SINGULETT - Zustand bezeichnen.

Bei diesem Zustand wird das Elektron nur kurzfristig ausgestrahlt und in dem Moment vom Atom wieder aufgenommen, wo die Elektron-Neutrinos gleich Ionisations-Energie das Atom durchlaufen haben.

Eine IONISATION wird nur dann bewirkt, wenn die Energie die Bindungskräfte so weitgehend ausgleicht, dass die Elektron-Neutrinos, außerhalb des Atoms hängend, ein Gleichgewicht bewirken bzw. herstellen.
Dies läuft nicht proportional auf der Basis Materie gleich Energie ab, sondern ist abhängig von der Stärke der Bindungskräfte des gesamten Atoms.
Die ABSPALTUNG eines Elektrons von einem Atom wird also erst dann bewirkt, wenn eine Menge an Elektron-Neutrinos in das Atom einstrahlt, die in der Lage ist, die Bindungskräfte des Atoms zu überwinden, damit ein komplettes Elektron ausgestrahlt wird.
Die Menge dieser Elektron-Neutrinos, die für die Abspaltung eines Elektrons benötigt wird, misst man, wie gesagt, in Elektronen-Volt (eV) und bezeichnet sie als "IONISATIONS - ENERGIE".
Maßgebend für die Bindungskräfte, die überwunden werden müssen, um ein Elektron abzuspalten, sind die starken Bindungskräfte, die im Kern eines Atoms durch die Protonen bzw. die rotierenden Wellen, die die kugelförmige Verdichtung erzeugen, bewirkt werden. Hier dazu eine Tabelle.

Tabelle der IONISATIONS-Energien und RESONANZ-Energien der ersten 20 Elemente

Zahl	**Symbol**	**Element**	**Rersonanz-Energie in eV**	**Ionisations-Energie in eV**
1	**H**	**Wasserstoff**	**10,19**	**13,53**
2	**He**	**Helium**	**21,20**	**24,56**
3	**Li**	**Beryllium**	**5,28**	**9,48**
5	**B**	**Bor**	**4,96**	**8,40**
6	**C**	**Kohlenstoff**	**7,48**	**11,25**
7	**N**	**Stickstoff**	**10,30**	**14,54**
8	**O**	**Sauerstoff**	**9,52**	**13,56**
9	**F**	**Fluor**	**12,98**	**18,60**
10	**Ne**	**Neon**	**16,84**	**21,50**
11	**Na**	**Natrium**	**2,10**	**5,14**
12	**Mg**	**Magnesium**	**4,34**	**7,61**
13	**Al**	**Aluminium**	**3,14**	**5,96**
14	**Si**	**Silicium**	**4,92**	**7,39**
15	**P**	**Phosphor**	**6,94**	**10,30**
16	**S**	**Schwefel**	**6,86**	**10,31**
17	**Cl**	**Chlor**	**9,21**	**13,02**
18	**Ar**	**Argon**	**11,53**	**15,69**
19	**K**	**Kalium**	**1,61**	**4,34**
20	**Ca**	**Calcium**	**2,93**	**6,11**

Werden zum Beispiel in ein (H) Wasserstoff-Atom 13,53 eV Ionisations-Energie eingestrahlt, dann drückt diese Ionisations-Energie, bestehend aus Elektron-Neutrinos, I Elektron, bestehend aus Quarks, aus der Elementareinheit des (H) Wasserstoffs. Das Elektron reißt vom (H) Wasserstoff ab und wird zu einem "freien Elektron" (e^-), das dann zum Beispiel von der Bindungskraft eines (O_2) Sauerstoff-Moleküls
angezogen und gebunden wird. Das (H) Wasserstoff-Atom, aus dem das Elektron abgespaltet, das also ionisiert wurde, bezeichnet man nach Ablauf des Vorgangs als Wasserstoff-ION und belegt es mit dem Zeichen (H^+).
Das Gleiche gilt für alle Atome, bei denen ein Elektron durch die Einstrahlung von Ionisations-Energie abgespaltet wurde.

Nach der heute gültigen Modellvorstellung nimmt man an, dass nach der Abspaltung des Elektrons in einem (H) Wasserstoff nur noch 1 Proton zurückbleibt. Dies entspricht nicht der Realität. Meiner Erkenntnis nach, die auf den Aussagen der Unterlagen beruht, wird vom (H) Wasserstoff-Atom genau wie bei jedem anderen Atom bzw. jeder Elementareinheit, nur eine bestimmte Menge an Quarks (Elektron) abgestrahlt, so dass die verbleibende Menge immer noch ausreicht, die gesamte Elementareinheit, in diesem Beispiel des (H) Wasserstoffs, von der Masse her, zu erhalten.

(H) Wasserstoff-Atom - (H^+) Wasserstoff-ION

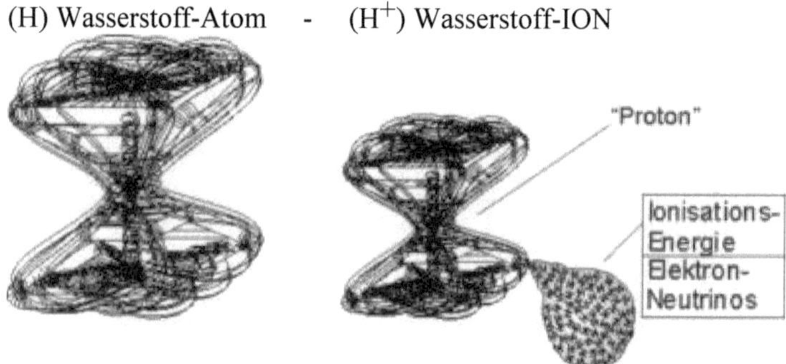

Das (+)-Zeichen bedeutet, und das ist wichtig an der Erklärung, dass alle IONEN, die dieses (+)-Zeichen besitzen, Träger von "strukturierter IONISATIONS-Energie" sind, da die Ionisations-Energie, wenn sie das Elektron aus der Elementareinheit des Atoms herausgedrückt hat, selbst wieder aus der Elementareinheit ausstrahlt, jedoch an dieser Einheit angebunden bleibt. Aus diesem Grunde sind alle IONEN, die mit dem Zeichen (+) versehen werden, wie z.B. das (H^+) Wasserstoff-ION, "Träger von Energie" in dynamisch strukturierter Form.

Das Gleiche gilt für die Elektrolyte (Na^{+}) Natrium, (K^{+}) Kalium, (Ca^{++}) Calcium und (Mg^{++}) Magnesium sowie für (N^{+}) Stickstoff, das speziell als Ladungsträger in den Aminosäuren existiert. Bei den Elektrolyten (Ca^{++}) Calcium und (Mg^{++}) Magnesium, die 2 (++)-Zeichen besitzen, bedeutet das, dass aus diesen Atomen 2 Elektronen mittels Ionisations-Energie verschiedener Größenordnung abgestrahlt wurden.

Beim (Ca^{++}) Calcium wurden für die Abspaltung des ersten Elektrons 6,11 eV Ionisations-Energie aufgewandt und für die Abspaltung des zweiten Elektrons 11,88 eV Ionisations-Energie. Das (Ca^{++}) Calcium-Ion ist somit Träger einer Gesamt-Ionisations-Energie von 17,99 e V. Beim (Mg^{++}) Magnesium wurden für das erste Elektron 7,61 eV und für das zweite Elektron 14,98 eV Ionisations-Energie aufgewendet; es besitzt somit eine Gesamt-Ionisations-Energie von 22,59 eV.

Die freien Elektronen, die bei einem Ionisations-Vorgang abgespaltet wurden, werden durch die Bindungskräfte eines neutralen Atoms angezogen und von diesem an einer seiner Elementareinheiten angebunden.

In dem Moment, wo die Bindung stattgefunden hat, wird das neutrale Atom zu einem ION und mit dem (-)-Zeichen versehen. Das Wichtigste dabei ist, dass dieses sogenannte negativ (-) geladene ION nicht "Träger von Energie" ist, sondern nur, von der Masse her gesehen, zusätzlich mehr "Materie" besitzt, bestehend aus einer bestimmten Menge an Quarks, die mit dem Begriff "Elektron" umschrieben wird.

Die "Freien Elektronen", also Materie, werden nur von bestimmten Atomen, gleich aus welchen Elementen sie stammen, durch ihre Anziehungskräfte gleich Bindungskräfte angezogen und an bestimmte Elementareinheiten dieser Atome angebunden.

Diese "Träger-Atome" von freien Elektronen sind z.B., wie bis heute bekannt, im biologischen System des Menschen NUR die Atome der Elemente (O) Sauerstoff und (Cl) Chlor.

Fassen wir das Gesagte noch einmal zusammen, da das genaue Erkennen dieses Vorganges für die nachfolgende Erklärung wichtig ist.

Bestimmte festliegende Mengen an Ionisations-Energien, bestehend aus strukturierten Elektron-Neutrinos, bewirken, wenn sie in Elementareinheiten von Atomen eingestrahlt werden, die Abspaltung einer bestimmten Menge an Quarks, aus denen die Atome bestehen.

Die Menge an Quarks (Materie), die abgespaltet wird, ist bei allen Atomen eine feste Größe, die man mit dem Term "Elektron " bezeichnet.

Die aufgewendete Ionisations-Energie ist dagegen bei allen Atomen unterschiedlich und wird bestimmt durch die Bindungskräfte, durch die die Elementareinheiten, aus denen die Atome bestehen, miteinander verbunden sind.

Wichtig ist, dass die Ionisations-Energie, die ein Elektron aus der Elementareinheit eines Atoms abgespaltet hat, zum Bestandteil dieses Atoms wird. Sie befindet sich jedoch nicht IN der Elementareinheit eines Atoms, sondern wird aus der Einheit ausgestrahlt und bleibt AN dieser Einheit angebunden.
Das liegt daran, dass sich durch die hohe Frequenz und Amplitude gleich hohe Geschwindigkeit, in der sich das Ur-Plasma im Elektron-Neutrino in rotierenden Wellen bewegt, diese miteinander verbundene strukturierte Energie nicht in die rotierenden Wellen der Elementareinheiten der Atome einfügen kann.

Noch einmal bemerkt werden soll, dass ein (H^+), also ein sogenanntes positiv (+) geladenes Wasserstoff-ION, das als "Proton" bezeichnet wird, ein (H) Wasserstoff-Rest-Atom ist, bei dem eine bestimmte Menge an Masse gleiche Materie gleich Elektron fehlt, das aber dafür zum "Energietragenden Atom bzw. ION" geworden ist. Es besitzt also eine bestimmte Menge an Elektron-Neutrinos gleich Ionisations-Energie, die in dem Moment freiwird, wo ein freies (H^-) Wasserstoff-Elektron oder ein (O^-) Sauerstoff-Elektron wieder in das Atom einstrahlt.

Maßgebend ist immer, dass ein freies Elektron von einem positiv (+) geladenen ION nur dann aufgenommen werden kann, wenn es die gleiche Frequenz und Amplitude wie das ION besitzt. Die einzige Ausnahme bei dieser Regel liegt beim (H) Wasserstoff und (O) Sauerstoff vor, da die Elementareinheiten beider Atome dieser Elemente gleiche Strukturen besitzen.
Diese von mir überprüfte Aussage wird von der etablierten Wissenschaft meiner Meinung nach falsch interpretiert, da die Grundlage, also das zur Zeit gültige Atommodell, eine andere Interpretation nicht zulässt.
Dies ist vor allem einer der Gründe dafür, dass im Bereich der Medizin speziell in den Bereichen der chronischen Krankheiten sowie bei KREBS, Herzinfarkt usw. die Forschung stagniert.

Verdeutlichen wir dies einmal an einem Beispiel:
Wird ein freies Elektron, das an einem (Cl) Chlor-Atom anhängt, wodurch das Chlor-Atom zu einem (Cl^-)-Ion geworden ist, von einem "Energie-tragenden" (K^+) Kalium-Ion übernommen, so kann dieses vom (K^+)-Ion nur dann aufgenommen und integriert werden, wenn das Elektron einem Atom des Elements (K) Kalium entstammt. Ist dies nicht der Fall, so kann es zwar aufgenommen

werden, aber sich aus zwei Gründen nicht in das (K^+)-Ion integrieren, sondern es wird sofort wieder abgestoßen, es bewirkt also nur einen Singulett-Zustand, und das (K^+)-Ion übernimmt wieder die Ionisations-Energie.

Der I. Grund dafür, dass das Elektron nicht integriert werden kann, ist der, dass die Frequenz und Amplitude des Elektrons nicht übereinstimmt mit der Frequenz und Amplitude des Atoms des Elementes, von dem es aufgenommen und integriert werden soll.

Der 2. Grund ist der wichtigste, denn wenn zum Beispiel ein (H^-) Wasserstoff-Elektron, das mit einer Ionisations-Energie von 13,53 eV aus einem (H) Wasserstoff-Atom abgespaltet wurde, von dem Elektrolyt (K^+) Kalium-Ion integriert werden könnte, das nur 4,34 eV Ionisations-Energie besitzt, mit der sein Elektron abgespaltet wurde, dann würde das bedeuten, dass eine Ordnung im Energie-Haushalt der Elemente nicht mehr gewährleistet wäre. Und zwar aus dem Grund, da bei diesem Vorgang ein Energieverlust bzw. eine Energieverschiebung eintreten würde, die das Ordnungsgefüge des Energie-Haushaltes in chaotische Zustände verwandelte.

Entstammt zum Beispiel das freie Elektron, das am (Cl^-) Chlor-Ion angebunden ist, einem Atom des Elements (Na) Natrium, so kann es nur von einem (Na^+) Natrium-Elektrolyt aufgenommen und festgehalten werden.

Wird also bei der Erstellung eines Parameters (Na^+) Natrium-Mangel festgestellt, so muss ein Faktor existieren, der bewirkt hat, dass z.B. (Na^-) Natrium-Elektronen, die vom (O) Sauerstoff und (Cl) Chlor als freie Elektronen festgehalten und transportiert werden, vom (Na^+) Natrium aufgenommen wurden.

Bringt man in vitro, also im Reagenzglas, die Elektrolyte (Na^+) und (Cl^-) zusammen, so entsteht nach einer gewissen Zeit das Molekül (NaCI) Natrium-Chlorid.

Dies ist ein natürlicher Vorgang, der bedeutet, dass das (Cl^-) Chlor in der freien Natur der Träger der durch kosmische Energie abgespalteten Elektronen des (Na^+) Natriums ist.

Bei der Aufnahme des Elektrons durch das (Na^+) Natrium wird die am (Na^+) Natrium hängende Ionisations-Energie von 5,14 eV frei und strahlt in die Atmosphäre ab, so dass nach Ablauf des Vorgangs, wie schon gesagt, als Endprodukt eine (NaCI) Natrium-Chlor-Verbindung übrigbleibt.

Die "Elektronen", die nach dem heute gültigen Atommodell angeblich für die Bindungskräfte der Atome verantwortlich sein sollen, sind innerhalb des Atoms nicht existent, sondern das Phänomen der Bindung zwischen Atomen zu Molekülen wird durch die Kraft des Soges bewirkt, der durch die rotierenden Wellen entsteht, die sich gegenseitig bewirken und an den 8 Ecken Bindungskräfte erzeugen.

Das Gleiche gilt für die Bindungskraft, durch die ein Elektron von einem Atom gebunden wird.

"Elektron" -

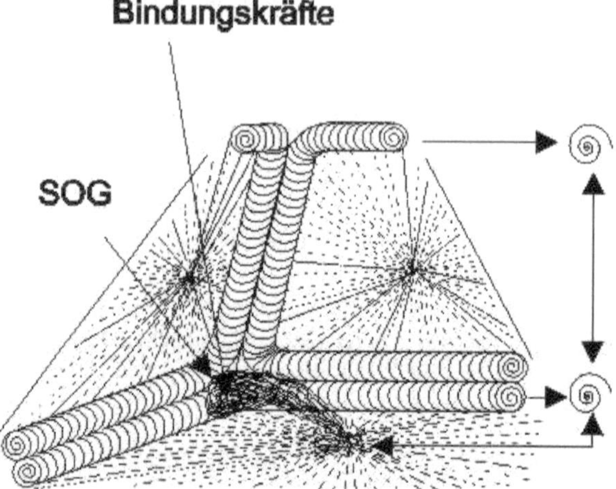

Die "freien Elektrone", die effektiv existieren, sind Quarks, die aus dem Bewegungsablauf der Atome durch Elektron-Neutrinos herausgedrückt werden und sich außerhalb in die gleiche Form einschwingen, wie sie das neutrale Myon-Neutrino und das Atom des Atom des (H) Wasserstffs besitzen.

Diese Elektronen können von bestimmten Atomen bestimmter Elemente wie z.B. (O) Sauerstoff durch Sogwirkung angezogen und gebunden werden. In der folgenden Grafik ist dies, gedankenbildlich nachvollziehbar, dargestellt.

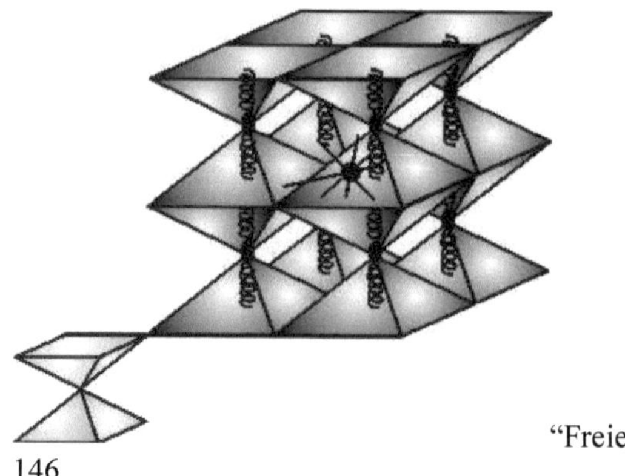

"Freies Elektron"

Fassen wir noch einmal zusammen, so bedeutet das, das allefreien Elektronen, gleich von welcher Elementareinheit eines Atoms eines Elementes sie abgespaltet werden, aus der gleichen Menge an Quarks bestehen. Es kann also z.B. ein halbes Elektron, eine halbe Menge an Quarks, nicht von einem Atom abgespaltet, sondern immer nur eine genau festliegende Menge an Quarks, die als Einheit mit dem Begriff "Elektron" umschrieben wird, aus dem Atom herausgedrückt werden.

Wie Sie in der Grafik "IONISATIONS-Energien der ersten 20 Elemente" sehen konnten, benötigt jedes Element, um ein Elektron abzuspalten, eine unterschiedliche Menge an Ionisations-Energie. Das bedeutet grundsätzlich, dass die Menge der Elektron-Neutrinos gleich Ionisations-Energie diesen Vorgang nicht proportional zur Menge des Elektrons, bestehend aus Quarks, bewirkt. Maßgebend für die Menge an Ionisations-Energie, die aufgewendet werden muss, um ein freies Elektron, also eine bestimmte Menge an Quarks, abzuspalten, ist die Bindungskraft, die die Elementareinheiten, aus denen die Atome bestehen, zusammenhält.

Elektron-Neutrinos können also

a) mit Quarks, Ur-Teilchen der Materie, keine Verbindung eingehen, da sie durch ihre hohe Frequenz und Amplitude nicht in die Elementareinheit des Atoms aufgenommen und integriert werden können.

b) Dadurch sind sie in der Lage, eine bestimmte Menge an Quarks (Elektron) aus den Elementareinheiten der Atome herauszudrücken bzw. abzuspalten.

Die Menge der Elektron-Neutrinos, die in eine Elementareinheit eines Atoms eingestrahlt werden muss, um ein Elektron komplett vom Atom abzuspalten, wird bestimmt durch die Bindungskraft, die das jeweilige Element besitzt.

Grundlagenwissen der Physik ist, dass man, um ein Elektron abzuspalten, sei es singulettmässig oder als echte Ionisation, eine Energie benötigt, die von der Physik als "IONISATIONS- Energie" bezeichnet wird.

Damit Sie auch gedankenbildlich meinen Ausführungen genau folgen können, soll in Folge an einem Beispiel, mit Grafiken versehen, der Ionisations-Vorgang kurz so dargestellt werden, wie er effektiv abläuft. Ein Vorgang, der als Phänomen bekannt ist, aber als abstrakt gelten muss, da man ihn gedankenbildlich nicht nachvollziehen konnte, bedingt dadurch, dass zum einen

- die STRUKTUR der IONISATIONS-Energie nicht bekannt war und man zum anderen

- nicht erklären konnte, WIE und WO sich die Ionisations- Energie in einem Atom aufhält, wenn sie einen Ionisations-Vorgang bewirkt, also ein Elektron abgespaltet hat.

Als Beispiel benutzen wir zuerst einmal die heute gültige Modellvorstellung des Aufbaus der Atome, bei der im Mittelpunkt der Atome die Protonen und Neutronen, also der Kern, das Nukleon, gesehen werden.
Die Elektronen bewegen sich nach der heute gültigen Modellvorstellung in Schalen um diesen Kern. Nach dem Stand der heutigen Wissenschaft besitzt das neutrale (O) Sauerstoff-Atom (siehe Grafik) 8 Elektronen, 8 Protonen und 8 Neutronen.

Sauerstoff-Atom

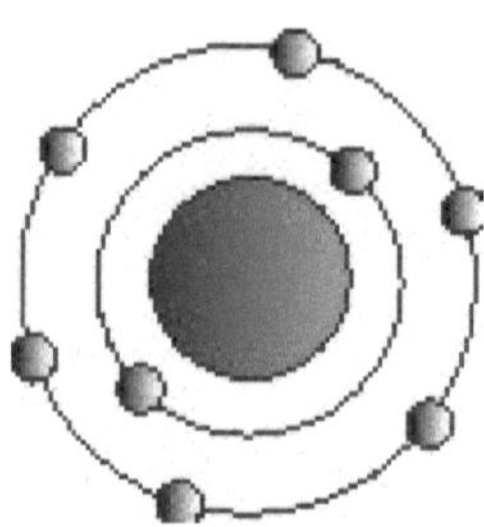

Werden in dieses Atom 13,56 eV Ionisations-Energie eingestrahlt, so wird nach der heute gültigen Meinung aus der äußersten Schale des Atoms eine bestimmte Menge der Masse, die als Elektron bezeichnet wird, aus dem Atom herausgestrahlt. Bemerkt sei dabei noch einmal, dass die Masse des Elektrons eine feste Größe ist, gleich welche Menge an Ionisations-Energie zur Abspaltung eines Elektrons aufgewendet werden muss.
Wie bereits erklärt, benötigen die Atome der verschiedenen Elemente, bedingt durch ihre Bindungskräfte, verschiedene Mengen an Ionisations-Energie, um eine bestimmte Menge an Masse des Atoms (Elektron) abzuspalten.
Wird z.B., wie Sie aus der Grafik entnehmen können, 13,56 eV Freie Ionisations-Energie in ein neutrales (O) Sauerstoff-Atom eingestrahlt, so wird 1 Elektron vom Atom abgespaltet.
Wie an den folgenden Grafiken erkennbar, wird dieses Elektron von einem zweiten (O) Sauerstoff-Atom aufgenommen und durch die Bindungskräfte festgehalten.

An dieser Stelle muss betont werden, dass das freigewordene Elektron des (O) Sauerstoffs nur vom (H) Wasserstoff-Atom fest gebunden werden kann. Andere Atome, wie zum Beispiel das dreiwertige (Fe^{+++}) Eisen- sowie das (Cu^{++})

Kupfer-Ion, sind in der Lage, Elektronen in der *Form* zu binden, dass sie zwar das Elektron aufnehmen, aber es nicht von dem tragenden Atom bzw. Molekül abspalten. Bei diesem Vorgang wird auch keine Ionisations-Energie freigesetzt

IONISATIONS-Vorgang

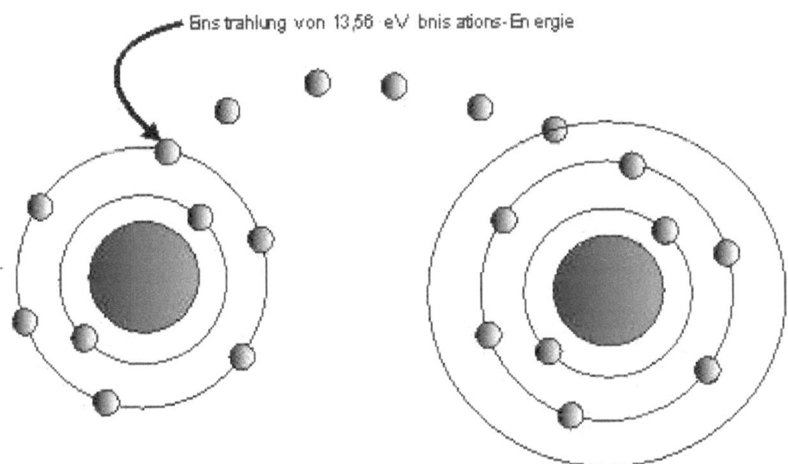

In dem Moment, wo dieser Vorgang, den man als IONISATION bezeichnet, abgelaufen ist, wird das (O) Sauerstoff-Atom bzw. jedes Atom, bei dem die Elektronen-Masse abgespaltet wurde, nicht mehr als Atom bezeichnet, sondern es trägt den Namen "ION" bzw. "positiv (+) geladenes ION", da die Masse der Protonen in diesem Zustand größer ist als die Masse der Elektronen und die sogenannte Neutralität aufgehoben wurde.

Das Gleiche gilt für das Atom, dass das freie Elektron an sich gebunden hat. Dieses Atom bezeichnet man nach Ablauf des Vorganges als "negativ (-) geladenes ION", denn auch dieses Atom hat seine Neutralität verloren und besitzt durch die Masse des Elektrons eine höhere Negativität gleich negative (-) Ladung gegenüber den positiv (+) geladenen Protonen im Kern.

(O^+) POSITIV geladenes Sauerstoff-ION

Positiv geladenes (O^+) Sauerstoff-ION, bei dem ein Elektron fehlt, das jedoch jetzt im Besitz der Ionisations-Energie von 13,56 eV ist, die das Elektron (gleich Materie) aus dem Atom verdrängt hat.

13,56 eV Ionisations-Energie

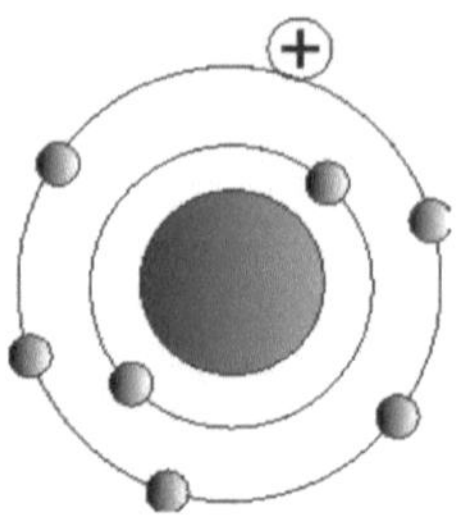

(O^+) SAUERSTOFF-ION

(O^-) NEGATIV geladenes Sauerstoff-ION

Negativ geladenes (O^-) Sauerstoff-ION, das eine zusätzliche Masse an Materie gleich Elektron besitzt.

Zusätz-

liches ELEKTRON

—

gleich Materie

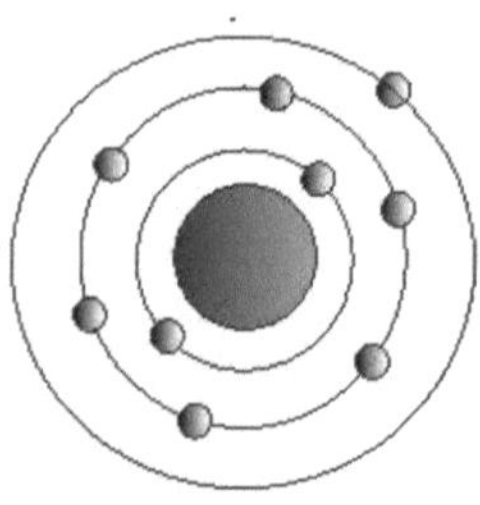

(O^-) SAUERSTOFF-ION

Treffen beide (O) Sauerstoff-Ionen aufeinander, dann wird das Elektron des negativen (O^-) Ions vom positiven (O^+) Ion angezogen, da im positiven (O^+) Ion Masse gleich Elektron fehlt, und das negativ (-) geladene Ion strahlt sein zusätzliches Elektron wieder in das positiv (+) geladene Ion ein.

Es entsteht ein neutrales (O_2) Sauerstoff-Molekül PLUS - und das ist das, was im lebendigen System des physischen Körpers des Menschen das "Lebendige" bewirkt - 13,56 eV Ionisations-Energie, da die eingestrahlte Menge an Ionisations-Energie ohne Verlust wieder freigegeben wird.

Das Handicap bei der Beschreibung dieses real existierenden Vorgangs ist das Nicht-Wissen,

- welche strukturierte Form die Ionisations-Energie aufweist, und zum anderen
- wo sie sich im Atom befindet und aufhält.

Auf der Grundlage meines neuen Atommodells wird dieser Vorgang, da verstandesmäßig nachvollziehbar, absolut transparent.

Ablauf der IONISATION eines (O) Sauerstoff-Atoms auf der Grundlage des von uns entwickelten Atommodells

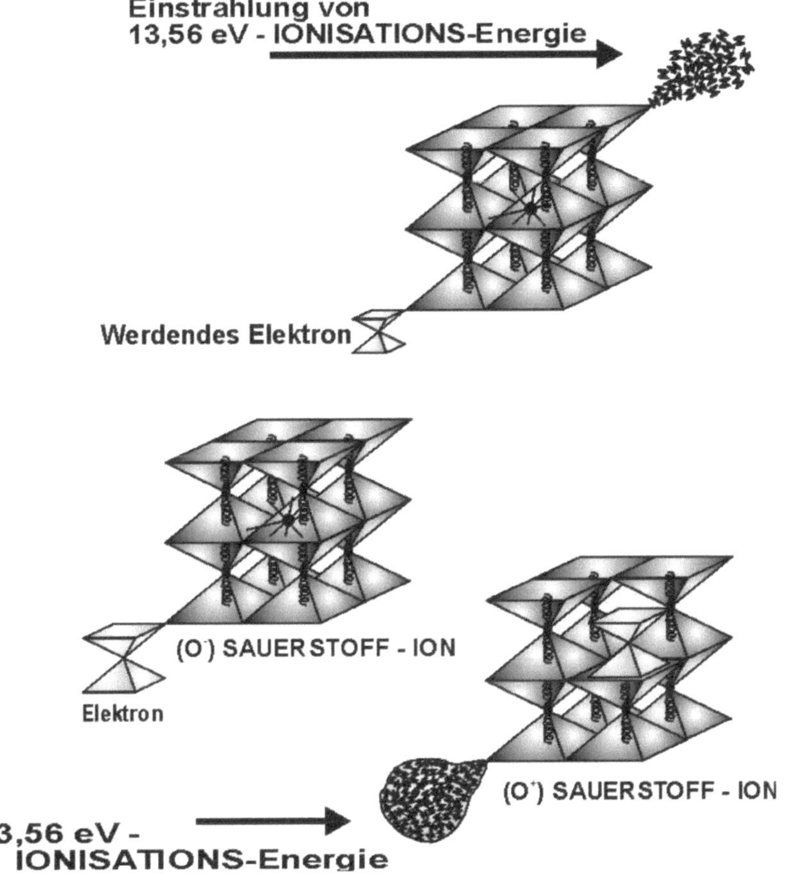

Das Geheimnis, was die sogenannte "tote" Materie in biologischen Systemen zur "lebendigen" Materie werden lässt, ist die strukturierte IONISATIONS-ENERGIE.

Die Energie, die in den biologischen Systemen in allen positiv (+) geladenen IONEN existiert.

Ihre wechselwirksame Freisetzung durch das Aufnehmen von "ELEKTRONEN" und das Herausschlagen von Elektronen bewirkt die Bindung von Atomen zu Molekülen sowie deren Aufspaltung und ist der Schlüssel für das Phänomen "LEBEN".

Wie schon einmal geschrieben, möchte ich mit der Offenlegung der Erkenntnisse in dieser Niederschrift auf Abläufe, aus bio-physikalischer Sicht gesehen, aufmerksam machen, die nicht nur unser aller Leben beeinflussen, sondern die, wenn die Wissenschaft sie in ihre Denkmodelle integriert, unser menschliches Sein so weitgehend verändern können, dass wir wieder zurückfinden zu unserem Ursprung, der nur im Göttlichen zu finden ist.

Wenden wir uns nunmehr einmal den Molekülen zu, die wir mit dem Begriff "toxisch", also giftig, um- bzw. beschreiben. In der heutigen Zeit bewirken, bedingt durch die Technologien in den hochindustrialisierten Ländern, die vielfältigen künstlich erzeugten toxischen Moleküle Schäden in der Natur, in der Atmosphäre und in allen biologischen Systemen, die die Existenz der Menschheit in Zukunft in Frage stellen.
In der medizinischen Wissenschaft versucht man, die toxische Wirkungsweise dieser Moleküle in der Form zu entschlüsseln, dass man dem einzelnen toxischen Molekül spezifische Wirkungen zuschreibt, durch die bestimmte Krankheitsbilder entstehen. Die Entstehung von spezifischen Krankheitsbildern, ausgelöst durch bestimmte toxische Moleküle, ist jedoch meiner Erkenntnis nach nur das Finale einer Krankheit.
Ich behaupte, und diese Behauptung kann von jedem Wissenschaftler nachgeprüft werden, dass alle toxischen Moleküle, gleich in welcher Molekularstruktur sie existieren, ursächlich in der extrazellulären Gewebeflüssigkeit, dem Medium der spezifischen Organzelle, die Schäden verursachen, die für die nachfolgenden spezifisch in Erscheinung tretenden Krankheitsbilder verantwortlich sind.
Ihre schädigende Wirkung im Grundsystem, also in der extrazellulären Gewebeflüssigkeit, dem Medium, in dem die Zellen als Einzelzellen, ohne miteinander in Verbindung zu stehen, existieren, beginnt damit, dass alle toxischen Moleküle das Immunsystem überbelasten.
Und zwar in der Art, dass sie in großen Mengen entweder Abwehrmoleküle binden, wodurch der betroffene Bereich viskositätsmäßig weit über den Gel-Zustand hinaus verdichtet wird, oder als Energie-Ladungs-Träger den Energie-Haushalt der extrazellulären Gewebeflüssigkeit so weitgehend verändern, dass geregelte Funktionsabläufe nicht mehr gewährleistet sind.
In Buch II werde ich auf diese Abläufe ausführlich eingehen.

XXVIII

Toxische Molekular-Verbindungen, die Schäden und Heilung bewirken können

Vom Element her gesehen, sind alle Elemente als Atome und Molekularstrukturen - nicht als Ionen - vom 40. Element an aufwärts für das biologische System des Menschen als absolut toxisch zu betrachten.
Als Norm kann man sagen, dass die ersten 20 Elemente des Periodensystems diejenigen sind, die der Mensch zur Aufrechterhaltung des physischen Körpers und zur Existenz des Phänomens "Leben" benötigt.
Die im Periodensystem von der 21. bis zur 40. Stelle aufgeführten Elemente sind diejenigen, die, kurzfristig eingebracht in das biologische System des Menschen, Heilung bewirken, was bedeutet, dass sie aufgrund ihrer höheren Schwingung in der Lage sind, REGULATIONS-STARREN aufzulösen. Diese treten immer dann ein, und sind im Prinzip die Grundlage einer jeden Krankheit, wenn der Körper mit seinen Selbstheilkräften nicht mehr selbst in der Lage ist, eine Regulations-Störung zu beseitigen oder regulierend zu beeinflussen.

Im Grunde genommen, und da kommt es immer auf die Dosis an, existieren nur 6 Elemente, die als neutrale Atome nicht in irgendeiner Form im physischen System des Menschen Regulationsstörungen verursachen bzw. gesundheitsschädlich sind.
Es sind die neutralen Elemente, aus denen sich der Körper des Menschen aufbaut:

(H) Wasserstoff, (C) Kohlenstoff, (N) Stickstoff,
(O) Sauerstoff, (P) Phosphor und (S) Schwefel.

Die ca. 20 restlichen Elemente, die im Körper des Menschen vorkommen, sind sogenannte Rest-Atome, also IONEN, die als Katalysatoren sowie als Transport-Moleküle für das Bestehen und die Erhaltung des Lebendigen im physischen System des Menschen zum Einsatz kommen, wie zum Beispiel:
Natrium (Na^{+}), Magnesium (Mg^{++}), Chlor (Cl^{-}), Kalium (K^{+}), Calcium (Ca^{++}), Kupfer (Cu^{++}), Eisen (Fe^{++} und Fe^{+++}) usw..

Gleich welche Nahrung wir zu uns nehmen, das Endprodukt der Nahrung nach ihrer Aufspaltung im Verdauungstrakt und Umbildung in der Zelle zum Nah-

rungssubstrat Glucose besteht nur aus den Atomen (C) Kohlenstoff, (H) Wasserstoff und (O) Sauerstoff. Alle anderen Molekularstrukturen, die nach der Aufspaltung resorbiert werden, sind IONEN der Art, wie wir sie vorher genannt haben.
Das heißt also, Molekularstrukturen bzw. Verbindungen von Molekularstrukturen anderer Elemente, die nicht aus diesen Elementen bestehen, können grundsätzlich nicht von den Organen bzw. von den spezifischen Organzellen zu (CO_2) Kohlendioxyd und (H_2O) Wasser sowie als Bausteine, die der Körper des Menschen benötigt, aufgespaltet und verwertet werden. Es sind also indirekt toxische Atome und Moleküle, da sie im Körper eliminiert und von ihm ausgeschleust werden müssen.

Wenden wir uns einmal den toxischen Molekülen und Molekularverbindungen zu, die in unserem Umfeld auf natürlichem Wege, im Labor oder bei Technologien erzeugt bzw. hergestellt und die teilweise zu Produkten verarbeitet werden, mit denen wir täglich in Berührung kommen.
Viele der Produkte, mit denen wir täglich umgehen, wie z.B. Benzin, Diesel, Heizöl, Löse- und Reinigungsmittel, Anilinfarben, Pestizide (Pflanzenschutzmittel), Holzschutzmittel (= PCP- Dioxin-haltiges Pentachlorphenol), Kunststoffe und Kunststoffverpackungen, sind Produkte, bei denen, wenn z.B. in Müllverbrennungsanlagen, Kraftfahrzeugen usw. verbrannt, laufend BENZOL oder Kohlenwasserstoff-Verbindungen freigesetzt werden. Desgleichen sind viele Medikamente entwickelt worden, in deren Grundstoff das Molekül BENZOL enthalten ist, das aus 6 (C) Kohlenstoff-Atomen und 6 (H) Wasserstoff-Atomen besteht, die fest in einem Ring verbunden sind.

XXIX

Das hochtoxische Molekül "BENZOL"
(Das KILLER-Molekül der Menschheit?)

Benzol fällt bei der Destillation von Kohle und Erdöl an. So werden z.B. aus Steinkohlen- und Braunkohlenteer Zyklo-Paraffin und Paraffin gewonnen.
Beide Stoffgruppen (Paraffin - barum affinis = ohne Affinität) besitzen eine Resistenz gegen die stärksten chemischen Agenzien. Molekularstrukturmäßig sind die Atome in einem. Ring so fest miteinander verbunden, dass sie sich, zum Beispiel mit konzentrierter Schwefelsäure gekocht, strukturmäßig nicht verändern und nicht aufgespaltet werden können. Benzol siedet bei 80 Grad C und verbrennt mit roter, stark rußender Flamme.
Früher verwandte man gewisse Fraktionen zum Imprägnieren von Holz, Eisenbahnschwellen usw., da man erkannt hatte, dass diese Produkte lebensfeindliche bakterizide Wirkung besitzen, sowie in Druckereien, Waffenfabriken und als Verdünner von flüssigem Kleber.
Als es dann gelang, mit konzentrierter Schwefel- und Salpetersäure die Zyklo-Paraffine anzugreifen, entstand durch die Behandlung von Benzol das Nitrobenzol, das auch als Bittermandelöl bezeichnet wird. Nitrobenzol hat ein spezielles Aroma und wurde bis in die jüngste Zeit zum Parfümieren von Schuhputzmitteln und dergleichen verwendet.
Aus diesem Grunde bezeichnet man die Chemie der Zyklo-Paraffine auch als aromatische Chemie.
Im Gegensatz dazu wird das Gebiet der Chemie der offenen Ketten aliphatische Chemie (aliphatisch = Fett) genannt.
In der aliphatischen Chemie werden durch vorsichtige Oxidation der Grundprodukte Stoffe mit Fettsäurecharakter hergestellt.
Durch die Nitrierung des Benzols entwickelte sich die aromatische Chemie. Millionen von neuen chemischen Stoffen wurden entwickelt und produziert.
Durch die Reduktion mit anderen Elementen entstand so, wie Sie an der Grafik erkennen können, aus dem Grundstoff Benzol durch Anfügen von Seitenketten das Nitrobenzol und daraus das Anilin.

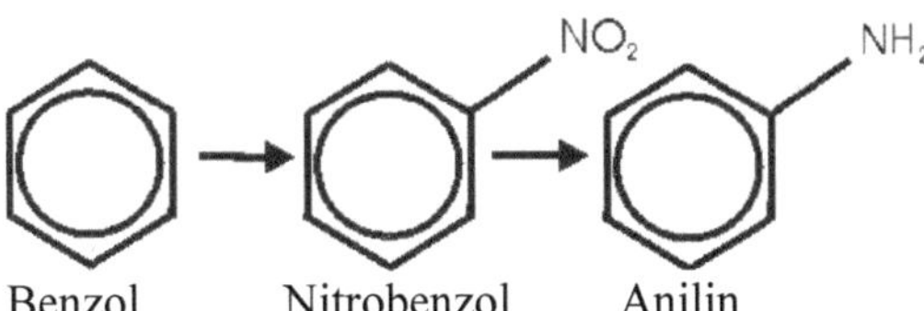

Benzol Nitrobenzol Anilin

Aufbauend auf der gefundenen Erkenntnis entwickelte in den Jahren 1858 bis 1865 KEKULE die neue Strukturchemie.
Eine Entwicklung, deren Gefährlichkeit - aber auch Hilfe - für den Menschen in ihrer ganzen Tiefe den Wissenschaftlern noch gar nicht bewusst geworden ist.
Auf der Strukturchemie aufbauend, entdeckte man im Laufe der Zeit, dass die Stoffe aus dem Bereich der Farbstoffzwischenprodukte eine Wirkung auf alle biologischen Systeme, also auch auf den menschlichen Organismus besitzen.
Auf der Grundlage dieser Erkenntnis entwickelte sich die Ära der synthetischen Heilmittel. Die Chemo-Therapie wurde gegründet, die sich die Erfahrungen der Farbstoffchemie zunutze machte. Gleich wie bei der Farbstoffchemie, bei der man durch Anfügen von Seitenketten an das Benzol die Farbschattierung ändert und sogar vorausberechnen kann (eine Bestätigung dafür, dass durch die Frequenz und Amplitude der Molekularstruktur das Phänomen bewirkt wird, das wir als Farbe bezeichnen), benutzt die Chemo-Therapie das BENZOL und bindet Seitenketten an diesen Grundkern, der mit dem Plasmastoff des Organismus reagiert.
Durch die verschiedenen Seitenketten wird die Wirksamkeit des chemotherapeutischen Mittels variiert, sagt die Wissenschaft. Wie wir nachweisen konnten, entspricht dies nicht den Tatsachen. Die Atome, aus denen sich die Seitenketten bilden, bestehen hauptsächlich aus (H) Wasserstoff, (N) Stickstoff, (O) Sauerstoff und (C) Kohlenstoff. Also alle Atome, die in der extrazellulären Gewebeflüssigkeit abgespaltet und verarbeitet werden können.
Im Folgenden werde ich noch näher auf die chemo-therapeutischen Mittel, speziell ASPIRIN, eingehen.

Viele organische Synthesen gehen vom Benzol aus. Zum Beispiel wird seit der Restriktion der Verwendung von Tetraethylblei im Motorbenzin BENZOL vermehrt in Superkraftstoff als Antiklopfmittel verwendet.
Aber auch im Normalbenzin ist es mit geringeren, insgesamt stark wechselnden Anteilen enthalten.
1972 schränkte man durch Gesetz die Verwendung von Blei-Tetraethyl ($Pb(C_2H_5)_4$) ein, das als Antiklopfmittel für Brennstoffe in Hochleistungs-Benzinmotoren verwendet wurde.
Man erkannte, dass die organische Bindung, die bei der Kraftstoffverbrennung aufgebrochen wird, das Blei als anorganisches Aerosol (meist als Chlorid, Oxyd oder Carbonat) in feinster Verteilung mit den Auspuffgasen in die Luft einströmt und in dieser Form mit der Atemluft oder mit kontaminierter Nahrung (vor allem Obst und Gemüse) aufgenommen wird.
Die schädigende Wirkung z.B. in Zentren des Automobilverkehrs (Stadtkerne, Autobahnränder usw.) nahm durch die Kontamination von Blei beträchtliche Ausmaße an.

Vom damaligen Stand der Wissenschaft aus gesehen, war die Entscheidung, in der die toxikologischen bio-chemischen Erkenntnisse für Benzol sprachen, richtig, da man sich der Gefahr, die durch Benzol bewirkt wird, noch nicht bewusst war. Leider sieht es jedoch so aus, dass sich das BENZOL bei der Kraftstoffverbrennung in der Atmosphäre mit CHLOR verbindet und so eine Molekularverbindung schafft, die fast die gleiche Wirkung wie DIOXIN besitzt.
Dies soll jedoch in dieser Niederschrift außer Betracht gelassen werden, da für diese Behauptung unsere Forschung noch nicht abgeschlossen ist.
Die vielfältigen toxischen Molekularverbindungen, die das Benzol in der Erdatmosphäre bis in die Troposphäre (Ozonschicht) eingeht, sind bis heute noch gar nicht erforscht, bzw., wenn erforscht, werden die Erkenntnisse, um keine Panik zu verursachen, der Öffentlichkeit gegenüber verschwiegen.
Welche hohe toxische Wirkung diese Moleküle bei einem zusätzlichen hohen Ozonaufkommen in der Atemluft, das durch starke Sonneneinstrahlung bewirkt wird, gegenüber den biologischen Systemen, also einschließlich des Körpers des Menschen, besitzen, wenn diese Moleküle mit dem Ozon Verbindungen eingehen, ist bis heute noch nicht überprüft.

Meinen Erkenntnissen nach ist das Benzol, das in großem Maße durch die Auspuffgase der Kraftfahrzeuge und durch die Müllverbrennungsanlagen in die Atemluft freigesetzt wird, verantwortlich für die immer mehr werdenden unspezifischen sowie chronischen Krankheitsbilder in den Industrie-Ländern.
Von wissenschaftlicher Seite aus wird heute das Kohlendioxyd (CO_2), das bei der Verbrennung von Kraftstoffen in KFZ, bei der Kohleverbrennung in Elektrizitätswerken sowie in den Haushalten usw. in hohem Maße entsteht, verantwortlich gemacht für das Sterben der Wälder, die Zerstörung der Ozonschicht sowie in Verbindung mit anderen Molekülen für die Verschmutzung und Verseuchung unserer Atemluft bis hin zu unserer Nahrung. Dass dies der Realität entspricht, kann ich meiner Erkenntnis nach voll bestätigen, da selbstverständlich z.B. ein überhöhtes Aufkommen von Kohlendioxyd (CO_2) Störungen in biologischen Kreisläufen sowie in der Ozonschicht verursacht und den Treibhauseffekt anheizt.
Dies ist jedoch nur die eine Seite der Medaille:
Die andere Seite ist das Molekül BENZOL, von dem kaum jemand weiß, welche schädigende Wirkung es in der Natur und beim Menschen besitzt.
Berichte, die über die Gefahr dieses Molekulargebildes veröffentlich werden, sind so abgefasst, dass bis auf ein paar Insider-Wissenschaftler die Masse der Menschen gar nicht begreift, besser gesagt gar nicht begreifen kann, in welcher Gefahr die Menschheit durch das Freisetzen von Benzol in der Natur lebt.
Auch wenn man, aus bio-chemischer Sicht gesehen, weiß, dass große Mengen des stark toxischen BENZOL-Moleküls bei Verbrennungsvorgängen aller Art,

speziell bei der Verbrennung von Kraftstoffen, in die Umwelt abgestrahlt werden, so hat man doch bis heute in diesem Bereich nur die toxikologischen Erkenntnisse berücksichtigt, die bekannt sind.

Diese besagen, dass das BENZOL-Molekül von der Haut und den Schleimhäuten in Dampfform leicht resorbiert (aufgenommen) wird und sich im Organismus überwiegend im Fett verteilt.
Bedingt durch seinen hohen Dampfdruck wird es jedoch rasch in 3 Phasen über die Lungen ausgeschieden: Die Halbwertzeiten betragen I h, 3-4 h und 20-30 h. Ca. 50 Prozent werden metabolisiert zu harnfähigen Substanzen unter Beteiligung folgender Enzyme:
= Monooxygenasen,
I. = Glutathion-Stransferase,
II. = Epoxidhydrolase,
III. = Sulfotransferase,
IV. = Glucuronyltransferase.

Die Monooxygenasen bilden ein Epoxid, das auf dreierlei Weise umgesetzt werden kann:
1. eine nicht-enzymatische Umlagerung zu Phenol
2. eine enzymatische Aufspaltung durch Epoxidhydrolasen zum Dihydrodiol und
3. eine enzymatische Aufspaltung unter Anlagerung von Glutathion.

Das Kopplungsprodukt mit Glutathion wird unter weiterer enzymatischer Abspaltung von Glutaminsäure und Glycin sowie Acetylierung am Aminostickstoff des Cysteinrestes in die Prämercaptursäure überführt, die eines der Haupt-Harnausscheidungsprodukte darstellt. Durch eine Säurebehandlung des Harnes tritt Wasserabspaltung ein, und man erhält Phenylmercaptursäure. Außerdem sagt man, dass einfaches Phenol in Parastellung weiter zu Hydrochinon oxidiert werden kann, das im Redoxgleichgewicht mit Chinon steht. Freie Chinone können als solche bereits im Harn ausgeschieden werden, und sie vermitteln durch ihre farbigen Oxidationsprodukte im Urin eine schmutzig-grün-braune Farbe.
Brenzkatechin, Hydrochinon und Phenol werden jedoch überwiegend mit Schwefelsäure gekoppelt, in kleinen Anteilen z.B. beim Menschen auch mit Glucuronsäure, und in Form dieser polaren Verbindungen rasch renal ausgeschieden.
Die Bestimmung von organisch gebundenem Sulfat kann als Indiz erhöhter beruflicher Benzol-Aufnahme dienen.
Epoxide sind sehr reaktionsfreudige Verbindungen und können ähnlich wie mit Glutathion mit reaktivem Wasserstoff biologischer Makromoleküle reagieren.

So reagiert das Epoxid des karzinogenen Benz(a)-pyren in vivo mit Nukleinbasen.
Dies ist eine Hypothese des Mechanismus der karzinogenen Wirkung. Ähnlich könnte hypothetisch die mutagene und karzinogene Wirkung des Benzols erklärt werden, doch sind analoge Reaktionen beim Benzol noch nicht sicher nachgewiesen. In der letzten Zeit diskutiert man hypothetisch, dass durch Peroxidasen gebildete Semichinone als reaktive Metabolite wirken."

Nach dem Stand der Wissenschaft wird in der Literatur die toxische Wirkung wie folgt in akute und chronische Vergiftungen aufgeteilt.

Akute Vergiftung

Eine Aufnahme von mehr als 0,5 ml/kg durch die Nahrung bzw. die Inhalation von mehr als 1.000 ml/m^3 über einen längeren Zeitraum als ½ h erzeugen Rauscherscheinungen mit euphorischer Komponente, Kopfschmerzen, Schwindel bis zu Übelkeit und Erbrechen.
Höhere Dosen verursachen Krämpfe, Bewusstlosigkeit, Herzrhythmusstörungen bis zu zentraler Atemlähmung und Kreislaufversagen, die zum Tod führen können.
Wird die Vergiftung überstanden, erfolgt in der Regel eine rasche Erholung, wobei das Blutbild zunächst unauffällig bleibt.
Leber und Nieren, die bei anderen Lösemitteln meist stärker geschädigt werden, bleiben weitgehend unbeeinflusst.

Chronische Vergiftung

Bei wiederholter langandauernder sowie auch bei einmaliger sehr massiver Einwirkung erweist sich Benzol als Blutgift und hemmt die Erythropoese, die Leukopoese sowie die Thrombopoese. Anämie, Leukophenie sowie Thrombophenie können dabei allein oder in Kombination auftreten.
Häufig geht der Depression der einzelnen Systeme eine vorübergehende Überproduktion voraus. Die Störung kann jahrelang anhalten, trotz Unterbrechung der Exposition, oder sich erst viele Jahre nach der letzten Benzol-Aufnahme manifestieren. Therapeutische Einflussmöglichkeiten auf eine akute oder chronische Vergiftung sind nicht bekannt.
Während der Vergiftung bzw. danach können krebsartige Entartungen des weißen Blutbildes Leukosen (Leukämien) entwickeln. In der Literatur wird über ca. 400 Fälle von Benzol-Leukämie berichtet. Die Dunkelziffer, bei der die Ursache nicht klar diagnostiziert wurde, scheint nach der Meinung der Wissenschaftler sehr groß.

Ungeklärt ist bis heute außerdem, ob die ein- oder mehrmalige Aufnahme hoher Dosen von Benzol zur Auslösung der Entartung erforderlich ist oder ob die längerfristige Einwirkung geringer, akut nicht toxischer Konzentrationen schon genügt."

(Anm.d.Verf.:Genau diese langfristige ununterbrochen andauernde Einwirkung von Benzol aus der Atemluft sowie aus der Nahrung auf die biologischen Systeme wie Mensch -Tiere -Bäume -Pflanzen usw. bewirkt meiner Meinung nach beim Menschen die von der Medizin unter Zivilisationskrankheiten und chronischen Krankheiten zusammengefassten unspezifischen und spezifischen Krankheitsbilder.
Das Immergrößerwerden der Jugendlichen ist, wie ich noch näher erklären werde, auch der dauernden Einwirkung von Benzol auf das biologische System Mensch zuzuschreiben. Das Gleiche gilt für das Sterben der Wälder.
In diesen biologischen Systemen wirkt das Benzol in der extrazellulären Gewebeflüssigkeit auf die gleiche Art wie im Körper des Menschen und erzeugt die Störungen, die die Bäume absterben lassen.)

"Unbedenkliche Grenzdosen sind aus toxikologischer Sicht nicht bekannt. Dies ist nicht zuletzt darauf zurückzuführen, dass es nicht gelingt, im Tierversuch mittels Benzol Leukosen zu erzeugen. Bei Benzol-exponierten Personen lassen sich, wie wissenschaftlich nachgewiesen, in Lymphozyten- und Knochenmarkzellen Chromosomenaberrationen (Genveränderungen) nachweisen, die z.T. irreversibel sind und den ursächlichen Zusammenhang zwischen Benzol und Leukoseentstehung nahelegen."
(Anm.d.Verf.
Langfristig gesehen können meiner Meinung nach z.B. Mutationen in der Tier- und Pflanzenwelt sowie Missbildungen bei Menschen vom Benzol ausgehen.)
"Von der Toxikologie wird ausgesagt, dass Benzol zu einem der wichtigsten und gefährlichsten Umweltgifte gehört."

Bei jedem Laien müssen die Feststellungen der Toxikologen, die ich vorab zitiert habe, schon ausreichen, um Panik zu erzeugen. Dies ist jedoch nicht der Sinn und Zweck dieser Niederschrift. Sondern ich will nur anregen und aufmerksam machen auf eine Situation, die uns alle angeht und die wir gesellschaftsbedingt alle mitzuverantworten haben.
Es gibt keine Schuldigen, denen man die Schuld zuweisen könnte, sie hätten diese Situation zu verantworten.
Bedingt durch den Lauf unserer Technologien unter der Prämisse "Schneller, besser und immer mehr", sind wir an einem Punkt angelangt, an dem die Apokalypse des JOHANNES zur Realität wird.
Auch die Möglichkeit, die Ursache der Gefahr von heute auf morgen aus der Welt zu schaffen, ist nicht gegeben, da Alternativen zu den Technologien, durch

die Benzol entsteht, zwar existieren, aber noch nicht so weitgehend ausgereift sind, dass sie sofort eingesetzt werden können.

Was man tun kann, ist, die Menschen vorab so auf die Gefahr aufmerksam machen, dass sie als Masse Druck ausüben, damit alternative Technologien vorangetrieben werden.
Denjenigen, die aufgrund dieser geschilderten Sachlage im Bereich der Energie für Atomstrom plädieren, sei gesagt, dass dies keine Lösung ist, da die Beseitigung von radioaktiven Stoffen, aus bio-physikalischer Sicht gesehen, ein Ding der Unmöglichkeit darstellt.
Auch wenn dieser kurze Bericht, als Beispiel niedergeschrieben, nur auf die Gefahr, die direkt vom Benzol ausgeht, aufmerksam machen soll, so muss doch darauf hingewiesen werden, dass das DIOXIN, ein Gift, das seit dem Unfall in Seveso immer wieder in die Schlagzeilen rückt, eine Molekularstruktur besitzt, deren Grundmolekül BENZOL ist, an das CHLOR-Atome gebunden sind.

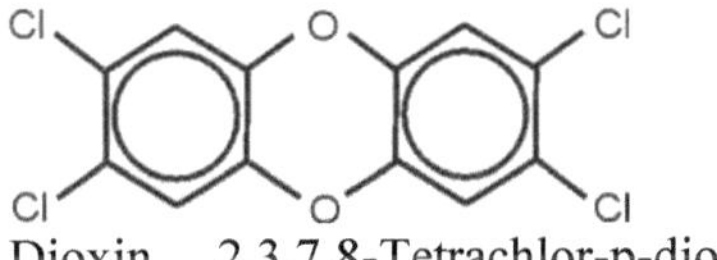

Dioxin 2.3.7.8-Tetrachlor-p-dioxin

Im Bereich der synthetischen Heilmittel gelang es als erstes, aus dem Phenol Salicylsäure herzustellen, die als Salycilsäure-Präparate in den Handel gelangt. Es wurden Präparate entwickelt wie, um nur ein paar einzelne zu nennen, Salvarsan, das Saccharin, das Dulcin sowie viele andere synthetische Verbindungen, die heute in unserem täglichen Leben Verwendung finden. In den medizinischen Bereich haben viele dieser Präparate Eingang gefunden und wurden zu Standardmedikamenten.
Die Entwicklung der Teerchemie hat unser heutiges medizinisches Denken stark geprägt.
Viele Präparate helfen den Menschen zu überleben. Da jedoch die Wirkungsweise dieser chemo-therapeutischen Präparate bio-chemisch und nicht bio-physikalisch untersucht und betrachtet wird, kennt man die Wirkung, aber nicht die effektive Wirkungsweise.
Erst wenn das, was im folgenden niedergeschrieben steht, Wissensstand der Medizin sowie der Pharmaindustrie ist, wird man erkennen, dass die Dosis dieser nicht-biologischen Mittel maßgebend ist, um Leben zu retten oder zu vernichten. An einem Präparat, einem Chemo-Therapeutikum, das immer mehr auch klinisch zum Einsatz kommt, möchte ich kurz die positive Wirkungsweise, aus bio-physikalischer und bio-chemischer Sicht gesehen, erklären.

XXX

Wirkungsweise von Medikamenten, erklärt am Beispiel ASPIRIN® (Acetylsalicylsäure)

ASPIRIN® ist, wie Sie an der folgenden Formel sehen können, ein chemisches therapeutisches Mittel, das durch Seitenketten, die an das Benzol gebunden sind, ein weiterreichendes Produkt der Salicylsäure darstellt (siehe nachfolgende Grafik).

ASPIRIN® wurde ursächlich für bestimmte Krankheitsbilder als schmerzstillendes Mittel entwickelt.

In den letzten 20 Jahren konnten wir, bestätigt von anderen Forschergruppen, nachweisen, dass ASPIRIN® wesentlich größere vielfältige Wirkungen besitzt als nur die der Schmerzstillung. Heute weiß man zum Beispiel, dass es das Zusammenkleben der Blutplättchen verhindert.

Im Bereich der Coronar-Medizin wird es darum bei Herzinfarkt-Patienten sowie zur Vorbeugung gegen Herzinfarkt eingesetzt. Wie, wo und warum es definitiv in diesem Bereich wirkt, konnte bis heute noch nicht genau entschlüsselt werden.

Die Theorien, die aus bio-chemischer Sicht darüber existieren, entsprechen, wie ich nachweise, nicht der Realität.

Formel ASPIRIN®

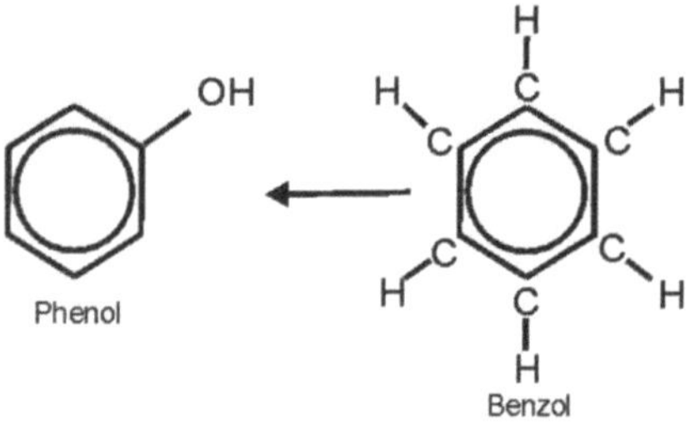

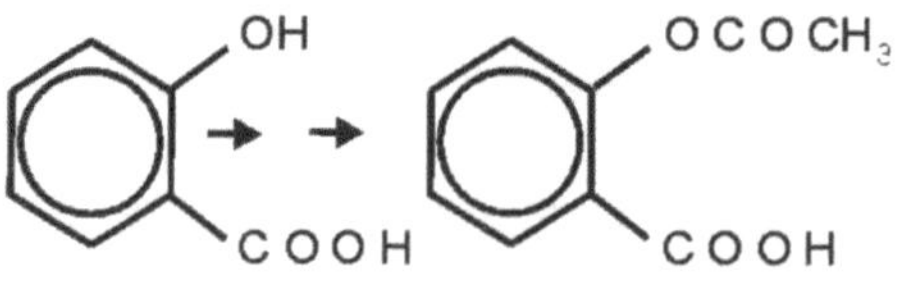

Phenol

Benzol

Salicylsäure

Acetylsalicylsäure
(Aspirin)

In unseren Praxen haben wir durch wissenschaftliche Studien festgestellt, dass dieses Präparat bei fast allen Krankheitsbildern regulierende Wirkung besitzt. Es hilft Schwangeren bei der Verhinderung von vorzeitigen Wehen. Es hat regulierende Wirkung bei fast allen Hauterkrankungen, reguliert psychisch und nervlich bedingte Sehschwächen, besitzt regulierende Wirkung bei starkem Fußschweiß und Fußpilz, wirkt muskelentkrampfend, dadurch regulierend bei Wirbelsäulenschäden sowie bei Überbeanspruchung (Sport bis Hochleistungssport) schnellwirkend als Entkrampfungsmittel. Im rheumatischen Formenkreis, speziell bei Gicht, wirkt es in Verbindung mit anderen Medikamenten und einer bestimmten Nahrung auf eine Weise, die man nur als sensationell bezeichnen kann.
Eine von mir daraufhin entwickelte Therapie wurde auf Kongressen und in medizinischen Fachblättern vorgestellt.

Ich könnte eine Seite allein mit den Krankheitsbildern füllen, bei denen wir ASPIRIN® erfolgreich eingesetzt haben und einsetzen.
Die Nebenwirkungen des Präparates, auf die besonders hingewiesen wird, sind so, dass dieses Präparat bei Magenerkrankungen, Gefäß-Schwächen etc. nicht eingesetzt werden soll, da es Blutungen verursacht. Im Folgenden werden Sie erkennen, dass speziell die Nebenwirkungen eine Bestätigung der von uns gefundenen Erkenntnisse sind.

Sehen wir uns die Molekularstruktur des ASPIRINS® einmal etwas näher an.

ASPIRIN® besteht aus einer Molekularstruktur, deren toxischer Anteil ein Benzolring ist, der im Urzustand aus 6 (C) Kohlenstoff- und 6 (H) Wasserstoff-Atomen besteht, wobei durch vorsichtige Oxidation bei der Herstellung von ASPIRIN® 2 (H) Wasserstoff-Atome durch 1 (C) Kohlenstoff-Atom und 1 (O) Sauerstoff-Atom ausgewechselt wurden, an denen in 2 Nebenketten 3 (C)-, 4 (O)- und 4 (H)-Atome angebunden sind. [Formel: Acetylsalicylsäure $C_6H_4(COOH)(OCOCH_3)$]

Da der Benzolring von der biologischen Energie des Körpers nicht aufgespaltet und verwertet werden kann, wirkt er im biologischen System indirekt als toxisches Molekül, das aus diesem wieder ausgeschleust werden muss.

Die 2 Seitenketten des ASPIRINS®, bestehend aus $(OCOCH_3)$- und (COOH)-Atomen, können in der extrazellulären Gewebeflüssigkeit mittels Ionisations-Energie leicht abgespaltet werden und gelangen von da aus in die Zelle, wo sie unter Hinzufügung eines $(O_2^{- -})$ Sauerstoff-Moleküls zu 2 x (CO_2) Kohlendioxyd- und 2 x (H_2O) Wasser-Molekülen oxidiert werden.

Das (CO_2)Kohlendioxyd wird, genau wie alle anderen (CO_2)- Moleküle, ohne Schwierigkeiten über das venöse System abtransportiert bzw. für den Aufbau von GAGs/PGs (Glykosaminoglykane und Proteoglykane), die Moleküle der extrazellulären Gewebeflüssigkeit, verwendet. Die zwei (H_2O) Wasser-Moleküle werden aus der Zelle transportiert und zum Bestandteil der extrazellulären Gewebeflüssigkeit.

Wie wir nachweisen konnten, entstehen Schmerzen immer dann, wenn in der extrazellulären Gewebeflüssigkeit Molekular-Verdichtungen entstehen, bei denen Nervenendfasern eingeklemmt werden, wodurch sie nicht mehr in der Lage sind, Photonen bzw. Energiequanten in die Nervenfaser einzustrahlen.

Information gleich energetische Regulierung Gehirn → Organbereich erfolgt, wie wir nachweisen konnten, über Elektron-Neutrinos (Photonen) bzw. Energiequanten.

Die extrazelluläre Gewebeflüssigkeit besitzt ein bestimmtes Energie-Niveau und strahlt aus diesem ununterbrochen über die Nervenenden Photonen in die Nervenbahnen, die von da aus in das für den jeweiligen Organbereich zuständige Hirn-Areal transportiert werden.

In einem Kreislauf werden diese Photonen wieder über die Nervenenden in die extrazelluläre Gewebeflüssigkeit zurücktransportiert. Funktioniert dieser Photonentransport ordnungsgemäß, dann weiß das Gehirn, dass sich das Energie-Potential in einer naturgegebenen Ordnung befindet, die in diesem Organbereich gegeben sein muss.

Werden Nervenenden durch Verdichtungen von GAGs/PGs (Glykosaminoglykane und Proteoglykane) eingeschnürt, so dass über die Nervenenden keine Photonen in das zuständige Hirn-Areal einstrahlen, nimmt das Hirn-Areal an, dass in diesem Bereich ein Energiemangel besteht. In diesem Moment strahlt das Hirn-Areal verstärkt Photonen in diese Nervenfaser ein, die jedoch nicht aus dem Nervenfaserende ausgestrahlt werden können.

Der entstehende Stau erzeugt in dem Hirn-Areal und in der Nervenfaser ein hohes Energieaufkommen, das der Mensch im Gehirn als Schmerz wahrnimmt.

Erhält der Patient das Medikament ASPIRIN®, dann wirkt dieses Medikament wie folgt schmerzbeseitigend.

In der extrazellulären Gewebeflüssigkeit werden die Seitenketten vom Gesamtmolekül, wie vorab beschrieben, abgespaltet, so dass nur noch der reine Benzolring in der extrazellulären Gewebeflüssigkeit existiert.

Die Frequenzen, die das Benzol abgibt, werden von den Killerzellen, die Bestandteil der Verdichtung sind, erkannt.

Da das Molekül Benzol ein toxisches Molekül ist, das im biologischen Körper des Menschen nicht verwertet werden kann, muß es von der körpereigenen Abwehr eliminiert werden.
Das bedeutet, in dem Moment, wo es in die extrazelluläre Gewebeflüssigkeit eingestrahlt wird, bewirkt seine hohe Eigenschwingung das Freisetzen von Abwehrmolekülen, die die Molekularstrukturen ummanteln, also neutralisieren, und das toxische Molekül über die Lymphspalten in das lymphatische System transportieren.
Gleich wie bei jeder Invasion von Störung verursachenden Noxen bildet sich der Histiozytenwall, bestehend aus den Retikulumzellen.
Begleitend dazu werden Plasmazellen frei und teilen sich auf in die molekularen Antikörper, die das toxische Molekül ummanteln. Dieser Vorgang bewirkt, dass Moleküle aus den Verbänden der Riesenmoleküle, die die Verdichtung bewirkten, abgespaltet werden, wodurch sich die Viskosität zum Flüssigen hin verändert. Bedingt durch das Flüssigerwerden können zum Beispiel bei einer Störung in der extrazellulären Gewebeflüssigkeit in Form einer Verdichtung der Molekularstrukturen der Zwischenzellsubstanz durch das Aufspalten der Moleküle Nervenfaserenden freiwerden.
Freigeworden, strahlen sie die gestauten Photonen in die extrazelluläre Gewebeflüssigkeit, und es werden wieder geregelt Photonen ein- und ausgestrahlt.

Selbstverständlich bewirkt dieser Vorgang, ausgelöst durch das ASPIRIN®, eine Initialzündung, die die Repairsysteme anregt und so weitgehend beeinflusst, dass z.B. Utilisationsstörungen an Zellmembranen durch die Auflösung der Verdichtung verschwinden
Die Folge ist: Die Mitochondrien der gestörten Zelle, die auf Gärungsstoffwechsel, also anaeroben Stoffwechsel, gearbeitet haben, da sie zum Beispiel nicht genügend ($O_2^{- -}$) Sauerstoff bzw. Nahrungssubstrat erhalten hatten, schalten wieder auf den aeroben Stoffwechsel, den Sauerstoffabhängigen Stoffwechsel, um und sind wieder in der Lage, das (H_2O) Zellwasser zu liefern, das dazu beiträgt, pathologische Verdichtungen aufzulösen. Außerdem erzeugen die aus dem Stau freiwerdenden Energiequanten zusätzlich Singulett-Zustände, so daß in die Verdichtung in der Form Bewegung kommt, daß dieser Vorgang auch als Repairsystem betrachtet werden muß. Gleichzeitig werden durch die Auflösung der Verdichtung Kapillaren frei, und der Transport des Nahrungssubstrats sowie des Atmungs-Sauerstoffs läuft in diesem Bereich wieder geregelt ab.

Da es jedoch die URSACHE der Entstehung einer Verdichtung nicht beseitigen kann, wirkt ASPIRIN® nur als Initialzünder sowie Immunsystem-stabilisierend. Es kann also Störungen beseitigen, aber nicht die Ursache der Entstehung heilend beeinflussen.

Maßgebend für einen geregelten Transport der Stoffe und Energien ist immer die Viskosität und das Energie-Potential der extrazellulären Gewebeflüssigkeit. Störungen in diesem System verhindern den Transport von Informationen und Nahrungssubstrat und sind somit ursächlich verantwortlich für veränderte natürliche Abläufe innerhalb der spezifischen Organzellen.

Ein Benzolring, der allein oder in einer Molekularverbindung in die extrazelluläre Gewebeflüssigkeit gelangt, bewirkt also drei Vorgänge.

1. Durch die Abstrahlung seiner, sagen wir, toxischen Eigenschwingung werden, da er vom biologischen System nicht verarbeitet werden kann, zum Beispiel bei einer Störung durch verdichtete Moleküle in der extrazellulären Gewebeflüssigkeit, Moleküle abgespaltet (Abwehrmoleküle), wodurch die verdichtete Zwischenzellsubstanz wieder durchlässig wird für Energiequanten, Nahrungssubstrat und Stoffe, die die Zelle benötigt.

2. Durch die Verflüssigung der extrazellulären Gewebeflüssigkeit werden Nervenfaserenden wieder frei, bei denen es durch die Erstarrung der Molekularstrukturen zu Informations- gleich Energie-Staus gekommen war, die im Feedback via Gehirn Schmerzen verursachen. Durch die Auflösung des Staus bewirkt also der Benzolring des ASPIRINS® Schmerzstillung.

3. Da die spezifische Organzelle wieder geregelt Nahrungssubstrat und ionisierten ($O_2^{- -}$) Atmungs-Sauerstoff sowie andere Stoffe erhält, kann die Zelle, die bei Mangel von Nahrungssubstrat und Atmungs-Sauerstoff auf Gärungsstoffwechsel arbeitet (= Krankheit), wieder auf den normalen aeroben Stoffwechsel umschalten, bei dem das Nahrungssubstrat in Verbindung mit dem Atmungs-Sauerstoff zu (H_2O) Wasser und (CO_2) Kohlendioxyd verarbeitet wird.

ASPIRIN® ist also nicht nur ein schmerzstillendes Mittel, sondern ein Mittel, das bei fast jedem Krankheitsgeschehen als Universal-Mittel eingesetzt werden sollte.
Wie Sie, wenn Sie diesen Ablauf genau verstanden haben, erkennen können, ist ASPIRIN®, obwohl es ein hochtoxisches Molekül als Grundmolekül (BENZOL) besitzt, mit eines der effektivsten heute existierenden IMMUN-STIMULIERENDEN Mittel, das zur Zeit auf dem Markt ist.
Dies bedeutet, daß ein sonst toxisches Molekül wie das Molekül Benzol, eingesetzt in der richtigen Dosierung - wir sahen es am Beispiel ASPIRIN® -, auch im biologischen System des Menschen Regulation dadurch bewirken kann, daß es die körpereigenen Selbsthilfskräfte anregt und mobilisiert.

Viele Medikamente wie z.B. teilweise Sympathornimetika (Adrenozeptor-Agonisten), Lokalanästhetika, verschiedene Psychopharmaka und andere, deren Grundmolekül aus 1 Benzolring besteht, wirken auf die gleiche Weise.

Medikamente mit *Doppelbindungen oder Mehrfachbindungen* von *Benzolringen* führen dagegen zu starken Verdichtungen der Moleküle der extrazellulären Gewebeflüssigkeit, da diese Moleküle, ummantelt von Abwehrmolekülen, nur sehr schwer über die Lymphspalten in das lymphatische System transportiert werden können.
Da sie starke Verdichtungen bewirken, werden die Organzellen vom Nahrungstransport abgetrennt, was dazu führt, daß sie zu irgendeinem Zeitpunkt ihren Selbstzerstörungsmechanismus einsetzen.
Dies ist letztendlich das, was die Medizin mittels Zytostatika (Chemo-Therapie) bei Krebs-Patienten bewirken will, da im Bereich des turnoralen Geschehens von Haus aus schon starke toxische Verdichtungen existieren. Da das Zytostatikum über das Blut in die gesamte extrazelluläre Gewebeflüssigkeit transportiert wird, führt das bei gesunden Zellen auch zu Regulations-Störungen, da, wie schon gesagt, die Doppel- und Mehrfach-Benzolbindungen Verdichtungen bewirken.
Wenn das Abwehrsystem in diesen Bereichen noch weitgehend funktioniert, entsteht zwar eine Schwächung der Regelsysteme und der Organbereiche, auf der anderen Seite werden jedoch in dem Bereich, in dem der Tumor existiert, Krebs-Zellen vernichtet.
Aus diesem Grunde sind wir der Meinung, daß eine Chemo-Therapie nur dann eingesetzt werden sollte, wenn vorab das Immunsystem so weitgehend stabilisiert wurde, daß in den gesunden Bereichen der Benzolanteil schnell von der körpereigenen Abwehr eliminiert werden kann.

Es ist nach dieser Erkenntnis nur logisch und von jedem nachvollziehbar, daß Medikamente mit Doppel- oder Mehrfachbindungen von Benzol aufgrund der von ihnen bewirkten Verdichtungen starke Nebenwirkungen besitzen.
Die Symptome von Krankheitsbildern, die bei der Gabe von Zytostatika als Nebenwirkungen auftreten, sind im Grunde genommen der Beweis dafür, daß die Entstehung von spezifischen Krankheitsbildern zum großen Teil auf Verdichtungen der extrazellulären Gewebeflüssigkeit zurückzuführen ist.
Auf welchem Wege sie außerdem spezifische und unspezifische Krankheitsbilder in allen biologischen Systemen erzeugen, wird im folgenden 2. Band noch genau geschildert.
Moleküle, die Benzolringe enthalten, überdauern unangetastet geologische Zeit und existieren in Verbindung mit gasförmigen Molekülen nicht nur in unserer Atmosphäre, sondern im gesamten Raum unseres Universums.

Die Benzolform bildet sich im Weltraum genauso leicht wie auf der Erde. Man weiß, daß z.B. die Kohlenstoffhaltigen Chondrit-Meteoriten, eine der ältesten Massearten des Sonnensystems, viele Formen polyzyklischer aromatischer Verbindungen aufweisen.
1985 entdeckten Louis J. ALLAMANDOLA und seine Mitarbeiter am National Aeronautics and Space Administration Center, daß das ultra-violette Lichtspektrum von Nebelflecken dem des Autorußes sehr ähnlich ist.
Der deutsche Chemiker August KEKULE entdeckte 1865 als erster den Aufbau des Benzols. Nach historischen Berichten träumte er von einer Schlange, die ihren eigenen Schwanz hinunterschlang, was für ihn die Initialzündung zu der Annahme war, daß dies die Form des Benzols ist.
Trotzdem weiß man heute noch nicht, warum 6 (C) Kohlenstoff-Atome, in einem Ring gebunden, gesättigt sind, wenn 6 (H) Wasserstoff-Atome bindungsmäßig von den 6 (C) Kohlenstoff-Atomen aufgenommen wurden.
Normalerweise müssten, wenn man das heutige Denkschema zugrundelegt, um eine Sättigung zu erreichen, 12 (H) Wasserstoff-Atome gebunden werden.
Mit der von uns offengelegten Struktur (2 würfelförmige Einheiten ergeben ein (C) Kohlenstoff-Atom) und der Behauptung, daß die Gesamt-Bindungskraft eines Atoms und eines Moleküls maßgebend ist für die Bindung von anderen Elementareinheiten oder Atomen, ist dieses Phänomen einfach zu entschlüsseln. Da die Erklärung zu weit führen würde, möchte ich in dieser Niederschrift darauf verzichten, zumal sie für diese Aussage nicht relevant ist.

Aromatische Moleküle schließen auch organische Verbindun- gen ein, in denen einige der (C) Kohlenstoff-Atome durch (N) Stickstoff-, (S) Schwefel- oder (O) Sauerstoff-Atome ersetzt werden. Die Ringbindung scheint jedoch nicht nur allein die Ursache der Stabilität zu sein, sondern auch eine Form, die von der Natur bevorzugt wird.
Heute weiß man, daß die ringförmigen Kohlenwasserstoffe (Benzol) äußerst häufig vorkommen. Zum Beispiel sind sie in großen Mengen in den globalen Substanzen wie Kohle und Ruß zu finden.
Bei der normalen Verbrennung von Kraftstoffen entstehen (CO_2) Kohlendioxyd und (H_2O) Wasser. Da es aber in der Realität keine vollständige Verbrennung gibt, sondern Rauch und Ruß entstehen, bedeutet dies, daß alle Auspuffgase eine Reihe von Multiring- oder polyzyklischen Verbindungen enthalten, von denen der größte Teil hochtoxisch ist. Bei der Chromatographie mit Abgasen, ein Verfahren, bei dem die Bestandteile einer Substanz voneinander getrennt werden, entdeckten John C. FETZER und Wilt R. BIGGS von der Chevron Research and Technology in Richmond, Kalifornien, und Kiyokatsu JINNO der Toyohashi Universität für Technologie, daß Ruß z.B. aus den Abgasen von Diesel-Kraftstoffen nicht nur kleine aromatische Verbindungen enthält wie BENZOL,

NAPHTHALEN ($C_{10}H_8$) und PHENANTHREN ($C_{14}H_{10}$) sondern auch große Moleküle wie CORONEN ($C_{24}H_{12}$) und OVALEN ($C_{32}H_{14}$).

Außerdem nehmen sie an, daß der Ruß aus Abgasen ein Aggregat wesentlich größerer Moleküle ist, die viele Benzolringe besitzen.

Verdeutlichen wir uns noch einmal, da es für das Folgende wichtig ist: BENZOL, gleich in welcher Verbindung, ist ein Molekül, das aufgrund seiner Stabilität auch in kochender Schwefelsäure nicht in seine Bestandteile, das heißt in Kohlenstoff und Wasserstoff, aufgespaltet werden kann.

Für das biologische System Mensch in der heutigen Zeit sowie für alle anderen biologischen Systeme wie Pflanzen und Tiere bedeutet diese Erkenntnis, daß die von uns heute eingesetzten Technologien, bei denen Kohle und Erdöl sowie die daraus gewonnenen Fraktionen verbrannt werden, eine Gefahr für die Menschheit sind. Die Größe der Gefahr, die in den maßgebenden Kreisen bekannt ist, wird mit allen Mitteln heruntergespielt.

Eine Frage zum Nach- bzw. Darüber-Hinaus-Nachdenken:

"Was würden Sie tun, wenn Sie von der Gefahr wüssten und die Macht besäßen, es zu ändern?" Ein generelles Verbot, Kohle und Erdöl zu verarbeiten bzw. zu verbrennen?

(Vergessen Sie dabei bitte nicht, daß alle Verkehrsmittel letztendlich mit Kraftstoffen betrieben werden. Dass Elektrizität, also auch der Strom aus Ihrer Steckdose, Ihre Heizung gleich welcher Art, Pestizide (Düngemittel) für die mengenmäßige Steigerung der Nahrungsmittel, Unmengen von Gebrauchsgegenständen, Baumaterialien, Einrichtungen, Wohnungsausstattungen, Kunststoffverpackungen und Sprays - z.B. FCKW - als Grundmolekül BENZOL besitzen bzw. Benzol bei der Produktion und Verarbeitung freigesetzt wird.)

Energiegewinnung durch Atomspaltung bzw. die Verbrennung von Holz sind keine Alternativen, da z.B. bei der Energiegewinnung durch Atomspaltung noch keine Technologie existiert, bei der radioaktiver Abfall wiederverwertet werden kann.

Außerdem ist die Gefahr der Atomspaltung bestimmt nicht das kleinere Übel. Die Verbrennung von Holz ist keine Alternative, da wir ohne Bäume nicht lebensfähig wären.

Der einzige Weg wäre, alles verfügbare Kapitel einzusetzen, um Technologien weiterzuentwickeln, die vom Ansatz her heute schon existieren und die in einen natürlichen Kreislauf münden.

Dies wäre zum Beispiel Sonnen-, Wind- und Wasser-Kraft bzw. die sogenannte **"Tachyonen-Energie".**

Wobei die Tachyonen-Energie meiner Meinung nach die effizienteste darstellt, da die Energiegewinnung aus Bewegungs-Energie einmal unerschöpflich ist und zum anderen bei dieser Art der Energiegewinnung molekularstrukturmäßig keine Schadstoffe in Form von toxischen Molekülen entstehen.

Außerdem ist dies eine Energie, die im natürlichen Kreislauf innerhalb des Magmas der Planeten bzw. Sonnen zurückverwandelt wird in neutrale Myon-Neutrinos und Bewegungs-Energie.

Wie Sie beim Darüber-Nachdenken erkennen werden, ist die Gefahr, in der die Menschheit schwebt, ein Problem, bei dem auch die Mächtigen Probleme haben, es zu lösen. Auf der einen Seite ist es verständlich, wenn man der Masse der Menschen die Gefahr verschweigt, um keine Panik zu verursachen, zum anderen sind die Massen der Menschen Ich-bezogen so auf sich fixiert, daß sie nicht bereit sind, Opfer zu bringen.

Wer möchte schon von sich aus, als Einzelner gesehen, seinen erreichten Wohlstand einschränken oder aufgeben für eine Gefahr, die man nicht sehen, riechen oder schmecken kann?

Erst wenn man selbst von der Gefahr eingeholt worden ist und das Leid am eigenen Körper erfahren hat, ist man bereit umzudenken.

Jeder von uns weiß, daß unsere Umwelt Katastrophen entgegengeht, deren Folgen im Moment noch undenkbar sind.

Aber die Wenigsten tun etwas über ihr Horizont-Denken hinaus. Die Masse beruhigt ihr Gewissen mit dem simplen Ausspruch, "Was kann ich schon als Einzelner tun?" bzw. "Was hilft es, wenn ich als Einzelner etwas tue?"

Alles Große in allen Bereichen unseres Seins, gleich ob es gut oder schlecht war, wurde von *Einzelnen* geschaffen.

Die Gefahr, daß sich nichts ändert, liegt an dem immer stärker werdenden Gefälle zwischen Arm und Reich nicht nur in der Bevölkerung der Industrie-Länder, sondern auch zwischen den reichen und den armen unterentwickelten Ländern.

Da die reichen Länder als Vorbild Vorreiter für die unterentwickelten Länder sind, ist es nur logisch, daß die unterentwickelten Länder - leider mit den gleichen Technologien - den gleichen Wohlstand anstreben. Das Bevölkerungswachstum ist ein Kriterium, das die Gefahr noch verschärft.

Die Folgen dieser Entwicklung kann sich jeder logisch denkende Mensch, wenn er nur einfach darüber nachdenkt, selbst ausrechnen. Aus diesem Grunde glaube ich, daß es nicht falsch ist, wenn man die Masse der Menschen, vor allem in den hochindustrialisierten Ländern, auf die Gefahren aufmerksam macht, die speziell durch ihr "liebstes Kind", das Kraftfahrzeug, sowie durch ihre Energie-Verschwendung in den nächsten Jahren auf sie zukommen.

Umdenken erst dann, wenn alle biologischen Systeme gestört oder zerstört sind, ist nicht nur sinnlos, sondern vorprogrammierter Selbstmord.

Das von uns mittels unserer Technologien künstlich erzeugte BENZOL ist also eine Gefahr, die auf dem Wege ist, die Menschheit zu Invaliden zu machen bzw. letztendlich auszulöschen. Wie Sie gelesen haben, kann BENZOL in der *richtigen Dosierung* zur Heilung beitragen.

In größeren Mengen aufgenommen von den biologischen Systemen, bewirkt es Regulationsstörungen in der extrazellulären Gewebeflüssigkeit, dem Medium der spezifischen Organzellen. Durch die Verdichtungen bzw. Überenergetisierung, die das Benzol, das laufend sukzessive vom Körper des Menschen zum Beispiel aus der Atemluft aufgenommen wird, in der extra-zellulären Gewebeflüssigkeit erzeugt, wird zum einen die hauptsächliche körpereigene Abwehr geschwächt und außer Kraft gesetzt. Zum anderen sind die Verdichtungen und. die Überenergetisierung, die zum Beispiel durch das Benzol entstehen, die Haupt-URSACHE der Entstehung ALLER spezifischen und unspezifischen somatischen Erkrankungen.

Auch wenn diese Erkenntnisse nur in einfachen Worten dargelegt wurden, da sie nur Reize setzen sollen, sind sie letztendlich doch so logisch und schlüssig, daß man sie nicht einfach - besserwissend, ohne sie zu überprüfen - zur Seite schieben und als unwissenschaftlich abqualifizieren kann.

Wissenschaft heißt ***"Wissen schaffen".***

Dies kann man nur, wenn man Vorhandenes überprüft und *darüber hinaus nachdenkt*, und nicht dann, wenn man von anderen Gedachtes, das man gelesen oder gehört hat, nachplappert und glaubt, man hätte das Ende der Fahnenstange erreicht.

Das Benzol, das wir also durch die Verbrennung von Kohle und Erdöl und der daraus gewonnenen Fraktionen in die Atmosphäre einstrahlen, kann sofort tödlich sein, da es auch noch mit (CO_2)Kohlendioxyd ausgestoßen wird, wenn wir z.B. die Abgase eines Kraftfahrzeuges in einem geschlossenen Raum für ein paar Minuten einatmen.

Da das leider nicht die Masse der Menschen tut, sondern ab und zu nur einzelne Lebensmüde - wobei wir, wenn wir es alle tun würden, das Problem der Überbevölkerung auf die einfachste Art und Weise gelöst hätten -, ist das kein Weg, die Gefahr, die uns bedroht, aus der Welt zu schaffen, außer die Regierung würde diesen Vorschlag als Gesetz verabschieden.

Der letzte Satz ist nicht sarkastisch gemeint, sondern er sollte nichts weiter als ein Lächeln bewirken.

Da dieser Vorschlag nicht akzeptabel ist, brauchen wir nur den Zeitfaktor zu berücksichtigen. Zwar ist unsere Atemluft noch nicht so benzolhaltig wie in einer geschlossenen Garage, in der man ein Kraftfahrzeug eine Zeit lang laufen lässt.
Aber bedingt durch die immer mehr werdenden Kraftfahrzeuge, reichen die sukzessiven kleinen Mengen, die wir ununterbrochen einatmen, zum Beispiel aus, um schon bei jungen Menschen Abwehrschwächen zu bewirken, die gegen alle heute existierenden Medikamente resistent sind.
Junge Menschen haben den Vorteil, daß ihre Selbstregulationskräfte noch so stark in der Wirkung sind, daß bei ihnen selten chronische Krankheiten manifest werden.

Evolutionsbedingt wehren sich heute schon die Körper dieser jungen Menschen dahingehend, daß sie ihr Grundsystem, das Fließ-System der extrazellulären Gewebeflüssigkeit, vergrößern, und zwar in der Form, daß der Körper sich einfach proportionsmäßig von der Größe her weiter auswächst.
Meiner Meinung nach ist dies einer der Gründe des Immergrößerwerdens unserer Kinder schon in jungen Jahren.
Dass das Einatmen des Benzols bei älteren zivilisationsgestreßten Menschen stärkere Wirkung besitzt und das Immunsystem wesentlich stärker belastet und schwächt, ist nur eine realitätsbezogene logische Schlußfolgerung.
Das heißt, wir sind dabei, auch wenn wir etwas mehr Zeit brauchen, unser Garagentor langsam zu schließen.
In einem Arbeitsbericht unter dem Titel "Das Molekül BENZOL - ein Killer-Molekül?" haben wir, die VESTA Research International, die vielfältigen Wirkungen des Benzols genau beschrieben.

Wenden wir uns nunmehr etwas ausführlicher einer Molekularverbindung zu, dem DIOXIN, das auf der gleichen Grundlage aufgebaut ist wie BENZOL und schon unsagbar viel Schaden in allen biologischen Systemen einschließlich dem des Menschen verursacht hat. Dabei möchten wir betonen, daß die paar Fälle, über die berichtet worden ist, bei denen Dioxin Menschenleben und die Umwelt zerstört hat, nur die Spitze eines Eisberges sind.

XXXI

"DIOXIN"-Gift der Sonderklasse

Dioxin ist eine Molekularverbindung, die sich nicht abbaut, auch wenn dies von der Wissenschaft behauptet wird.
Im Gegenteil.
Das Dioxin, das existiert - die genaue Menge ist gar nicht bekannt -, ist ein Katalysator, der ununterbrochen neutrale Myon-Neutrinos in die Eigenschwingung des Dioxins einschwingt.
Wie dieser Vorgang abläuft, wurde am Beispiel "Radioaktive Strahlung" schon ausführlich beschrieben.
Der Produktionsprozess, bei dem das hochgiftige Dioxin entsteht, das, wie im Tierversuch bewiesen, schon bei einer Dosis von 0,00000005 g tödlich wirkt, läuft folgendermaßen ab.
Bei der Herstellung von z.B. Lindan, einem hochwirksamen Insektengift, werden Benzol und Chlor miteinander gemischt und starken UV-Strahlungen, also Elektron-Neutrinos ausgesetzt.
Über 80 Prozent Abfall entstehen bei der Herstellung dieses Produktes.
Diese Abfallprodukte werden nun mit über 250° C zu einer gelartigen Paste aufgekocht. Ein Teil der Abfälle, die sogenannte Phenolatlauge, wird auf ca. 150° C erhitzt, wobei Monochloressigsäure und Natronlauge zugesetzt werden.
Diese Lauge wirkt zersetzend wie reine Schwefelsäure. Das Einatmen erzeugt schwere Erkrankungen speziell an den Nieren und an der Leber sowie im gesamten Grundsystem.
Die bei diesem Vorgang erzeugte Grundsubstanz, die stufenweise weiterverarbeitet wird, entsteht als Verunreinigung bei der Umwandlung von 1,2,4,5- Tetrachlorbenzol zu 2,4,5 -Trichlorphenol.
Die giftigste Molekularverbindung, die die Menschen je entwickelt haben:
2,3,7,8 -Tetrachlordibenzodioxin (TCDD).

Die geringste Menge, fast homöopathisch verdünnt auf die Haut aufgebracht, erzeugt eine Chlorakne.
Die Öffentlichkeit hat zum ersten Mal von der Existenz dieser Chemikalie im Juni 1976 durch das Unglück in Seveso Kenntnis erhalten. Die menschlichen Tragödien haben nicht dazu geführt, daß die Produktion des Dioxins eingestellt wurde.
Die Gründe sind leicht erklärbar.

Bei der Produktion von Grundstoffen für pharmakologische Mittel, Kosmetik, Unkrautvernichter usw. entsteht unvermeidbar Dioxin. Heute weiß man, daß jeder Mensch im Durchschnitt ca. 0,000000005 -7 Gramm (= 7 ppt) Dioxin pro kg Körperfett in sich trägt. Inwieweit das biologisch naturbedingt ist, darüber existieren keine Erkenntnisse Wir glauben jedoch, und das ist nur eine Annahme und kein Beweis, daß es *nicht biologisch bedingt* ist, sondern mittels veränderter neutraler Myon-Neutrinos von den Menschen aus der Umwelt aufgenommen wurde. Dass es so sein kann, dafür sprechen viele Indizien.

Nehmen wir zum Beispiel Vietnam. Ein Herbizid, das über 50 Prozent T-Säureester besitzt, wurde im Vietnam-Krieg jahrelang von Flugzeugen als chemische Waffe eingesetzt.
Wie viele Millionen Liter abgeworfen wurden, die in den Abwurfgebieten die gesamte Flora, die Fische und das Vieh vernichteten sowie bei den Menschen Hautausschläge und andere Krankheiten bewirkten, ist uns nicht bekannt.
Historiker, bei denen wir uns Auskünfte über diesen Bereich einholten, konnten nur ungefähre Angaben machen.
Von führenden Toxikologen, die in diesem Bereich forschen, wurde uns nur mitgeteilt, daß Krankheiten der Blutbildung, Leber-, Nieren- und Milzschäden, Chlorakne sowie organübergreifende Schäden durch Dioxin bewirkt werden.

Im Auftrag haben wir von Toxikologen nachweisen lassen, daß sich Dioxin auch in sogenannter "toter" Materie manifestiert. Blei, Zink und Zinn wurden für ca. 3 Tage in eine Dioxin-Lauge gelegt und anschließend mit siedendem Wasser unter hohem Druck abgestrahlt. Diese so behandelten Objekte wurden unter freiem Himmel in die Nähe von freiwachsenden Pflanzen und Zuchtpflanzen gebracht. Nach kurzer Zeit zeigten die Pflanzen eine Verdorrung, wurden braun und begannen zu stinken.
Die Frage ist,
"Wie kann die Molekularstruktur des Dioxins in Blei, Zink und Zinn eindringen und sich mit den Molekülen der jeweiligen Objekte so weitgehend verbinden, daß Dioxin-Moleküle in den Objekten als Verbindung oder freie Moleküle existieren und durch ihre Abstrahlung Schäden in biologischen Systemen bewirken?"
Es gibt 2 denkbare Möglichkeiten

I. Das Dioxin besaß einen hohen Anteil an freier Energie, durch die Ionisation bewirkt wurde, wodurch das Dioxin eine Molekularverbindung mit den Molekülen der Objekte eingehen konnte. Inwieweit durch das Übergießen der Objekte mit der Dioxinlauge durch den Druck des Aufpralles der Lauge Ionisations-Energie entstanden ist, wissen wir nicht. Wieviel Ionisations-Energie in der Lauge selbst existierte, wurde nicht gemessen. Bei der ersten Möglichkeit gibt

es keine beweisführende Grundlage, auf der erklärt werden kann, wie dieser Vorgang vonstatten gegangen sein könnte.
War freie Ionisations-Energie, also Elektron-Neutrinos (Photonen), vorhanden, dann kann es, aus bio-physikalischer Sicht gesehen, möglich sein, daß Dioxinmoleküle mit den Molekülen der Objekte Verbindungen eingegangen sind.
Ist das der Fall, so können die Schäden im biologischen System trotzdem nur durch die umgewandelten Myon-Neutrinos bewirkt worden sein, so, wie wir es vorab beschrieben haben, denn die Menge der eingestrahlten toxischen Moleküle würde unserer Meinung nach nicht ausreichen, um die Regelkreise der biologischen Systeme so weitgehend zu verändern, daß die Pflanzen nicht mehr lebensfähig sind.

Da keine der Pflanzen direkt mit den Objekten in Verbindung stand, wirkten also die Molekularstrukturen des Dioxins in der Form, daß die Quarks, die aufgrund der Einstrahlung von neutralen Myon-Neutrinos in das Dioxin proportional zu deren Menge ausgestrahlt werden und die die Schwingungsfrequenz des Dioxins besitzen, nach dem Ausstrahlen in die biologischen Systeme der Pflanzen einstrahlten und da anfingen, zerstörend im energetischen Bereich zu wirken, so, wie es von mir bei den Strahlungen beschrieben wurde.

2. Die Wahrscheinlichkeit, dass keine Ionenverbindung durch freie Energie sowie Molekularverbindungen des Dioxins mit den Molekülen der Objekte bewirkt wurden, ist jedoch größer. Meiner Meinung nach ist die Übertragung der Eigenschwingung der Moleküle des Dioxins auf die Objekte durch ausgestrahlte Quarks bewirkt worden.
Die Gefahr für die biologischen Systeme liegt also nicht nur allein darin, mit diesen Molekülen in Kontakt zu kommen, bzw. daß sie auf irgendeinem Weg in zum Beispiel den Körper des Menschen (Nahrung, Verletzungen, Atemluft usw.) gelangen. Sondern die weit größere Gefahr besteht darin, daß in toxische Moleküle eingestrahlte neutrale Myon-Neutrinos Quarks herausdrücken, die die Schwingungsfrequenz des toxischen Moleküls, in unserem Beispiel Dioxin, besitzen und in andere Objekte, zum Beispiel in biologische Systeme, einstrahlen und in diesen die Atome und Moleküle in die Schwingungsfrequenz des toxischen Moleküls einschwingen.
Dass dieser Vorgang in biologischen Systemen Regulationsstörungen und Mutationen bewirkt, die letztendlich zur Zerstörung der Molekularstrukturen der biologischen Systeme führen, ist dabei nur logisch. Dass dieser Vorgang so abläuft und absolut der Realität entspricht, dafür haben wir nicht nur Indizien, sondern zahlreiche Beweise.
An dem im Folgenden beschriebenen Experiment werden Sie erkennen, daß die ausgestrahlten Quarks aus Dioxin diese Wirkung besitzen.

Gemeinsam mit einer Gruppe von Wissenschaftlern, die in diesem Bereich tätig sind, führten wir folgendes Experiment nach folgenden Anordnungen aus.

Dieses Experiment kann von jedem nachvollzogen werden, *wovon wir jedoch dringend abraten.*

Über ½ m^3 Dioxinverseuchter Erde, die wir von einer bestimmten Stelle in Deutschland abtragen ließen, wurden in 1 m Höhe 2 Käfige aufgestellt und in diese jeweils 2 Meerschweinchen und 2 Mäuse eingebracht. Diese Tiere hatten nie die Möglichkeit, in irgendeiner Form mit dem verseuchten Erdreich in Verbindung zu kommen. Die Käfige waren durch eine kleine Hütte so abgeschirmt, daß die Tiere ähnlich wie in dem Umfeld lebten, dem wir sie entnommen hatten. Nach 6 Wochen haben wir das Experiment abbrechen müssen, da keines der Tiere mehr am Leben war.

Wir verzichten darauf, den Leidensweg der Tiere hier zu beschreiben, da wir heute selbst annehmen, daß uns der Teufel geritten haben muß, dieses Experiment überhaupt durchzuführen. Die gleiche Anordnung, bei der wir die Erde jedoch oberhalb der Hütte in einen Behälter einbrachten, bewirkte den gleichen Vorgang, das heißt, die Tiere gingen nach einer gewissen Zeit ein.

Stellen wir uns nunmehr die Frage,

"WIE und WO wirkt aber nun z.B. DIOXIN als Molekül im Körper des Menschen, wenn dieser es mit der Atemluft oder mit der Nahrung aufnimmt?"

Die häufig als DIOXIN bezeichneten 2,3,7,8- Tetrachlordibenzo-I, 4-dioxine zeichnen sich durch besonders starke biologische Wirkung aus. Sie entstehen beim Erhitzen zahlreicher organischer Halogenverbindungen, z.B. bei der Erhitzung von o-Halogenphenolen und o-Dihalogenbenzol-Derivaten, bei denen mehrere polychlorierte Dibenzodioxine und Dibenzofurane entstehen. Die niedrigsten nachgewiesenen akut toxischen Dosen bei Tierversuchen liegen schon bei wenigen µg/kg. Ein chronischer Verlauf wurde bei 1 ng/kg gemessen. 10-100 ng/kg, mit dem Futter verabreicht, erzeugen bei Ratten Tumoren.

Auf der Grundlage von Befunden nimmt man an, daß dies überwiegend auf promovierende Eigenschaften zurückzuführen ist. Inwieweit Stoffe mit überwiegend promovierenden Eigenschaften für die Ätiologie menschlicher Tumoren eine Rolle spielen, konnte bis heute noch nicht ausreichend geklärt werden.

Die toxische Wirkung wird von den Toxikologen wie folgt beschrieben.

"Die Feststellung promovierender Eigenschaften ist bisher an die Testung in bestimmten Initiations-Promotions-Modellen gebunden (Mäusehaut, Rattenleber, Zelltransformationstests). Zu den zahlreichen biochemischen Effekten, die diese Stoffe auslösen, gehören: Erhöhung der Arachidonsäure- und Prostaglandin-Freisetzung, Erhöhung der Aktivität verschiedener Enzyme wie Proteinkinasen,

Proteasen, NADPH-Oxidase, Ornithindecarboxylase und fremdstoffmetabolisierender Enzyme, Verminderung der Aktivität von Superoxiddismutase und Katalase, Verstärkung der DNA-, RNA- und Proteinsynthese, sowie der Histonphosphorylierung.
Obwohl nicht klar ist, welche dieser Effekte mit dem Vorgang der Promotion ursächlich verknüpft sind, lassen sich viele im Sinne einer Modulation der Signalübermittlung bei der genetisch kontrollierten Wachstumsregulation und der Auslösung adaptativer Prozesse, oder der indirekten Erzeugung von DNA-Schäden interpretieren. Da die Stoffe nicht in nennenswertem Umfang metabolisch aktiviert werden, nicht mit DNA reagieren und dementsprechend auch nicht mutagen sind, ist eine direkte Wirkung auf die DNA unwahrscheinlich.
Bei der Beurteilung von Versuchsergebnissen sind in einigen Fällen paradoxe Erscheinungen zu berücksichtigen.
So kann Phenobarbital die Wirkung eines initiierenden Kanzerogens vermindern, wenn es vorher oder gleichzeitig, und verstärken, wenn es nach demselben verabreicht wird.
Die Hemmwirkung ist in der Regel auf eine durch Enzyminduktion bedingte verringerte Verfügbarkeit der ultimalen Form des Initiators zurückzuführen. Die Modifizierung der Initiation im Sinne einer Verstärkung durch vorher oder gleichzeitig gegebene, nichtinitiierende Faktoren wird auch als Kokanzerogenese bezeichnet. Das Antioxidans butyliertes Hydroxytoluol kann sowohl antikanzerogen als auch promovierend wirken.
Neben den enzyminduzierenden können in diesem Fall die Radikalfänger-Eigenschaften zur Hemmung beitragen."

DIOXIN -Molekularverbindung

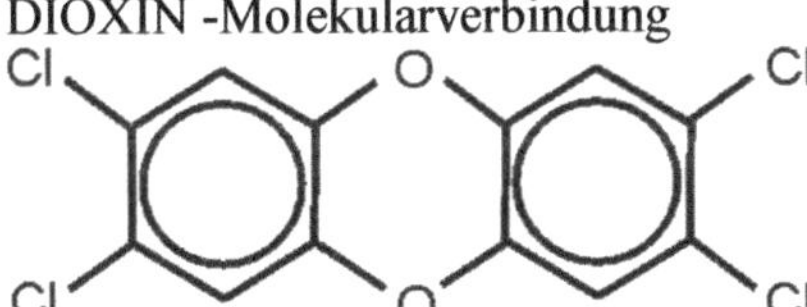

Dioxin 2,3,7,8-Tetrachlor-p-dioxin

Wie Sie an der Grafik erkennen, besteht das Dioxin aus 2 Benzolringen, die durch 2 (O) Sauerstoff-Atome mit den (H) Wasserstoff-Atomen des Benzolrings verbunden sind.
Außerdem besitzen sie als Nebenketten 4 (Cl) Chlor-Atome. Im biologischen System des Menschen werden sie über die Kapillaren zur Eliminierung in die extrazelluläre Gewebeflüssigkeit eingestrahlt.
Werden sie mit der Nahrung zugeführt, so gelangen sie nicht erst in die Blutbahn, sondern nach dem Durchschleusen durch die Epithelien der Schleimhäute direkt in die extrazelluläre Gewebeflüssigkeit der Darmwand.

In der extrazellulären Gewebeflüssigkeit, die die einzige Stelle ist, an der toxische Moleküle über die Lymphspalten in das lymphatische System abtransportiert werden können, versuchen die Abwehrkörper der extrazellulären Gewebeflüssigkeit, diese Dioxin-Moleküle zu ummanteln, um sie über die Lymphspalten in das lymphatische System zu transportieren.
Durch die (Cl) Chlor-Atome, die starke Akzeptanten von freien Elektronen sind, ist dieses Vorhaben für die Abwehrmoleküle sehr schwer, da sofort nach dem Einschleusen Elektronen vom Chlor aufgenommen werden.
Durch die negative (-) Ladung gleich Materie-/Elektronen-Ladung werden die toxischen Moleküle von den positiv (+) geladenen Elektrolyten, speziell vom (Na^+) Natrium, dem Energiepartner des (CI^-) Chlor-Elektrolyts, an die Zellmembran angezogen. An der Zellmembran läuft nunmehr folgender Utilisationsstörungen verursachender Vorgang ab (der im 2. Buch noch genau erklärt wird).
Das Nahrungssubstrat sowie ionisierter (O_2^{--}) Sauerstoff kann durch die Zellmembrane nur transportiert werden, wenn sich (CI^-) Chlor-Ionen und Energietragende (Na^+) Natrium-Ionen (Elektrolyte) zu (NaCI) Natrium-Chlorid verbinden.
Bei dieser Verbindung wird ein Energiequant in der Größe von 5,14 eV frei, der in die Moleküle der Zellmembrane einstrahlt und singulettmäßig kurzfristig eine sogenannte "Ionenpore" erzeugt, durch die nunmehr das (NaCI) Natrium-Chlorid, das Nahrungssubstrat, der Sauerstoff und sonstige Moleküle, die in der Zelle benötigt werden, in die Zelle gelangen können.
Ist dieser Vorgang abgeschlossen, strahlt der Energiequant wieder zurück in das (NaCI) Natrium-Chlorid und spaltet dieses Molekül wieder zu (Na^+) Natrium und (CI^-) Chlor auf.

Der gleiche Vorgang läuft beim Dioxin ab.
Doch in dem Moment, wo das Dioxin in die Zelle eingeschleust wurde und die freie Energie das Natrium abspaltet, entsteht nicht mehr nur ein Energiegeladenes (Na^+) Natrium-Ion, sondern auch ein Energiegeladenes Dioxin-Molekül, da das (CI) Chlor-Atom des Dioxins nicht vom Benzolring abgespaltet werden kann.
Das bedeutet nicht nur die Störung des naturgegebenen Energie-Haushaltes, sondern innerhalb der Zelle existiert ein hochtoxisches Molekül, das in allen Zyklen, die in der Zelle existieren, Funktionsstörungen in den Grundfunktionen der Zelle bewirkt und zum anderen verursacht, daß spezifische Funktionen der Zelle ausfallen.
Die Menge des Dioxins, die auf diesem Wege in die Zellen gelangt, ist entscheidend für die Stärke des pathologischen Geschehens.

Erklären wir noch an ein paar kurzen Beispielen auf der Grundlage dieser Erkenntnis die Wirkung von Stoffen, mit denen wir Menschen täglich umgehen.

XXXII

Die Wirkung von Kosmetika, Parfüm, Duft, Aroma, Medikamenten, Farben und Musik auf das biologische System des Menschen

Beispiel: Creme, Lippenstift, Lidschatten, Parfüm, Haarwaschmittel, Badezusätze, Dauerwelle, Gesichtsmasken, Sonnenschutzcreme usw.

Die Elektron-Neutrinos, die die Sonne unentwegt ausstrahlt und die auf dem Wege zur Erde sowie in der Atmosphäre zu Energiequanten, also zu den jedem bekannten UV- (ultra-violetten) Strahlungen werden, treffen uns Menschen ununterbrochen, egal ob die Sonne scheint oder der Himmel wolkenverhangen ist. Das Gleiche gilt für die Erdstrahlen, also für die Quarks, die durch die neutralen Myon-Neutrinos aus den Atomen der Erde herausgedrückt werden und ohne Unterbrechung aus der Erde ausstrahlen.
Auch sie werden Tag und Nacht in den Körper des Menschen eingestrahlt. Nehmen wir an, daß diese hier vorgelegten Erkenntnisse der Realität entsprechen, und stellen uns die Frage, welche schädigende Wirkung zum Beispiel kosmetische Produkte, also auf chemischer Basis entwickelte Molekularstrukturen, besitzen.

Wirkung von kosmetischen Produkten

Die heute gültige wissenschaftliche Meinung ist immer noch, daß die Atome und Moleküle zum Beispiel einer Creme oder Salbe, die man auf die Haut aufträgt, durch Osmose bzw. auf galvanischem Wege entweder in die oberste Hautschicht bis zum Fettgewebe oder organbezogen eingebracht werden.
Daß dies nicht den Tatsachen entspricht, sollen folgende Beispiele beweisführend belegen.
Analysieren wir zuerst einmal die Phänomene, die wir als Duft, Aroma bzw. Gerüche bezeichnen.
Aus was besteht diese Substanz, die wir mit dem Geruchs- und auch mit dem Geschmackssinn wahrnehmen können?

Die Theorie, daß es Geruchs- und Geschmacksmoleküle sind, die an bestimmten Rezeptorenzellen, sagen wir, Informationen oder einen Funktionsablauf in Bewegung setzen, der uns erkennen lässt, vorausgesetzt es ist bekannt gleich Erinnerung, welche Art von Geruch oder Geschmack wir wahrnehmen, ist meiner Meinung nach, aus bio-physikalischer Sicht gesehen, eine Behauptung, die nicht stimmen kann.
Ein Stoff besteht aus molekularen Verbindungen von Elementen. Das gleiche gilt für jedes biologische System, zum Beispiel eine Blume. Diese Molekularstrukturen sind eine geschlossene Einheit, bei der die Moleküle bindungsmäßig fest aneinander hängen, wodurch sich die physische-materielle Form bewirkt. Angenommen, es wären Geruchs- oder Geschmacksmoleküle in dieser geschlossenen Einheit eingebunden, so würde nach den physikalischen Gesetzen eine Energie benötigt, die die Atome bzw. Moleküle aus der Gesamt-Molekularverbindung zum Beispiel der Blume herauslöst.

Eine Molekularverbindung ist eine Molekularverbindung; ein Energiequant ist ein Energiequant.
Beide, und das kann man auch nicht mit Schloss- und Schlüssel- System erklären, haben keine Hinweisschilder oder tragen Informationen in sich, die dem Energiequant sagen, "Du darfst nur dieses Molekül herausschlagen und jenes nicht!"
Maßgebend für die Ionisation eines Atoms bzw. Moleküls ist die Größe der Ionisations-Energie, was gleichbedeutend heißt, die Menge der Elektron-Neutrinos. Bei einem Singulett-Zustand verbinden sich die kurzfristig getrennten Atome immer wieder miteinander, da die Menge der Energie, wie vorab schon einmal beschrieben, nicht ausreicht.
Dass dieser Vorgang so abläuft, ist somit mehr als unwahrscheinlich. Unwahrscheinlich auch darum, da - nehmen wir einmal an, aus dem Stoff oder biologischen System als geschlossene Molekulareinheit werden Moleküle herausgeschlagen - die Stabilität der Molekularstruktur dann nicht mehr gewährleistet wäre.
Die Argumentation, daß es keine Geruchsmoleküle sein können, ist seitenweise fortsetzbar.
Denken Sie darüber nach! Sie werden erkennen, daß, wenn Duft und Aroma aus Atomen bzw. Molekülen beständen, die ein Molekül abstrahlt, die Masse der Substanz eines Tages nicht mehr existieren würde. Dies ist jedoch nicht der Fall. Und das kann auf einfache Art bewiesen werden.
Bringen wir einen Stoff, der einen bestimmten Duft abstrahlt, in einem verschlossenen Gefäß unter und lagern ihn mehrere Jahre lang - selbstverständlich spielt das Material des Gefäßes dabei eine große Rolle; es darf zum Beispiel nach Möglichkeit keine absolut kristalline Struktur besitzen, sondern es muß durchlässig sein für Quanten einer bestimmten Größenordnung -, dann werden

wir, nachdem wir das Gefäß geöffnet haben, feststellen, daß das ursprüngliche Geruchsaroma oder der Duft nur noch schwach oder gar nicht mehr vorhanden ist.
Die Masse des Stoffes, die vorher genau gemessen wurde, existiert jedoch noch in derselben Größenordnung.
Was kann also passiert sein?
Atome und Moleküle haben sich bei diesem Vorgang also nicht verflüchtigt bzw. aufgelöst und wurden nicht in die Atmosphäre abgestrahlt. Bestände der Geruch aus Partikeln, gleich in welcher Größenordnung, die jeweils anteilmäßig am Anfang in Molekülen integriert waren, dann müsste sich die Menge der Moleküle verringert haben. Da die Menge jedoch stimmt, muß ein anderes Kriterium existieren, das den Geruch bewirkt.

Unserer Erkenntnis nach existiert der Geruch manifestiert in der Frequenz und Amplitude der Eigenschwingung des Moleküls bzw. der Molekularverbindungen.
Denn mischen wir 2 Aromastoffe - bei diesem Vorgang entstehen neue Molekularverbindungen -, verschwindet das ursprüngliche Aroma, und es entsteht ein neues Aroma.

Die von der Sonne und aus der Erde eingestrahlten neutralen Myon-Neutrinos drücken, genau wie vorab erklärt, Quarks aus den Atomen, die frequenzmäßig auch die Schwingungsfrequenz des Gesamt-Moleküls besitzen. Das heißt, auch die Frequenz des Aromas ist in den Quarks enthalten.
Treffen uns die Quarks und strahlen sie in unser biologisches System ein, erkennen wir sie dadurch, daß das Aroma schon einmal frequenzmäßig in uns eingestrahlt wurde und wir bei der Einstrahlung den Begriff, also den Namen des Aromas erfahren haben. Bedingt dadurch sind wir in der Lage, das Aroma begriffsmäßig zu definieren.
Das bedeutet, daß nicht ein Myon-Neutrino der Aromaträger ist, sondern ein Quark, das ausstrahlte und das die Frequenz und Amplitude der Molekularverbindung trägt.
Ausgestrahlt aus der Molekularstruktur, unseren Geruchs- oder Geschmackssinn treffend, wirkt es als Reiz in der Form, daß es im "Gedankenspeicher" unserer "natürlichen materiellen Seele" (dies wird im Folgenden noch genau beschrieben) auf ein gleichartiges Gedankenspeicher-Teilchen trifft.
Resonanz-bedingt wird das Teilchen zurück in das zuständige Hirn-Areal transportiert (gleich Erinnerung, wenn das Aroma uns bekannt ist). Ist das Aroma uns nicht bekannt, und wir können es begrifflich nicht benennen, dann sucht das Teilchen vergeblich in der Erinnerung. Nach der Rückstrahlung, die immer mit einer gewissen Unruhe beim Menschen einhergeht, erkennt der Mensch, daß ihm dieses Aroma nicht bekannt ist.

Kosmetische Produkte, die wir auf die Haut oder Haare auftragen, besitzen nach dieser Erkenntnis jedoch nicht nur frequenzmäßig ein Wirkungsspektrum als Aroma oder Duft, sondern die Quarks, die aus den Molekularverbindungen der Kosmetik-Produkte ausstrahlen, werden in die Molekularstruktur des biologischen Systems des Menschen eingestrahlt. Besitzen die Molekularstrukturen der kosmetischen Produkte Verbindungen, die der Mensch nicht in seinem Körper zur Aufrechterhaltung des biologischen Systems hat, dann werden Frequenzen eingestrahlt, die Störungen in allen Systemen bewirken. Kosmetische Produkte gleich welcher Art bestehen aus Molekularstrukturen verschiedener Elemente. Maßgebend, inwieweit ein kosmetisches Mittel Schäden oder Regulation im physischen Körper eines Menschen verursachen kann, ist die Zusammensetzung der Elemente.
Besteht das kosmetische Produkt aus Molekülen, aus denen sich unser physischer Körper aufbaut, dann kann, wie im folgenden noch erklärt, ein solches Produkt, regulierend aufgrund der Frequenzabstrahlung, im physischen Körper Regulation bewirken.
Beinhaltet jedoch ein kosmetisches Produkt Elemente, die nicht zu den Grundelementen des Körpers gehören, dann sind Schäden bzw. Störungen in den Regelkreisen vorprogrammiert.
Aufgetragen auf die Haut, vorausgesetzt, das Mittel besteht aus neutralen Molekularstrukturen, wirkt es nicht nur als Schutzschicht, sondern auch als eine Schicht, durch die laufend Frequenzen in unseren Körper einstrahlen.

Ein kosmetisches Mittel, das Ladungsträger in Form von positiven (+) Ionen (Energiequanten) oder negativ (-) geladenen Ionen (Elektron-Materie) aufweist, ist von Haus aus gefährlich für den physischen Körper. Warum, ist einfach zu erklären.
Besitzt das kosmetische Produkt Ladungsträger in Form von positiven (+) Ionen (Energie) und gehen diese Ionen mit negativ (-) geladenen Ionen (Elektronen), existierend in der Atemluft, Verbindungen ein, dann wird die Ionisations-Energie der positiven (+) Ionen freigesetzt und zerstört die Molekularstrukturen der Epithelien der Haut. Das Gleiche gilt für den umgekehrten Fall. Kosmetik, die negative (-) Ionen (Elektronen) besitzt und in Verbindung mit positiv (+) geladenen Atomen aus der Umwelt zusammenkommt, zeigt die gleiche Reaktion.
Da Bakterien positive (+) Ladungsträger sind und unsere Haut speziell in der heutigen Zeit stark mit Bakterien belastet ist, entsteht schon bei dem Auftragen der Kosmetik, wenn die Haut vorher nicht neutralisiert wurde, ein Feuerwerk an freiwerdender Ionisations-Energie. Diese Ionisations-Energie reißt, wie vorher beschrieben, die neutrale Molekularstruktur der Haut auf und ionisiert sie, wodurch sie nicht mehr in ihrer naturgegebenen Ordnung als System funktionieren kann.

Maßgebend ist, auf alle Arten von Kosmetik bezogen,

1. daß die Molekularstruktur, aus der sich das kosmetische Produkt zusammensetzt, aus neutralen Verbindungen besteht, die keine negative (-) Ladung (Elektronen) oder positiv (+) geladene Ionen (Energie) besitzen, wodurch Ionisations-Energie freigesetzt wird, die die Molekularstruktur der Haut ionisiert und aufspaltet.

2. daß die Molekularstrukturen, aus denen das Kosmetik-Produkt zusammengesetzt ist, aus Elementen bestehen, die im physischen Körper des Menschen existieren und die im biologischen System des Menschen regulierend eingesetzt werden können.

3. daß sie als gesamte Molekularstruktur weitgehend eine biologische Verbindung aufweist, deren Zusammensetzung so gestaltet ist, daß sie gezielt in den Regulationssystemen, speziell in der extrazellulären Gewebeflüssigkeit, verwertet werden kann.

Dies ist das große Geheimnis einer nicht nur "schönheits-", sondern auch einer "gesundheits-fördernden Kosmetik".

Irrtümlich wird von den meisten Menschen angenommen, daß die Kosmetik-Produkte, von denen gesagt wird, sie seien aus biologischen Grundstoffen aufgebaut, kosmetische Präparate sind, die im biologischen System des Menschen keine Schäden verursachen können. Dies entspricht nicht den Tatsachen.

Maßgebend sind die Molekularverbindungen, die entstehen, wenn die Kosmetik produktionsmäßig zubereitet wird. Dabei spielt es keine Rolle, ob die Moleküle aus Naturprodukten stammen oder aus chemischen Verbindungen. Maßgebend ist der Produktionsablauf. Ist es ein Produktionsablauf, bei dem viel Energie aufgewendet wird, dann entstehen automatisch ionisierte Moleküle, die freie Energie in sich tragen.

Aus bio-physikalischer Sicht kann eine Kosmetik nur dann als absolut biologische Kosmetik bezeichnet werden, wenn sie als Endprodukt aus neutralen Molekülen aufgebaut ist, die aus den Elementen bestehen, die im biologischen System des Menschen existieren. Erst dann können sie in den Funktions- und Regelkreisen sowie in den spezifischen Organzellen, vom Quark her gesehen, eingestrahlt, verwertet werden. Diese Kosmetik, auf die Haut aufgebracht, wirkt schönheits- und gesundheitsfordernd, da sie systembiologisch Regulation bewirkt.

Kosmetik kann, drücken wir es einmal absolut laienhaft aus, schwache Atome innerhalb des physischen Körpers auffüllen.

Bei einer faltigen Haut wirken zum Beispiel die eingestrahlten Quarks in der Form, daß sie schwache Atome in den Molekularstrukturen der Haut so weitgehend frequenzmäßig aufbauen, daß sie wieder in ihrer normalen Schwingung schwingen.
Betrifft dies Molekularstrukturen, die für den Funktionsablauf der Zelle verantwortlich sind, dann bewirkt dieser Vorgang, daß die Zelle so weit regeneriert wird, daß sie wieder im naturgegebenen ordnungsgemäßen Zustand funktioniert.
Voraussetzung ist also, daß die Kosmetik aus Atomen von Elementen besteht, aus denen sich die Zelle aufbaut, bzw. die von der Zelle verwertet werden können.
Erfüllt eine Kosmetik diese Voraussetzung, dann kann erwartet werden, daß eine schlaffe, faltige Haut wieder so weitgehend aufgebaut wird, daß sie ihre naturgegebene Schwingungsfrequenz besitzt, wodurch die Haut wieder normal funktioniert und straff und gesund aussieht. Maßgebend sind dabei nicht nur die einzelnen Moleküle, sondern die gesamten Strukturen der Molekularverbindungen, aus denen das Produkt besteht.

Ist diese Voraussetzung nicht gegeben, dann bewirken die ein- gestrahlten Quarks, wie schon gesagt, keine Regeneration, sondern das Gegenteil. Wenn die körpereigene Abwehr nicht in der Lage ist, sie abzutransportieren, wirken sie so weitgehend funktionsstörend, daß spezifische und unspezifische Krankheiten entstehen können. Dies tritt vor allem dann ein, wenn größere Mengen dieser frequenz- und amplitudenmäßig falsch schwingenden Quarks in die Moleküle der Zellen einstrahlen und molekulare Veränderungen bewirken.

Nach dieser Erklärung können Sie verstehen, daß nicht nur die Quarks zum Beispiel eines Parfüms, die frequenz- und amplitudenmäßig den Geruch, den Duft bzw. das Aroma in sich tragen, positive oder negative Wirkung besitzen, sondern daß die verwendeten Elemente und deren spezifische Molekularverbindung bei einer Kosmetik nicht außer acht gelassen werden dürfen. Gerüche - Duft, Aroma - sind somit in der Lage, in den biologischen Systemen, so auch beim Menschen, Funktionsabläufe auszulösen, die gesundheitsfördernd oder gesundheitsschädigend sein können.
Genau festzulegen, welche Gerüche (Düfte, Aroma) positive oder negative Zustände bewirken, ist aufgrund der Technologie, die wir heute besitzen, nur ganz grobflächig oder empirisch, also aus der Erfahrung gewonnen, möglich.
Maßgebend dabei ist immer der Gesamtzustand des biologischen Systems des Menschen, in dem dieser Vorgang abläuft. Parfüm, das wir auf die Haut auftragen, wirkt also auf zweierlei Arten. Einmal als Geruchspartikel und zum anderen, da es als Quark in den Körper transportiert wird, auch organbezogen in den Regelkreisen, im Grundsystem bis hin zu den spezifischen Organzellen.

Am Parfüm, also am Duft, kann man am besten erkennen, daß kein Mensch gleich ist wie der andere. Eine unbestimmte Zahl von Menschen mag einen bestimmten Duft eines Parfüms und fühlt sich wohl, da dieser Duft in ihrem Körper auf irgendeine Art regulierend eingreift. Die anderen Menschen empfinden den gleichen Duft als unangenehm bis ekelerregend.

Ein anderes Beispiel: Eine verdorbene Speise besteht aus Molekularstrukturen, die sich durch Einstrahlung von Energiequanten so weitgehend verändert haben, daß das gesamte Molekularsystem nicht mehr stimmt.

Beziehungsweise es sind Moleküle mit veränderten Verbindungen entstanden, die frequenzmäßig Quarks ausstrahlen, die nicht mehr naturgegeben sind.

Geruchs- und geschmacksmäßig passen sie nicht mehr in die gegebene natürliche Ordnung, die der Mensch kennt, wodurch er erkennt, daß diese Nahrung "verdorben" ist.

Das heißt, die Informationen gleich Frequenzen, die in den Menschen einstrahlen, werden von ihm über die Geruchs- oder Geschmacksrezeptoren zum Gehirn geleitet und im Gehirn als "nicht mehr genießbar" - "schlecht" oder als "verdorben" klassifiziert. Bei einer verdorbenen Speise entstehen zum Beispiel in dem Moment, wo die Geruchspartikel unsere Rezeptoren treffen und die Information im Gehirn ankommt, Gedankenbilder aus der Erinnerung, die mit diesen Geruchsnuancen in Verbindung stehen. Sind es negative Erinnerungen, so reagieren wir sofort darauf mit einer abwendenden Kopfbewegung meistens in Verbindung mit Worten, die einen negativen Inhalt haben wie zum Beispiel "Pfui!", "Das ist schlecht!" usw..

Besitzen die Geruchs-Partikel, also -Quarks, eine stark veränderte Frequenz und Amplitude, dann kann die zweite Reaktion zusätzlich zu dem Gedankenbild, das in unserer "materiellen Seele" gespeichert liegt, organbezogene Abläufe bewirken und auslösen. Zum Beispiel Muskelkontraktionen, die sich durch Schütteln des ganzen Körpers bemerkbar machen, einhergehend mit einem Ekelgefühl, das die körpereigene Abwehr so stark mobilisiert, dass es zum Brechreiz kommt bzw. die Speise ausgebrochen wird.

Wenn Sie einmal selbst darüber nachdenken, so werden Ihnen unzählige Beispiele einfallen, wo bei Ihnen gleiche oder ähnliche Reaktionen abgelaufen sind.

Gehen wir in unserer Überlegung weiter, so muß uns klar werden, daß alles, was wir auf der Haut tragen, zum Beispiel Schmuck oder Schminke wie Lippenstift, Hautcreme, Puder , Nagellack usw. sowie das Material und die Farbe unserer Kleidung, quantenmäßig positive oder negative Reaktionen im biologischen System unseres Körpers bis hin zur Seele bewirken kann. Das Gleiche gilt für alle Stoffe der Materie, mit denen wir uns umgeben.

Durch die "Einheitliche Theorie der gesamten Materie" sind wir zum Beispiel in der Lage zu erkennen, wie Aroma- Therapie, Bach-Blüten-Therapie, Farb-,

Musik- oder Edelstein-Therapie usw. wirken. Dies gilt ebenso für Auflagen, Bäder, Salben, Creme etc., die als Heilmittel wohltuende regulierende, gesundheitsfördernde Wirkung besitzen.
Wie schon einmal gesagt, es gibt nichts, was Sie auf der Grundlage dieser "Einheitlichen Theorie" nicht erklären können.

Wollte ich in dieser Niederschrift alle Phänomene, die nach dieser "Einheitlichen Theorie" erklärbar sind, ausführlich beschreiben, würde es 20.000 Seiten und mehr füllen.
Ich will nur das Grundsätzliche offen legen, damit jeder normale Mensch erkennt, daß es nichts Geheimnisvolles gibt, sondern alles bio-physikalisch erklärbar ist.
Verbleiben wir noch einen Augenblick in den angesprochenen Bereichen. Ich glaube, daß ich Ihnen nicht unbedingt noch speziell erklären muß, welche Wirkungen Haarwaschmittel, Badezusätze, Dauerwellen, Gesichtsmasken und Schutzmittel im biologischen System des Menschen bewirken.
Jeweils nach dem Gesamtzustand des Menschen kann alles eine positive, aber auch eine negative Wirkung haben.

Die Wirkung der Farbe sowie des Tons läuft im Grunde genommen genauso ab. In einem gesonderten Buch werden wir zum Beispiel auf Farb-Therapie, Musik-Therapie usw. näher eingehen und, da dies hier zu weit führen würde, erklären, welche eminent wichtigen Wirkungen die Farbe und der Ton speziell auf uns Menschen besitzen.

XXXIII

AURA-Fotografie -
Eine Diagnose der Zukunft ?

Die neutralen Myon-Neutrinos treffen uns, wie schon mehrmals beschrieben, ununterbrochen und drücken beim Einstrahlen in die Atome unseren Körpers Quarks aus den Atomen.
Das Gleiche gilt für die Erdstrahlen, die ohne Unterbrechung in unseren Körper einstrahlen. Dieser Vorgang der Ein- und Ausstrahlung läuft, wie gesagt, ununterbrochen ab. Die Ausstrahlung der Quarks ist ein Vorgang, der nicht nur mess- und fotografierbar, sondern auch mit bloßem Auge erkennbar ist.

Das heißt, die Abstrahlung dieser Quarks aus dem Körper ist das, was als "Aura" bezeichnet wird und was mit etwas Übung von jedem Menschen mit bloßem Auge gesehen werden kann- Manche Menschen sind sogar in der Lage, die Abstrahlung der Aura farblich zu sehen. Farblich heißt, daß sie die veränderten Geschwindigkeiten der Teilchen gleich Frequenz und Amplitude wahrnehmen, die die Verursacher des Phänomens sind, das wir als "Farbe" bezeichnen. Es ist ein organisch bedingtes Fehlverhalten der Sehfähigkeit.
Die normale Sehfähigkeit ist darauf ausgerichtet, einen Gegenstand gezielt punktmäßig zu fixieren und nur nebenbei die in seinem Umfeld existierenden Abstrahlungen aufzunehmen.
Man kann es auch so bezeichnen: Die Quarks, die aus dem Umfeld als Abstrahlung gleich Reiz auf die Augen auftreffen, strahlen bei einem normalen Menschen trichterförmig in den Mittelpunkt der Pupille.
Bei Menschen, die die Aura sehen können, läuft der gleiche Vorgang ab, aber außerhalb des Mittelpunktes ihrer Pupille besitzen sie ein schärferes Sehvermögen als der normale Mensch. Das heißt, sie nehmen bewusst auch das Umfeld schärfer war, als es sonst normalerweise der Fall ist. Dass dies stimmt, davon können Sie sich selbst sofort überzeugen.
Setzen oder stellen Sie zum Beispiel eine Person oder auch einen Gegenstand - das kann eine Pflanze, also ein biologisches System, sein, aber auch ein Gegenstand, der aus der sogenannten toten Materie aufgebaut ist, denn auch diese Gegenstände besitzen eine Abstrahlung gleich Aura - vor eine helle Wand.
Setzen oder stellen Sie sich selbst in einem Abstand von 3 - 4 m vor dieses Objekt und tun Sie folgendes.
Fixieren Sie nicht das Objekt dahingehend, daß Sie es punktförmig wahrnehmen, sondern schauen Sie einfach ganz locker durch das Objekt hindurch. Schon

nach einem kurzen Moment (ca. 2 - 3 Minuten, dies ist verschieden) werden Sie um das Objekt herum eine wolkenförmige weiße Abstrahlung erkennen. Es ist die Aura, also die Energiequanten, die von diesem Objekt abgestrahlt werden. Sollte Ihnen ein Superschlauer sagen, dies wäre lediglich eine optische Täuschung, die organisch bedingt ist durch das Starren auf das Objekt, achten Sie nicht darauf. Diese Person hat Unrecht. Bei Tausenden von Experimentabläufen dieser Art haben wir die Größe der Abstrahlung, die von den Probanden gesehen wurde, gemessen und feststellen können, daß über 90 Prozent der Probanden die Größe der Abstrahlung genau gleich angegeben haben. Das Gleiche gilt für die Messung mit einem UKW-Sender, mit der Wünschelrute oder einem sogenannten Bio-Sensor.
Alle Experimente wurden auf wissenschaftlicher Grundlage durchgeführt. Die Personen, die die jeweilige Aura messtechnisch überprüften, kannten nicht die Angaben der Probanden über die Größe der Ausstrahlung. Beziehungsweise, die Ausstrahlung wurde erst gemessen und dann vom Probanden überprüft, ohne daß einer von dem anderen wusste.

Wie oben schon gesagt, sie ist messbar aber auch fotografierbar. Das Gerät, mit dem man die Aura messen kann, wurde vor über 30 Jahren von einem Sowjetrussen in Alma Ata (SU) entwickelt.
KIRLIAN, ein Elektriker bzw. auch Elektroniker, der für die Erhaltung und Experimentierfähigkeit von Geräten an einem Institut verantwortlich war, machte durch Zufall in einem Hochspannungsfeld von etwas mehr als 20.000 Volt folgende Entdeckung.
Nach seiner persönlichen Aussage fiel ein Blatt einer Zimmerpflanze in ein Hochspannungsfeld, das er überprüfte. Dieses Blatt zeigte eine zum damaligen Zeitpunkt noch nicht erklärbare eigenartige Erscheinung. Es strahlte an seinen Kanten, für das Auge sichtbar, Energieentladungen ab, die wie kleine Blitze aussahen. Als er das Hochspannungsfeld abschaltete und sich das Blatt ansah, konnte er keinerlei Veränderungen feststellen. Nachdem er diesen zufälligen Vorgang mehrmals mit dem gleichen Blatt sowie mit allen möglichen Gegenständen wiederholt hatte und immer wieder die gleiche Erscheinung auftrat, fing er an, sich über dieses Phänomen Gedanken zu machen.

Im Verlauf seiner Experimente schloss er den einen Pol eines Hochspannungsfeldes an eine Metallplatte an und deckte diese mit einer Isolierplatte ab. Den zweiten Pol klemmte er an das Blatt einer Pflanze und legte dieses Blatt auf die Abdeckung der Hochspannung. Das heißt, zwischen beiden Polen befand sich eine Isolierschicht, und das Blatt hatte keinen direkten Kontakt mit der Platte, an der der erste Pol der Hochspannung angeschlossen war. Bei Einschaltung der Hochspannung wurde das gleiche Phänomen sichtbar, so, wie er es zufällig vorher wahrgenommen hatte.

Wiederum auf einem Zu-fall beruhend, entdeckte er, daß bei einem Menschen der gleiche Vorgang abläuft wie bei einem Blatt. In der linken Hand den Minus-Pol haltend, ohne zu erkennen, daß das Gerät eingeschaltet war, wollte er mit der rechten flachen Hand etwas von der Platte abwischen und erfuhr am eigenen Leibe, daß das Einbringen der Hand in die Hochspannung, wenn man den Schreck nicht mit einbezieht, vollständig ungefährlich war und auch keinerlei Schmerzen verursachte. In seinen weiteren Versuchen kam er dahinter, daß die Aura in dem Moment absolut sichtbar wurde, wo der Raum nicht hell erleuchtet war. Im weiteren Verlauf begann er, mit Fotoplatten zu arbeiten, und entwickelte, ohne definitiv wissenschaftlich nachweisen zu können, was da abläuft, ein Gerät, mit dem die Abstrahlung der Hände fotografisch festgehalten werden konnte.

Von vielen Wissenschaftlern in der Sowjetunion wurde diese Entdeckung als Spielerei abgetan, nachdem sie in Fachzeitschriften erklärend geschildert und an mehreren Universitäten demonstrativ vorgeführt worden war.

KIRLIAN und eine Gruppe von Wissenschaftlern in Alma Ata sowie an anderen Universitäten ließen sich jedoch nicht entmutigen und begannen, weiter in dieser Richtung zu forschen.

Vor über 25 Jahren erhielten wir von ihm Konstruktionsunterlagen, bauten ein Gerät und begannen, dieses Gerät experimentell einzusetzen. Da die Entdeckung nicht geschützt war und KIRLIAN den Bau beschrieben und in Fachzeitschriften veröffentlicht hatte, wurde das Gerät von Wissenschaftlern der westlichen Welt nachgebaut und so weitgehend entwickelt, daß es heute von vielen sogenannten alternativen Behandlern als Diagnose-Gerät mit guten Erfolgen eingesetzt wird.

Das Handicap bei diesem Piagnose-Verfahren ist jedoch, daß keine einheitliche Theorie existiert, auf deren Grundlage sich die diagnostischen Ergebnisse nicht widersprechen.

Ich bin der Meinung, daß eine wissenschaftliche Anerkennung nur dann zu erwarten ist, wenn jemand sämtliche Theorien zusammenbindet und auf der Grundlage der Energiequanten, aus bio-physikalischer Sicht gesehen, eine Basis schafft, auf der diagnostische Erkenntnisse definitiv wiederholbar gefunden werden können.

Ich selbst habe zusammen mit anderen Forschern viele Jahre lang mit diesem Gerät experimentell geforscht. Gleich wie KIRLIAN überprüften wir am Anfang die biologischen Systeme der Pflanzen. Angefangen vom frischen Einzelblatt, abgebrochen oder abgeschnitten von unsagbar vielen Pflanzen, bei denen wir die Abstrahlung so lange überprüften, bis kaum noch eine

Reaktion zu sehen war und wir sagen konnten, daß das biologische System, also das Lebendige, nur noch reflexionsmäßig existierte, bis hin zu Pflanzenblättern, die noch am biologischen System der Pflanze angeschlossen waren.
Mit den Pflanzen wurden folgende Experimente durchgeführt. Bei normalen aus dem Freiwuchs oder einem Gewächshaus entnommenen Pflanzen wurden immer von 3 Blättern 3 Tage lang im Abstand von 24 Stunden Fotografien gemacht, bei denen die experimentellen Voraussetzungen - Raum-Klima, Licht usw. - gleich waren. Stimmten die Ablichtungen bis auf leichte Schwankungen überein, wurden den Pflanzen über das Medium Wasser bzw. Erde Stoffe zugeführt, um festzustellen, welche Wirkung diese Stoffe auf die Pflanzen ausüben. Sie wurden außerdem in die Nähe von anderen Pflanzenarten gestellt oder verschiedenartigem Licht, Musik, Farben oder Strahlungen ausgesetzt.

Die Ergebnisse entsprachen nicht nur unseren Erwartungen, sondern brachten sensationelle Erkenntnisse.
Die Pflanzen reagierten nicht nur auf jede Beeinflussung positiv oder negativ, sondern wir entdeckten auch, daß sie allein durch die Stimmung des Menschen, der sich mit ihnen abgab, absolut beeinflussbar waren.
In einem Buch, das in der nächsten Zeit verlegt wird, haben wir die gesamten Erkenntnisse in einer Form niedergelegt, daß einmal jeder diese Experimente nachvollziehen kann und zum anderen jeder Mensch begreift, welchen Einfluss wir Menschen und unsere Technologien auf die Pflanzen haben.
Bei unseren Versuchen konnten wir auch das Experiment wiederholen, das KIRLIAN beschreibt. Wir fotografierten ein abgebrochenes Blatt und schnitten danach ein Drittel des Blattes ab.
Nachdem wir von dem größeren Teil in einer Hochspannung von 20.000 Volt erneut eine Ablichtung gemacht hatten, konnten wir erkennen, daß die Aura - nicht die abgeschnittene Materie - noch genauso, wenn auch nicht mehr in derselben Größenordnung, sichtbar war wie vorher bei dem ganzen Blatt.
Bei ungefähr 50 Versuchen ist uns das leider nur 3mal geglückt.

Aus diesem Grunde sind wir auch nicht in der Lage, beweisführend zu erklären, wie es genau funktioniert.
Die gleichen Versuche haben wir mit einem Laubfrosch vorgenommen. Nachdem wir fachgerecht einen Schenkel amputiert hatten und den Laubfrosch zum 2. Mal fotografierten, mussten wir erkennen, daß der abgeschnittene Schenkel auramäßig auf der Ablichtung vorhanden war. Da diese Experimente in der Zwischenzeit, wie auch literaturmäßig bekannt, von mehreren Wissenschaftlern mit dem gleichen Ergebnis nachvollzogen wurden, ist es unerheblich, daß wir Ihnen keine Ablichtung mehr vorlegen können, da diese Ablichtungen leider nicht mehr in unserem Besitz sind.

Im Laufe der Zeit entwickelten wir ein Doppelgerät, bei dem beide Hände und beide Füße eines Menschen gleichzeitig abgelichtet werden konnten. Wir stellten fest, daß, wenn wir die Hände und Füße einer Person im Abstand von ca. 3 Minuten hintereinander fotografierten, die abgelichtete Aura immer ein anderes Bild aufwies. Dies war auch der Fall, wenn wir dieses Experiment unter folgenden Vorsichtsmaßnahmen durchführten. Wir stellten dieses Gerät in einem absolut leeren Raum auf, wobei das Gerät von außen ein- und ausgeschaltet werden konnte. Der Proband, bei dem das Experiment durchgeführt wurde, begab sich ca. 30 Minuten in eine Ruhetönung, legte dann erst seine Hände und Füße auf das Fotopapier, und wir schalteten das Gerät kurz für eine Ablichtung ein und wieder aus. Nach der Ablichtung nahm die Person das belichtete Papier von den Platten herunter, legte mit ruhigen Bewegungen ein neues auf, und die nächste Ablichtung wurde, nachdem das Gerät von uns von außen eingeschaltet worden war, hergestellt. Bei 10 Ablichtungen hintereinander unter diesen Experimentanordnungen stellten wir fest, daß sich auf jedem Bild die Aurastrahlung an verschiedenen Punkten teilweise leicht verändert hatte.

Für uns bedeutete dies, daß im biologischen System des Menschen ununterbrochen Veränderungen ablaufen, die an den Abstrahlungen erkennbar sind. Dabei muß besonders betont werden, daß speziell die Stimmungslage, also der psychische Zustand des Probanden bzw. seine Denkabläufe, diese Wirkung verursachen.

Aus dem im nachfolgenden geschilderten Grund nehmen wir an, daß die rein physischen Abläufe bei 2 vergleichbaren Ablichtungen erkennbar werden und daß die jeweilige Bildveränderung psychischen Ursachen bzw. Denkabläufen zuzuschreiben ist. Wir bewiesen, für uns ausreichend, diese Annahme durch folgende Experimentreihe.

Ein Proband, angeschlossen an ein Bio-Feedback-Gerät, wurde von uns in Hypnose versetzt. Nachdem er sich - durch das Bio-Feedback-Gerät, das auch im Nebenraum stand, nachweisbar - in einer absoluten Ruhetönung befand, also in einem Alpha-Zustand, machten wir von den Händen und Füßen mit 15- minütiger Unterbrechung 3mal eine Ablichtung.

Der Proband war so weit wie überhaupt möglich vorher diagnostisch auf klassische medizinische Weise manuell und apparatemäßig untersucht worden. Nach den Kriterien der heute gültigen Medizin war dieser 25-jährige Mann absolut gesund. Nachdem wir im Abstand von jeweils 15 Minuten, ohne die Ruhetönung zu unterbrechen, 3 Ablichtungen gemacht hatten, stellten wir fest, daß auf den Ablichtungen kaum eine Veränderung zu erkennen war.

Nach 10maligem Wiederholen dieses Experimentes an 10 verschiedenen Probanden etwa gleichen Alters konnten wir einen Mittelwert festlegen und begannen nunmehr, das Verfahren bei Patienten in unseren Praxen einzusetzen.

Wir suchten uns jeweils die Patienten heraus, bei denen diagnostisch ein organspezifisches Krankheitsbild nachgewiesen worden war, und nahmen bei diesem Patientengut 3 Jahre lang Ablichtungen vor. Die Auswertung war wiederum verblüffend. Bei vielen dieser Patienten konnten wir, nachdem wir eine gewisse Sicherheit gewonnen, das heißt einen diagnostischen Blick dafür entwickelt hatten, Krankheiten anamnestisch schon erkennen, wenn der Patient noch keinerlei spezifisches Krankheitsbild aufwies. Die Person, die für diese Experimentreihe verantwortlich war, ist leider verstorben, so daß das Vorhaben, eine absolute diagnostische, wissenschaftlich beweisbare Grundlage zu entwickeln, nicht zu Ende geführt werden konnte.

Da diese Experimente im Grunde genommen nur durchgeführt wurden, um uns selbst zu bestätigen, daß unsere "Einheitliche Theorie der gesamten Materie einschließlich der Entstehung aller biologischen Systeme" der Realität entspricht, begnügten wir uns mit den bis dahin gefundenen Erkenntnissen und brachen diese Experimentreihe ab.
Inwieweit die Aurafotografie in der Zukunft auch klinisch eingesetzt werden wird, ist eine frage, die ich nicht beantworten kann. Ich nehme jedoch an, daß, wenn die bio-physikalischen Aspekte einmal in das heutige medizinische Denkmodell Eingang gefunden haben, die Aurafotografie für den Arzt ein Hilfsmittel sein wird, auf deren Grundlage er schon vor Ausbruch einer spezifischen Krankheit diese Krankheit diagnostizieren kann.

Am Ende dieser Erklärung von ein paar Beispielen soll noch einmal gesagt werden, daß immer durch die Verbindungen von Quarks in Elementareinheiten, von Elementareinheiten zu Atomen, von Atomen zu Molekülen und von Molekülen mit Molekülen all die Phänomene bewirkt werden, die der Mensch mit seinen 5 Sinnen wahrnimmt bzw. auch nicht wahrnimmt.

Maßgebend dafür ist grundsätzlich die Frequenz und Amplitude, die durch die rotierenden Wellen entstehen, in denen sich die Myon-Neutrinos, Tau-Neutrinos oder Quarks in den gesetzmäßigen Bewegungsabläufen bewegen.
Im Grunde genommen ist dies die Schlüsselaussage der "Einheitlichen Theorie der gesamten Materie".

In diesem 1. Buch habe ich die Grundlage der Entstehung des Universums mit meinen Worten so erläutert, wie es in den mir übergebenen Unterlagen steht. Ich habe nichts hinzugefügt und nichts weggelassen.

Im 2. Buch "Apokalypse Seele - Enthüllung einer Wahrheit" schildere ich, wiederum komplett übernommen aus den Unterlagen, nur in meine Worte gekleidet, den Sinn und Zweck ALLEN Seins.
Dies beginnt mit einer Behauptung, die mich in der tiefsten Seele getroffen hat. Genauso, wie es die Menschen treffen wird, die es lesen.

Es ist das Wissen um den Beginn des Seins, das durch die Gedankenkraft Gottes in unserem Universum neu begonnen hat. Begonnen zu einer Zeit, nachdem unser Universum aus dem vergangenen Universum, das in sich zusammenstürzte, neu entstanden war.
Es ist das Wissen, dass Gott als Reines Lichtwesen aus einem Nachbar-Universum in unser Universum kam, um die Schöpfung neu zu beginnen, damit das "Kosmische Geistfeld" vergeistigt wird. Vollendet als Reines Lichtwesen, mit der Allmacht ausgestattet, die Er dadurch besitzt, dass Er aus einem Universum kommt, in dem die Schöpfung vollendet ist, lebt Gott, unser Ur-Schöpfer - nur absolut rein - vergeistigt - in diesem Universum genauso real wie wir als Wesenheiten, die Seine "Söhne" erschufen.

Diese Behauptung steht als Erkenntnis mit vielen Beweisführungen, die jeder nachvollziehen kann, in den Unterlagen.
Heute, nachdem ich 30 Jahre lang diese Erkenntnisse aus den Unterlagen studiert und so weit, wie es menschenmöglich ist, überprüft habe, weiß ich, dass sie absolut der Realität entsprechen. Das Wissen, das wir durch diese Erkenntnisse finden, spricht nicht den Glauben an - den Glauben, wie ihn der Mensch unter diesem Begriff versteht. Sondern es ist eine Sache des reinen Verstandes-Denkens.
Hat er menschliche Verstand diese Erkenntnisse komplett erfasst, so findet der Mensch allein vom Verstandes-Denken her zu Gott zurück. Inwieweit ein Mensch die in dem Buch " Apokalypse Seele - Enthüllung einer Wahrheit" niedergeschriebenen Erkenntnisse verstandesmäßig begreift und erfasst, weiß ich nicht.

Ich weiß nur eines:

Hat er die Zusammenhänge begriffen, dann hat er einen Punkt erreicht, an dem er als Gott-Suchender fündig geworden ist.
Er wird erkennen, dass unser ganzes Sein sowie der Sinn und Zweck unseres Erdenlebens im "Kosmischen Geistfeld" gespeichert sind, dem Feld der Myon-Neutrinos, durch das wir leben, in dem wir leben und aus dem wir bestehen.
Hat er erkannt, dass der Gedanke - und nur der Gedanke -, der zuerst war und zuerst ist, alle Gedankenformen erschafft, dann wird ihm klar, dass er mitverantwortlich ist für den Zustand dieser Welt.

Gott hat uns freigegeben - und wir allein entscheiden mit unserer Wesenheit, die integriert ist in eine materielle Seele, bestehend aus Myon-Neutrinos, ob wir den Schöpfungsplan erfüllen oder scheitern. Scheitern wie viele Zivilisationen in den letzten 64 Millionen Jahren. Vor mehr als 500 Millionen Jahren begann die Evolution und die Integration der Wesenheiten in die Materie. Seit 64 Millionen Jahren existiert der Mensch in seiner heutigen Form. Auch wenn er immer wieder durch die Selbst-Zerstörung seiner Zivilisation zurückfiel, zurück in die Barbarei - und in den Neubeginn einer Zivilisierung. So, wie er in den 64 Millionen Jahren schon 5mal immer wieder neu begonnen hat.
Die letzte Strecke der jetzigen 5. Evolution, in der wir Erdenmenschen heute leben, wurde vor 12.600 Jahren unterbrochen, als sich die Zivilisation der Atlanter selbst zerstörte.

Dieser Neubeginn vor 12.600 Jahren ist, wie in den Unterlagen steht, gleichzeitig die Rest-Strecke der Evolution.
Wieder einmal - so steht es in den Unterlagen - haben die Wesenheiten der Menschen, integriert in die Materie, trotz vieler Offenbarungen - die letzte war vor 2.000 Jahren - versagt. Versagt dadurch, dass sie Gott verleugnen und das "Zeichen des Tieres" auf ihre Stirn schrieben.
Durch ihr Ich-bezogenes Ego-Denken verunreinigten sie das "Kosmische Geistfeld" so stark, dass Gott auch diese Evolution wieder abbrechen muss, damit der Schöpfungsplan vollendet werden kann. Trotz unzähliger Mahnungen und Warnungen sind die Menschen immer weiter ihren Weg gegangen und haben sich immer mehr von Gott abgewandt.
Die Bibel sowie alle Heiligen Schriften, in denen jedes Wort von Gott ist, gesandt durch das "Kosmische Geistfeld" zu den Propheten, haben als Warnung für die Menschen nicht ausgereicht. So, wie sie Seinen erstgeborenen und eingeborenen Sohn JESUS CHRISTUS an das Kreuz genagelt haben, so unbelehrbar schlagen sie weiter die Menschen, die an Gottes Wort glauben und nach diesem Wort leben, an das Kreuz.
Jeder, der sehen kann, sieht, dass wir Menschen dabei sind, unseren Lebensraum zu zerstören. Jeder, der lesen kann und die Bibel aufschlägt und die "Offenbarung des Johannes" liest, wird erkennen, dass die 7 Plagen begonnen haben.
Mit den Erkenntnissen aus den Unterlagen, die ich mit meinen Worten in dem Buch "Apokalypse Seele - Enthüllung einer Wahrheit", ohne etwas hinzuzufügen oder wegzulassen, niedergeschrieben habe, wird für jeden Menschen der Sinn und Zweck seines Erdenlebens offenbart.
Mit den Erkenntnissen aus dem Buch "Apokalypse Seele - Enthüllung einer Wahrheit" kann er zurückfinden zu Gott und selbst erkennen, dass Gott uns alles schon vor 2.000 Jahren offenbart hat. Im Besitz dieser Erkenntnisse wird er alle Heiligen Schriften lesen und verstehen können wie ein Geschichtsbuch, das voller Fotos ist.

Er wird in sich das Glücksgefühl spüren, dass er zurückgefunden hat zu Gott. Und er wird die Sätze verstehen, die in der "Offenbarung des Johannes" in Kapitell, Vers 7 und 8, stehen.

"Siehe, er kommt mit den Wolken,
und es werden ihn sehen alle Augen,
und die ihn gestochen haben; und werden
heulen alle Geschlechter der Erde. Ja, Amen.

Ich bin das A und das O, der Anfang und das Ende,
spricht Gott der Herr, der da ist und der da war
und der da kommt, der Allmächtige."

Alles, was Sie bis jetzt in Ihrem Erdenleben gelebt und verlebt haben, wird für Sie zu einem offenen Buch.
Mit dem Verstand werden Sie die Zusammenhänge begreifen. Und sie werden nie mehr sagen, wenn Sie in der Not leben, wenn Sie krank sind, wenn Sie leiden, "Gott, warum hast Du mich verlassen?" Denn alles, was Ihnen in diesem Erdenleben widerfahrt, haben Sie selbst bewirkt - und nicht Gott.
Durch die offengelegten Erkenntnisse können Sie alles erreichen, was Sie sich wünschen.
Die Frage ist nur, ob Sie, wenn Sie das Buch zu Ende gelesen haben, es dann noch wollen.
Denn Ihren Lebensplan, den Sie jetzt auf Erden leben -in diesem Erdenleben -, haben Sie selbst bewirkt - und nicht Gott.
Egal, ob es Ihnen gefallt oder nicht: Sie sind der Schöpfer des Ablaufs Ihres Erdenlebens.

Die Themen des 2. Buches
Apokalypse "Seele" - Enthüllung einer Wahrheit

Zuerst ist der Gedanke - Die Allmacht Gottes - Das Kosmische Geistfeld Die Entstehung der Wesenheiten - Die 3 Systeme des physischen Menschen Die Geistige natürliche materielle Seele - Der Gedankenspeicher - Die Psyche Der Physische Körper - Die gesetzmäßigen Abläufe des karmischen Lebens Gedankenbilder -Karma -Schicksal - Entstehung psycho-somatischer Krankheiten - Die Entstehung des physischen Erdenmenschen - Seele der Tiere und Pflanzen - Neues Herz - neues Wesen - Re-Inkarnation- Die Wiedergeburt der Seele in den Körper nach dem Gesetz der Resonanz - Was ist Liebe? Eifersucht - Sexualität - Der Begriff Jenseits - Die Grundlage dessen, was wir als Besessenheit bezeichnen - Psycho-pathologische Geschehnisse -

Behandlungs-Ablauf - Gesprächs-Ablauf - Die Kraft des Gebets - wissenschaftlich bewiesen - Die Kraft, die die Gnade ist und uns ER-löst von der Schuld - Doppelblindstudie - Beten lassen hilft - Geist-Heilen, heute Reiki genannt - Die Endzeit - Das Werden eines neuen Erdenmenschen - Der Zeitpunkt, an dem die Seele in die Materie inkamiert -
Verhütung - Abtreibung - Die Kraft der Gedanken, die unser individuelles Sein bewirkt - "Das A-Omega-Projekt" - Zitat aus den Unterlagen - Überlieferte Zeichen, Symbole und Schriften, die die Grundlage allen Seins beinhalten - Die Gemeinschaft der Essener - Quintessenz - Die Kraft der weißen und schwarzen Magie

Bemerkung zu Buch 1

"Das A-Omega-Projekt"

Die grundsätzlichen Erkenntnisse des "A-Omega-Projektes", mit meinen Worten kurz zusammengefasst, erklärend in diesem ersten Band niedergeschrieben - die Entstehung der Universen und die Entstehung der Materie -, sind hiermit zur Diskussion gestellt.

Bemerkung zu Buch 2

"Apokalypse Seele" - Die Enthüllung einer Wahrheit

In diesem Band "Apokalypse Seele" – "Die Enthüllung einer Wahrheit" - Band 2 - berichte ich von Erkenntnissen aus den mir übergebenen Unterlagen, die von mir und anderen theoretisch und experimentell überprüft wurden, durch die alle unerklärbaren Phänomene über den Sinn und Zweck allen Seins erklärbar werden.

Zum Beispiel:
Das Geheimnis der "Weißen und Schwarzen Magie" - Die Zeichen der Endzeit Geschwister aus dem All und ihre Zeichen, die sie uns - durch die Kreise in den Kornfeldern übermitteln - Das Leben nach dem Tode - Das Geheimnis der Pyramiden - Die Evolutions-Geschichte der Menschheit - Der Mensch als Pyramide - Die Apokalypse des Johannes - Jungfräuliche Zeugung - Das Gesetz des Erfolges - Wirkungsweise Alternativer Medizin

L. W. Göring

Ebenfalls bei BoD-Norderstedt erschienen:

Im 2. Buch "Apokalypse Seele
- Enthüllung einer Wahrheit"
schildere ich, wiederum komplett
übernommen aus den Unterlagen,
nur in meine Worte gekleidet,
den Sinn und Zweck **ALLEN** Seins.
Dies beginnt mit einer Behauptung,
die mich in der tiefstenSeele getroffen
hat. Genauso, wie es die Menschen
treffen wird, die dies lesen.

ISBN 978-3-7494-7990-0

Was ist die SEELE ?

Bis heute wird von der Wissenschaft die Seele,
da man sie, wenn überhaupt,
bis jetzt noch nicht materiell nachweisen konnte,
als etwas geistiges - Immaterielles angesehen.
Also als etwas, das der Mensch
mit seinem Verstand nicht erklären kann.
Dies entspricht nicht der Realität.
Die Seele ist ein materielles System,
aufgebaut aus Myon-Neutrinos.
Also ein Gerüst, das aus winzigen
nicht sichtbaren Teilchen besteht.
Innerhalb dieser Teilchen befindet sich
die sich selbst bewußte Wesenheit,
das "ICH BIN",
holografisch manifestiert als Bild.

Atlantis - Was geschah vor 12.600 Jahren?
Das die Templer im Besitz des "Heiligen Grals" gewesen sein sollen, darüber haben viele Autoren seit Gründung des "Templer-Ordens" bis in die Jetztzeit spekuliert.
Der Suche nach dem "Heiligen Gral" weihten viele Menschen, die nur vermuten konnten, ihr Leben.
Das was der "Heilige Gral" tatsächlich bedeutet, war bis heute ebenso wenig bekannt, wie der wahre Hintergrund der "Kreuzzüge".
Auch der Mythos des "Templer-Ordens" selbst, welhe Aufgaben die Templer in Wirklichkeit hatten und "wie und warum" sie zu ihrem unermesslichen Reichtum kamen, war bis jetzt ein Rätsel.
Die Geschichte der 5 "Ur-Templer" und das Geheimnis der "Bundeslade".
Der französische Wissenschaftler und Forscher R. Lhamoy stieß 1946 in der alten Templerburg "GISOR" auf Unterlagen, die über eine Zivilisation berichten, die vor 12.600 Jahren zerstört wurde und uns heute unter Dem Namen "ATLANTIS" bekannt ist.

ISBN 978-3-7528-4256-2

Das Vermächtnis
von
ATLANTIS

L.W. Göring

Das Erbe der Hegoliter

Der Ursprung allen "SEINS",
Sowie, der "SINN und ZWECK"
Des Erdenlebens des Menschen
ist kein Geheimnis mehr.

Mit diesem Buch wird eine neue Sichtweise für Pyramiden-Energien aufgezeigt.
Die Cheops-Pyramide beispielsweise ist dazu eine gigantische Manifestation.

Ein arabisches Sprichwort sagt:
Wer das Geheimnis der Pyramide löst, erkennt die Seele des Menschen.

ISBN 978-37504-2230-8

Der ganze Mensch ist mehr
als die Summe seiner Teile
+
Eine "Einheitliche Theorie
der gesamten Materie"
+
Die Entstehung
aller biologischen Systeme
=
Die Suche nach der Seele
Ist zu Ende

ISBN 978-3-7504-1433-4

Das Spezialistentum der Ärzte und Kliniken besitzt eine Seite, die unser resonanzbedingtes Leben (= Karma) benötigt, damit das Gesetz der Resonanz, das in der Progression die geistige Evolution bewirkt, gelebt wird.
In der Allgemein-Medizin, gleich ob praktischer oder klinischer Arzt, sieht im Grunde genommen die Situation jedoch immer noch so aus, wie sie VOLTAIRE vor vielen Jahren schon beschrieben hat:

**Ärzte schütten Medikamente,
von denen sie wenig wissen,
zur Heilung von Krankheiten,
von denen sie noch weniger wissen,
In Menschen hinein,
von denen sie gar nichts wissen.**